普通高等教育“十一五”国家级规划教材
普通高等教育机械类国家级特色专业系列规划教材

计算机辅助几何造型技术

（第四版）

主编　万　能　孙惠斌

科学出版社
北　京

内 容 简 介

计算机辅助几何造型技术是复杂产品数字化设计和制造的基础，在机械、航空、航天、船舶、汽车、家电、消费类电子产品等领域有着广泛的应用。本书较全面地介绍了计算机辅助几何造型技术的基础知识，包括曲线曲面的基本知识、样条曲线、贝塞尔曲线与曲面、B样条曲线与曲面、非均匀有理B样条曲线与曲面等。同时，本书还介绍了计算机辅助几何造型的工程应用，包括三边贝塞尔曲面片、细分曲面与T样条、曲线曲面光顺、几何建模与实体造型等。

本书是面向高等学校非数学类专业（如机械设计制造及其自动化、飞行器设计与工程等专业）的本科生教材，也可供高等学校师生及有关工程技术人员自学参考。

图书在版编目(CIP)数据

计算机辅助几何造型技术/万能，孙惠斌主编. —4版. —北京：科学出版社，2020.6

（普通高等教育"十一五"国家级规划教材·普通高等教育机械类国家级特色专业系列规划教材）

ISBN 978-7-03-064801-3

Ⅰ.①计… Ⅱ.①万… ②孙… Ⅲ.①计算机辅助设计-几何造型-高等学校-教材 Ⅳ.①TP391.72

中国版本图书馆CIP数据核字(2020)第058096号

责任编辑：任 俊 王晓丽／责任校对：郭瑞芝

责任印制：张 伟／封面设计：迷底书装

科学出版社 出版

北京东黄城根北街16号

邮政编码：100717

http://www.sciencep.com

北京虎彩文化传播有限公司 印刷

科学出版社发行 各地新华书店经销

*

2004年2月第一版 开本：787×1092 1/16

2009年5月第二版 印张：10 1/2

2013年3月第三版 字数：262 000

2020年6月第四版 2021年1月第十二次印刷

定价：59.00元

（如有印装质量问题，我社负责调换）

符号使用说明

符号类型	表示方式	示例
标量	小写非黑体字母	λ a_1
矢量	黑体字母或带上箭头线的字母 写在中括号内，以逗号分隔的三个坐标分量	$\boldsymbol{a}$ $\overrightarrow{OA}$ $[a_1, a_2, a_3]$
单位坐标轴	小写黑体的 i、j、k	$\boldsymbol{i}$ $\boldsymbol{j}$ $\boldsymbol{k}$
矢量的模	取模符号	$\lvert\boldsymbol{a}\rvert=\sqrt{a_1^2+a_2^2+a_3^2}$
一般参数导矢	变矢量右上角带单引号	$\boldsymbol{r}'(t_0)$
弧长参数	小写字母 s	s
自然参数方程	以弧长参数 s 作为自变量的参数方程	$\boldsymbol{r}=\boldsymbol{r}(s)$ $=[x(s), y(s), z(s)]$
自然参数导矢	变矢量正上方带黑点	$\dot{\boldsymbol{r}}(s)$ $\dot{\boldsymbol{T}}(s)$ $\ddot{\boldsymbol{r}}(s)$

前　言

计算机辅助几何造型(computer aided geometric design,CAGD)技术是进行产品计算机辅助设计(computer aided design,CAD)与计算机辅助制造(computer aided manufacturing,CAM)的基础技术。在机械、航空、航天、船舶、汽车、家电、消费类电子产品等领域有着广泛的应用。计算机辅助几何造型技术的内涵包括用数学理论描述曲线、曲面、实体、零部件、装配体等精确几何形状及其之间的包含、约束、配合关系等,并采用计算机和网络支持的手段对几何进行设计、显示、分析、调整、检索等操作。这些数学理论和建模操作软件工具是进行复杂产品设计、分析、优化、制造的基础。目前,国际主流的大型 CAD/CAM 集成软件系统都使用了先进的几何造型理论,并提供了方便快捷的操作工具。

本书共 10 章。第 1 章介绍曲线曲面的基本知识,可以从中了解矢量代数基础、曲线曲面的基础、直纹面和可展曲面;此外,本章借助三维几何建模工具软件 UG NX,演示说明曲线曲面中的基础概念。第 2 章重点讲述样条曲线,包括三次样条曲线、参数样条曲线、Ferguson 曲线,并且给出应用例子。第 3 章讲述贝塞尔曲线与曲面,主要包括贝塞尔曲线的定义与性质、贝塞尔曲线的几何作图法、贝塞尔曲线的合成、贝塞尔曲线的升阶和降阶、贝塞尔曲面的定义与性质、贝塞尔曲面的合成、贝塞尔曲线曲面的应用,并结合实际加工案例解释样条曲线的工程应用价值。第 4 章讲述 B 样条曲线与曲面,包括 B 样条曲线的定义与性质、三次均匀 B 样条曲线、三次均匀 B 样条曲线的插值、双三次 B 样条曲面、B 样条曲面的应用。第 5 章讲述非均匀有理 B 样条曲线与曲面,介绍非均匀 B 样条曲线与曲面的定义、性质和配套技术。第 6 章介绍三边贝塞尔曲面片,包括三边贝塞尔曲面片的表示、几何作图法、方向导矢及三边曲面片的连续性。第 7 章介绍细分曲面与 T 样条,包括细分曲面基本概念、T 样条和 Box 样条概念及细分曲面的基本应用。第 8 章介绍曲线曲面光顺,包括曲线曲面光顺的基本概念、曲线光顺方法和曲面光顺方法,主要讲述各种算法的原理和步骤。第 9 章介绍三维实体几何建模的基础知识、参数化/变量化造型技术,商品化几何建模核心。第 10 章针对关键章节的教学内容设计了实验课程内容,并在附录中给出了代码。

作为非数学类专业的本科生教材,本书省略了大量的数学推导和证明,考虑到目前自由曲线和曲面技术的广泛应用,以讲解基本理论、概念及工程应用为主,希望学生在使用本书后,能够对计算机辅助几何造型技术的技术本质和应用范围有一个较为透彻与深入的了解,对当前流行的 CAD 软件中的功能不仅知其然而且知其所以然。各高校"计算机辅助几何造型技术"课程学时一般为 32～64 学时,本书基础知识部分可作为主要授课内容,带 * 的章节可作为选修内容。另外,本书对前 4 章的基础教学内容给出了长学时建议,供任课教师参考。

本书 2004 年 2 月第一次出版,2009 年 5 月出版第二版,2012 年 3 月出版第三版。此次再版是在第三版的基础上修订而成的,除了对部分内容进一步更新完善,还增加了实操类演示视频,学生可以扫描二维码浏览与章节内容相关的数字化资源。

本书由万能和孙惠斌主编。第 1 章、第 4 章、第 7 章、第 10 章由万能编写，第 2 章、第 3 章由孙惠斌编写，第 5 章、第 6 章、第 8 章、第 9 章由常智勇编写。本书的出版与科学出版社的大力支持分不开，在此向出版的编辑表示衷心的感谢。

由于作者水平有限，书中难免存在不妥之处，敬请读者不吝指正。

编　者

2020 年 2 月

目　录

第 1 章　曲线曲面的基本知识

曲线曲面属于几何学的研究范畴。几何学的发展可以大致划分为三个阶段：初等几何、解析几何和微分几何。解析几何的一个显著特征是引入坐标系的概念。在坐标系中，点这一最基本的几何元素，其位置可以用点的坐标值来表示。坐标值可以是一个具体的值，如 25m；也可以用一些能够代表任意数值的代数符号来表示，如 x,y,z。这样，就建立了几何元素与代数之间的关系。更加复杂的几何元素可以看作点运动的结果。例如，点运动的轨迹是曲线，曲线运动在空间形成曲面。这些运动必须遵循一些规律或限制，而这些规律则可以用方程来表达。很显然，坐标值为(x,y)的点，如果其运动规律满足方程 $x^2+y^2=R^2$，则点的运动轨迹表示了一个圆心在坐标系原点、半径为 R 的圆。

用代数方程表示几何形状，是几何学的巨大进步。而后，随着微积分的发展和成熟，极限、求导、求积分，以及张量分析等概念和方法被引入几何学研究中，逐步形成了微分几何。微分几何领域的诸多概念、方法和成果，对近代物理学、工程科学、材料科学的发展具有极其重要的支撑作用。

曲线曲面的数学表达以及对其几何性质的定量分析，是机械产品设计和制造的基础。直线和圆弧是简单二维几何元素，球面、柱面和锥面是简单三维几何元素，这些简单几何是机械产品中常见的构成要素，其数学表达形式清晰、几何性质明了。在现代产品中，由于产品对性能、美观等方面的要求，包含了大量复杂形状，很难用简单几何元素表达，如透平机械产品中叶片的复杂表面、消费类产品的曲面外形。这些非简单的几何元素称为复杂曲线、曲面，或者自由曲线、曲面。因此，产品设计需要引入合适的定义方法和概念，来研究自由曲线曲面的几何性质。

本章介绍矢量方程表达曲线曲面的方法；引入自然参数、切矢量、法矢量等概念来研究曲线的局部几何性质，如曲率、挠率等；介绍曲面的定义形式；定义曲面上的切矢量、法矢量、切平面等概念；分析两类特殊的曲面，即直纹面和可展曲面。

1.1　矢量代数基础

1.1.1　坐标系

定义坐标系的基本元素包括一个原点和多个坐标轴，如图 1-1 所示坐标系 $Oxyz$。坐标系可以有一个或多个坐标轴，多个坐标轴交汇于原点。每个坐标轴指向一个特定的方向，并且规定了在此方向上的单位长度。若各坐标轴方向两两相互垂直(正交)，则称为直角坐标系，否则为斜角坐标系。平面坐标系具有两个坐标轴，空间坐标系包含三个坐标轴。平面或空间中任意点在各坐标轴上的投影点相距原点的有向距离，称为坐标值。如图 1-1 中 A 点的坐标值是(a_1,a_2,a_3)。

在坐标系中研究几何形状的表达形式及其几何性质，是解析几何的基本方法。坐标系可以是固定不变的，称为固定坐标系。坐标系的原点位置或各坐标轴的方向也可以随着某个几

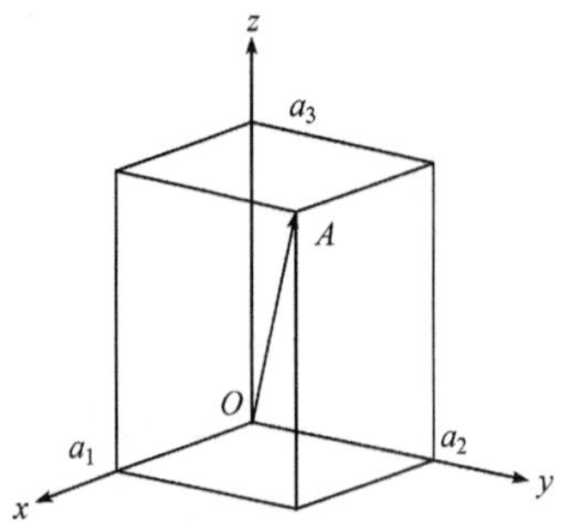

图 1-1　位置矢量

何元素或遵循某种规律发生变化，称为活动坐标系。

如果一个几何元素进行了平移或旋转运动，则其在某坐标系中的坐标值会发生变化。运动前后坐标值的关系可以用方程来表示，这个方程称为坐标变换方程。如图 1-2 中，点 A 绕坐标系原点 O 逆时针旋转 30°，则运动前的坐标值(a_1，a_2)和运动后的坐标值(a_1'，a_2')满足方程

$$\begin{bmatrix} a_1' \\ a_2' \\ 1 \end{bmatrix} = \begin{bmatrix} \cos 30^\circ & -\sin 30^\circ & 0 \\ \sin 30^\circ & \cos 30^\circ & 0 \\ 0 & 0 & 1 \end{bmatrix} \begin{bmatrix} a_1 \\ a_2 \\ 1 \end{bmatrix} \tag{1-1}$$

同一个几何元素，在不同的坐标系中具有不同的坐标值。这些坐标值的关系也可以用方程表示，这些方程称为坐标映射方程。如图 1-3 中，坐标系 Oxy 和坐标系 $O'x'y'$ 的原点重合，x 轴与 x' 轴的夹角为 30°，则点 A 在两坐标系中坐标值(a_1，a_2)和(a_1'，a_2')的关系满足方程

$$\begin{bmatrix} a_1' \\ a_2' \\ 1 \end{bmatrix} = \begin{bmatrix} \cos 30^\circ & -\sin 30^\circ & 0 \\ \sin 30^\circ & \cos 30^\circ & 0 \\ 0 & 0 & 1 \end{bmatrix} \begin{bmatrix} a_1 \\ a_2 \\ 1 \end{bmatrix} \tag{1-2}$$

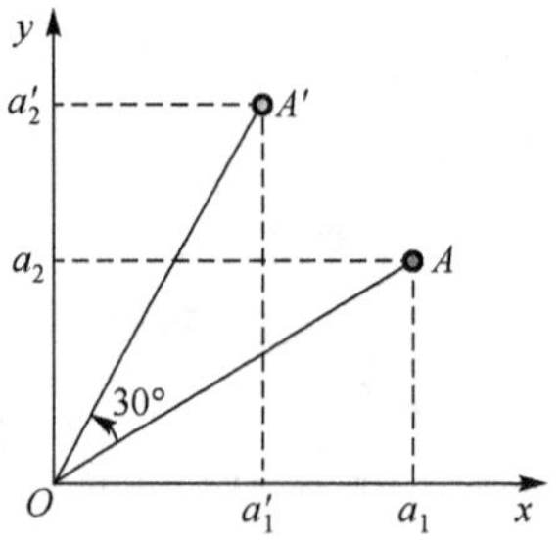

图 1-2

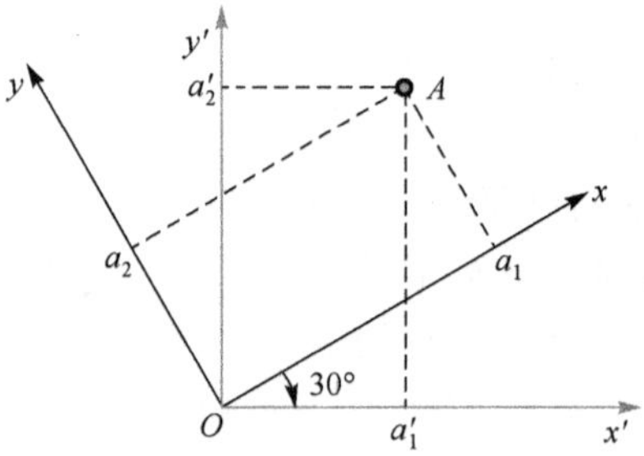

图 1-3

注意：虽然式(1-1)与式(1-2)的形式完全一致，但其表达的含义是截然不同的。

1.1.2　矢量

1. 矢量表示

矢量：既有大小又有方向的量，也称为向量，如速度、加速度等。与之对应，只有大小而没有方向的量，称为标量。

矢量依据其始端是否位于原点分为绝对矢量与相对矢量。

绝对矢量：用来表示定义形状的点，一个点意味着空间的一个位置，由绝对矢量的末端(矢端)给出。

相对矢量：表示点与点间的相互位置关系(如边矢量、一阶导矢)、矢量与矢量间的相互关系(如高阶导矢)的矢量。相对导矢量又称为自由矢量，可以不依赖于坐标原点，在坐标系中保持方向不变的前提下任意平移。

位置矢量：表示空间点位置的绝对矢量称为该点的位置矢量。如图 1-1 从原点 O 到 A 点的连线表示一个矢量，用小写黑体字母 $\boldsymbol{a}$ 或 $\overrightarrow{OA}$ 表示。一般用 $\boldsymbol{i}$、$\boldsymbol{j}$、$\boldsymbol{k}$ 分别表示三个坐标轴 x、y、z 的单位矢量，则矢量 $\boldsymbol{a}$ 可表示为

$$\begin{aligned} \boldsymbol{a} &= a_1\boldsymbol{i} + a_2\boldsymbol{j} + a_3\boldsymbol{k} \quad (\text{矢量 } \boldsymbol{a} \text{ 的坐标表示}) \\ &= [a_1, a_2, a_3] \quad (\text{矢量 } \boldsymbol{a} \text{ 的数组表示}) \end{aligned} \tag{1-3}$$

常矢量:大小和方向不变的矢量。

变矢量:大小或方向变化的矢量。

矢量的模:矢量的长度(或大小)称为它的模。例如,矢量 $\boldsymbol{a}$ 的模为 $|\boldsymbol{a}| = \sqrt{a_1^2 + a_2^2 + a_3^2}$ 。

单位矢量:长度等于1的矢量称为单位矢量,用 $\boldsymbol{E}$ 表示。显然 $\boldsymbol{E} = \dfrac{\boldsymbol{a}}{|\boldsymbol{a}|}$ 。

2.两矢量的数积

两个矢量的数积(或称内积、点积)是一个标量。已知 $\boldsymbol{a}$、$\boldsymbol{b}$ 两个矢量,$\boldsymbol{a} = [a_1, a_2, a_3]$,$\boldsymbol{b} = [b_1, b_2, b_3]$,则这两个矢量的内积为

$$\boldsymbol{a} \cdot \boldsymbol{b} = |\boldsymbol{a}| \cdot |\boldsymbol{b}| \cos\theta = a_1b_1 + a_2b_2 + a_3b_3 \tag{1-4}$$

其中,θ 是两个矢量的夹角,当 $\theta = 90°$,即两矢量互相垂直时,$\boldsymbol{a} \cdot \boldsymbol{b} = 0$ 。

矢量的内积具有如下性质。

(1)$\boldsymbol{a} \cdot \boldsymbol{b} = \boldsymbol{b} \cdot \boldsymbol{a}$。

(2)设 λ 为一个常数,则 $\lambda(\boldsymbol{a} \cdot \boldsymbol{b}) = (\lambda\boldsymbol{a}) \cdot \boldsymbol{b}$。

(3)$\boldsymbol{a} \cdot (\boldsymbol{b} + \boldsymbol{c}) = \boldsymbol{a} \cdot \boldsymbol{b} + \boldsymbol{a} \cdot \boldsymbol{c}$。

3.两矢量的矢积

两个矢量的矢积(或称外积、叉积)还是一个矢量,记为 $\boldsymbol{a} \times \boldsymbol{b} = \boldsymbol{c}$ 。则矢量 $\boldsymbol{c}$ 的特点如下。

(1) $\boldsymbol{c}$ 的方向同时垂直于 $\boldsymbol{a}$ 和 $\boldsymbol{b}$,且符合右手法则。

(2)$|\boldsymbol{c}| = |\boldsymbol{a} \times \boldsymbol{b}| = |\boldsymbol{a}| \cdot |\boldsymbol{b}| \sin\theta$,矢积的模是以 $\boldsymbol{a}$ 和 $\boldsymbol{b}$ 为边的平行四边形的面积。

(3)若 $\boldsymbol{a} = [a_1, a_2, a_3]$, $\boldsymbol{b} = [b_1, b_2, b_3]$, 则矢积可以表示为如下行列式:

$$\boldsymbol{a} \times \boldsymbol{b} = \begin{vmatrix} \boldsymbol{i} & \boldsymbol{j} & \boldsymbol{k} \\ a_1 & a_2 & a_3 \\ b_1 & b_2 & b_3 \end{vmatrix} \tag{1-5}$$

(1)若 $\boldsymbol{a} /\!/ \boldsymbol{b}$,且 $\boldsymbol{a}$ 和 $\boldsymbol{b}$ 都为非零矢量,则 $\boldsymbol{a} \times \boldsymbol{b} = 0$,即零矢量。

(2)$\boldsymbol{a} \times \boldsymbol{b} = -(\boldsymbol{b} \times \boldsymbol{a})$。

4.三个矢量的混合积

三个矢量的混合积,即两个矢量的矢积与第三个矢量作数积,记作 $(\boldsymbol{a}, \boldsymbol{b}, \boldsymbol{c})$ 。混合积是标量,计算公式是

$$(\boldsymbol{a}, \boldsymbol{b}, \boldsymbol{c}) = \boldsymbol{a} \cdot (\boldsymbol{b} \times \boldsymbol{c}) = \begin{vmatrix} a_1 & a_2 & a_3 \\ b_1 & b_2 & b_3 \\ c_1 & c_2 & c_3 \end{vmatrix} \tag{1-6}$$

混合积的模是以这三个矢量为边的平行六面体的体积。并且

$$(\boldsymbol{a}, \boldsymbol{b}, \boldsymbol{c}) = (\boldsymbol{b}, \boldsymbol{c}, \boldsymbol{a}) = (\boldsymbol{c}, \boldsymbol{a}, \boldsymbol{b}) = -(\boldsymbol{b}, \boldsymbol{a}, \boldsymbol{c}) = -(\boldsymbol{c}, \boldsymbol{b}, \boldsymbol{a}) = -(\boldsymbol{a}, \boldsymbol{c}, \boldsymbol{b})$$

5.三个矢量的二重矢积

已知 $\boldsymbol{a}$、$\boldsymbol{b}$、$\boldsymbol{c}$ 三个矢量,则这三个矢量的二重矢积还是一个矢量,记作 $\boldsymbol{a} \times [\boldsymbol{b} \times \boldsymbol{c}]$ 。

$$\boldsymbol{a} \times [\boldsymbol{b} \times \boldsymbol{c}] = (\boldsymbol{a} \cdot \boldsymbol{c}) \cdot \boldsymbol{b} - (\boldsymbol{a} \cdot \boldsymbol{b}) \cdot \boldsymbol{c} \tag{1-7}$$

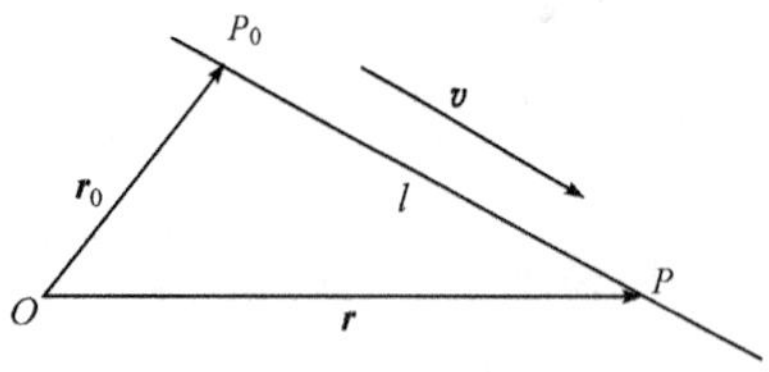

图 1-4　直线

1.1.3　直线的矢量方程

直线的矢量方程，是表达直线上任意一点的位置的矢量方程。如图 1-4 所示，已知直线 l 上一点 P_0 径矢为 $\boldsymbol{r}_0$，$\boldsymbol{v}$ 为平行于直线 l 的矢量，矢量 $\boldsymbol{r}=\overrightarrow{OP}$ 为直线上任意一点 P 的径矢，λ 为常数，则直线 l 的矢量方程可写成

$$\boldsymbol{r}=\lambda\boldsymbol{v}+\boldsymbol{r}_0,\quad -\infty<\lambda<+\infty \tag{1-8}$$

1.1.4　平面的矢量方程

与直线的矢量方程类似，平面的矢量方程是表达平面上任意一点的位置的矢量方程。设已知平面 π 上任意一个定点 P_0 的径矢为 $\boldsymbol{r}_0$，与平面 π 垂直的矢量是 $\boldsymbol{n}$ 。若 $\boldsymbol{r}$ 为平面 π 上任意一点 P 的径矢，显然 $\overrightarrow{P_0P}=\boldsymbol{r}-\boldsymbol{r}_0$ 与 $\boldsymbol{n}$ 垂直，如图 1-5 所示，平面 π 的方程是

$$\boldsymbol{n}\cdot(\boldsymbol{r}-\boldsymbol{r}_0)=0 \tag{1-9}$$

需要注意，式(1-8)是显式方程，式(1-9)是隐式方程。

例 1-1　已知一平面内不在同一直线上的三个点 P_0、P_1、P_2，它们的径矢为 $\boldsymbol{r}_0$、$\boldsymbol{r}_1$、$\boldsymbol{r}_2$，求此平面的方程。

解　如图 1-6 所示，显然 $\boldsymbol{r}_0$、$\boldsymbol{r}_1$、$\boldsymbol{r}_2$ 的末端点在平面 α 上，设三个末端点不在同一直线上，则矢量 $\boldsymbol{r}_1$、$\boldsymbol{r}_0$ 和 $\boldsymbol{r}_2-\boldsymbol{r}_0$ 也在平面 α 上，则平面 α 的法矢为 $\boldsymbol{n}=(\boldsymbol{r}_1-\boldsymbol{r}_0)\times(\boldsymbol{r}_2-\boldsymbol{r}_0)$ 。

设点 P 为平面 α 上任意一点，其径矢为 $\boldsymbol{r}$，则此平面的方程为 $(\boldsymbol{r}-\boldsymbol{r}_0)\cdot[(\boldsymbol{r}_1-\boldsymbol{r}_0)\times(\boldsymbol{r}_2-\boldsymbol{r}_0)]=0$，化简后得所求的平面方程为

$$\boldsymbol{r}\cdot[(\boldsymbol{r}_1-\boldsymbol{r}_0)\times(\boldsymbol{r}_2-\boldsymbol{r}_0)]=\boldsymbol{r}_0\cdot(\boldsymbol{r}_1\times\boldsymbol{r}_2)$$

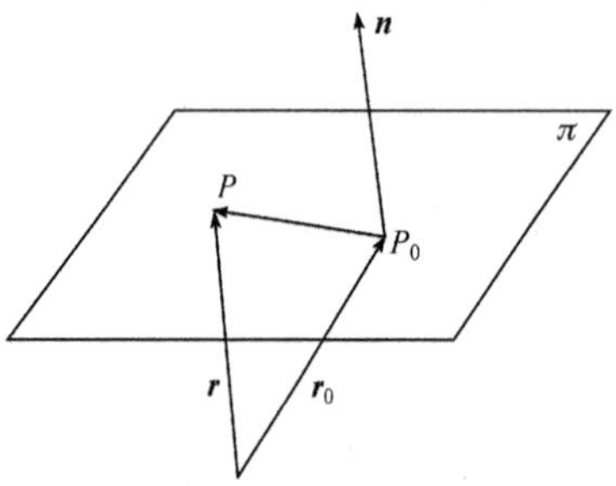

图 1-5　平面

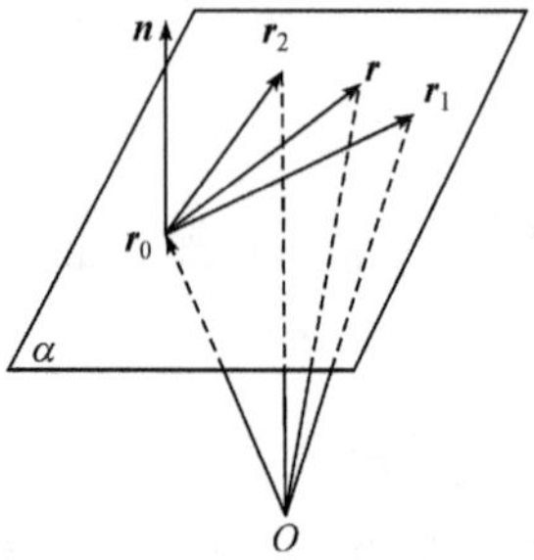

图 1-6　求平面方程例题

1.2　曲　线　论

对于飞机、汽车及其他一些具有复杂外形的产品，计算机辅助设计与制造的一个关键性环节，就是用数学方法来描述它们的几何形状，并在此基础上建立它们的几何模型。为了解决应用中的实际问题，我们需要一些微分几何知识，如曲线、曲面的矢函数表示等。

1.2.1　曲线的矢量方程和参数方程

图 1-7 中设空间一点 P 的位置矢量有三个坐标分量，若存在一个变量 t，其取值范围是

$[t_0, t_1]$，点 P 随变量 t 变化，则点 P 的运动轨迹是一条空间曲线，也就是空间矢量端点运动形成的矢端曲线。其矢量方程为

$$\boldsymbol{r} = \boldsymbol{r}(t) = [x(t), y(t), z(t)] \tag{1-10}$$

此式又称为单参数 t 的矢函数。它的参数方程是

$$\begin{cases} x = x(t) \\ y = y(t), \quad t \in [t_0, t_1] \\ z = z(t) \end{cases} \tag{1-11}$$

一般地，给定一个具体的单参数的矢函数，即给定一个具体的参数曲线方程，它既决定了所表示曲线的形状，也决定了该曲线上的点与参数域（参数的取值范围）内的参数值之间的一种对应关系，如图 1-8 所示。

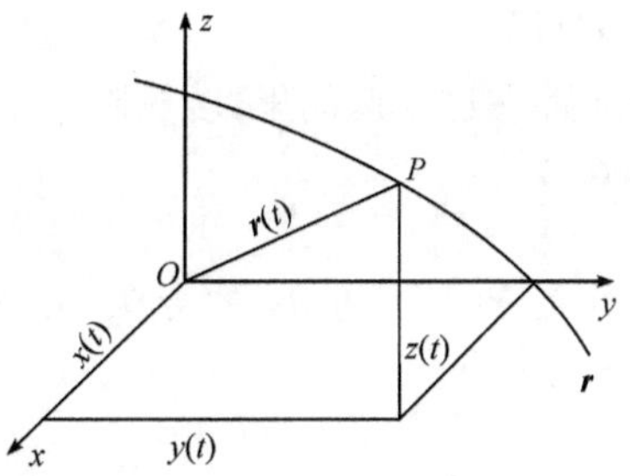

图 1-7　曲线上一点 P 表示参数 t 的矢函数

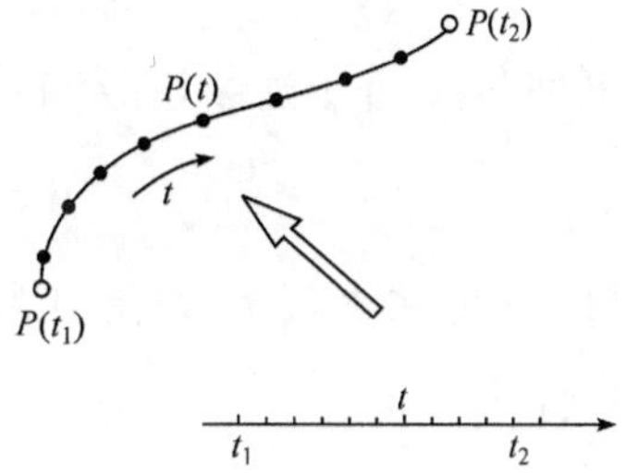

图 1-8　曲线上的点与参数域内的点的对应关系

参数方程中的参数可以具有特定的几何含义，也可以不具有几何意义，并且参数的选取是不唯一的。

例 1-2　如图 1-9 所示，已知圆柱螺旋线的半径为 a，圆柱高度为 L，动点 P 做圆周运动的转动角速度为 ω，沿 z 轴做直线运动的线速度为 v，运动的时间为 t，求圆柱螺旋线矢量方程和参数方程。

解　首先选取起始平面的圆心 O 为坐标原点，过动点的起始位置 P_0 作 x 轴，建立右手坐标系 $Oxyz$。然后，连接原点 O 到动点的任一位置 P，得矢量 $\overrightarrow{OP}$，$\overrightarrow{OP}$ 的端点轨迹是螺旋线，则它的矢端曲线方程为

$$\boldsymbol{r}(t) = \overrightarrow{OP} = \overrightarrow{ON} + \overrightarrow{NP}$$

$$\overrightarrow{ON} = \overrightarrow{OH} + \overrightarrow{HN} = a\cos(\omega t)\boldsymbol{i} + a\sin(\omega t)\boldsymbol{j}$$

$$\overrightarrow{NP} = vt\boldsymbol{k}$$

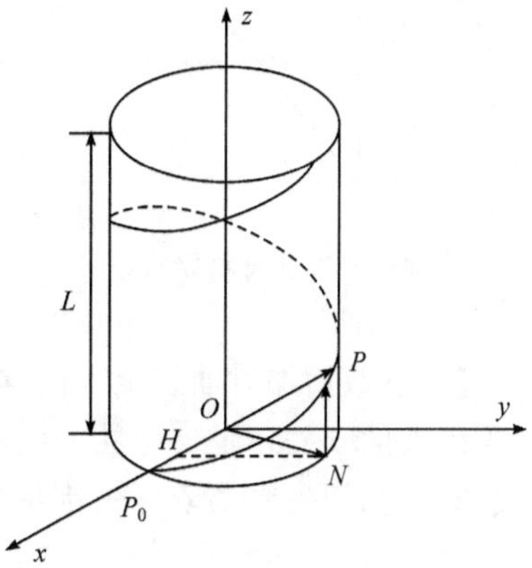

图 1-9　螺旋线

所以螺旋线矢量方程为

$$\boldsymbol{r}(t) = a\cos(\omega t)\boldsymbol{i} + a\sin(\omega t)\boldsymbol{j} + vt\boldsymbol{k}$$

$$= [a\cos(\omega t), a\sin(\omega t), vt], \quad t \in \left[0, \frac{L}{v}\right]$$

它的参数方程为

$$\begin{cases} x=a\cos(\omega t) \\ y=a\sin(\omega t), \quad t\in\left[0,\dfrac{L}{v}\right] \\ z=vt \end{cases}$$

螺旋线生成视频

本书基于 UG NX 三维建模软件，实现螺旋线建模的方法。

1.2.2 矢函数的导矢及其应用

1. 矢函数的求导

曲线上的点的位置是参数 t 的矢函数，对曲线求导也就是对矢函数求导。即对曲线参数 t 求导。求导方法是各个坐标分量分别对参数 t 求导。设矢函数表达式是

$$\boldsymbol{r}(t)=[x(t),y(t),z(t)] \tag{1-12}$$

设 $\boldsymbol{r}(t)$ 在区间 $[t_1,t_2]$ 上连续，有 t_0 和 $t_0+\Delta t(\Delta t\neq 0)$ 都在这个区间里，若极限

$$\lim_{\Delta t\to 0}\frac{\boldsymbol{r}(t_0+\Delta t)-\boldsymbol{r}(t_0)}{\Delta t} \tag{1-13}$$

存在，则 $\boldsymbol{r}(t)$ 称为在参数 t_0 处是可微的，这个极限称为 $\boldsymbol{r}(t)$。在 t_0 的导矢，用 $\boldsymbol{r}'(t_0)$ 或 $\left(\dfrac{\mathrm{d}\boldsymbol{r}}{\mathrm{d}t}\right)_{t_0}$ 表示，也即

$$\left(\frac{\mathrm{d}\boldsymbol{r}}{\mathrm{d}t}\right)_{t_0}=\boldsymbol{r}'(t_0)=\lim_{\Delta t\to 0}\frac{\boldsymbol{r}(t_0+\Delta t)-\boldsymbol{r}(t_0)}{\Delta t} \tag{1-14}$$

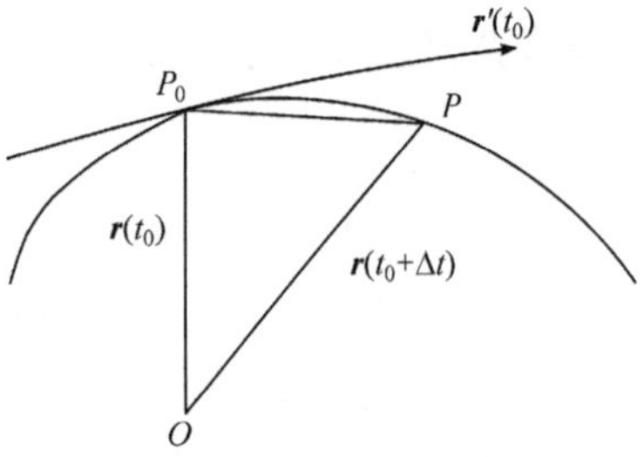

图 1-10　矢函数的导矢

导矢具有极其重要的几何意义。如图 1-10 所示，设 P_0 是曲线上的某固定点，P 是曲线上的点，当 P 沿曲线趋于 P_0 时，弦 P_0P 有极限位置，即为曲线在 P_0 的切线。

若 $\boldsymbol{r}(t)=[x(t),y(t),z(t)]$，坐标分量在区间 $[t_1,t_2]$ 上处处可微，则称 $\boldsymbol{r}(t)$ 在这个区间里是可微的。矢函数 $\boldsymbol{r}'(t)$ 称为 $\boldsymbol{r}(t)$ 的导矢。有

$$\boldsymbol{r}'(t)=[x'(t),y'(t),z'(t)] \tag{1-15}$$

曲线采用参数表示后，就有了方向。曲线的正方向对应于参数增加时曲线上点的移动方向。对矢函数求导就等于对矢函数各个坐标分量求导，矢函数的导矢还是矢函数。因此，矢函数 $\boldsymbol{r}(t)$ 的导矢 $\boldsymbol{r}'(t)$ 有大小和方向，$\boldsymbol{r}'(t)$ 的方向是切线的方向，切矢和高阶导矢都是相对矢量，可以在空间任意平移。$\boldsymbol{r}'(t)$ 的大小记为 $|\boldsymbol{r}'(t)|$，即

$$|\boldsymbol{r}'(t)|=\sqrt{(x'(t))^2+(y'(t))^2+(z'(t))^2} \tag{1-16}$$

2. 矢函数的求导公式

矢函数的求导有如下性质。

(1) $$C'=0,\quad C\text{ 为常矢量} \tag{1-17}$$

(2) $$[\boldsymbol{r}_1(t)+\boldsymbol{r}_2(t)]'=\boldsymbol{r}_1'(t)+\boldsymbol{r}_2'(t) \tag{1-18}$$

(3) $$[K\boldsymbol{r}(t)]'=K\boldsymbol{r}'(t),\quad K\text{ 为常数} \tag{1-19}$$

(4) $$[f(t)\cdot\boldsymbol{r}(t)]'=f'(t)\cdot\boldsymbol{r}(t)+f(t)\cdot\boldsymbol{r}'(t) \tag{1-20}$$

(5) $$[\boldsymbol{r}_1(t)\cdot\boldsymbol{r}_2(t)]'=\boldsymbol{r}_1'(t)\cdot\boldsymbol{r}_2(t)+\boldsymbol{r}_1(t)\cdot\boldsymbol{r}_2'(t) \tag{1-21}$$

(6) $$[\boldsymbol{r}_1(t)\times\boldsymbol{r}_2(t)]'=[\boldsymbol{r}_1'(t)\times\boldsymbol{r}_2(t)]+[\boldsymbol{r}_1(t)\times\boldsymbol{r}_2'(t)] \tag{1-22}$$

(7)高阶导矢

$$\begin{cases}\boldsymbol{r}''(t)=[x''(t),y''(t),z''(t)]\\ \quad\cdots\cdots\\ \boldsymbol{r}^{(n)}(t)=[x^{(n)}(t),y^{(n)}(t),z^{(n)}(t)]\end{cases} \tag{1-23}$$

(8)对于复合函数

$$\boldsymbol{r}=\boldsymbol{r}(t),\quad t=\varphi(u)$$

$$\frac{\mathrm{d}\boldsymbol{r}(t)}{\mathrm{d}u}=\frac{\mathrm{d}\boldsymbol{r}}{\mathrm{d}t}\frac{\mathrm{d}t}{\mathrm{d}u}=\boldsymbol{r}'(t)\varphi'(u) \tag{1-24}$$

3. 导矢在几何上的应用

1)曲线上任一点的切线方程和法平面方程

设已知曲线方程是 $\boldsymbol{r}=\boldsymbol{r}(t)$，如图 1-11 所示，求曲线上任一点 P_0处 $\boldsymbol{r}(t_0)=[x_0,y_0,z_0]$ 的切线方程和法平面方程。

(1)求曲线在点 $P_0(x_0,y_0,z_0)$处的切线方程。

因为曲线方程是 $\boldsymbol{r}(t)=[x(t),y(t),z(t)]$，故曲线在 P_0 点处的切矢为 $\boldsymbol{r}'(t_0)[x'(t_0),y'(t_0),z'(t_0)]$，则曲线在 P_0 的切线方程为

$$\boldsymbol{R}=\boldsymbol{r}(t_0)+\lambda\boldsymbol{r}'(t_0) \tag{1-25}$$

其中，$\boldsymbol{R}=[x_1,y_1,z_1]$ 为切线上任一点 M 的径矢，λ 为切线的参数。切线的参数方程可写为

$$\begin{cases}x_1=x_0+\lambda x'(t_0)\\ y_1=y_0+\lambda y'(t_0)\\ z_1=z_0+\lambda z'(t_0)\end{cases} \tag{1-26}$$

消去 λ，故切线方程又可写为

$$\frac{x_1-x(t_0)}{x'(t_0)}=\frac{y_1-y(t_0)}{y'(t_0)}=\frac{z_1-z(t_0)}{z'(t_0)} \tag{1-27}$$

(2)求过 P_0 点的法平面方程。

经过 P_0 点而垂直于切线的每一条直线，称为曲线在 P_0 的法线。所有这些法线位于经过 P_0 点而垂直于切线的平面上，这个平面称为曲线在 P_0 点的法平面。

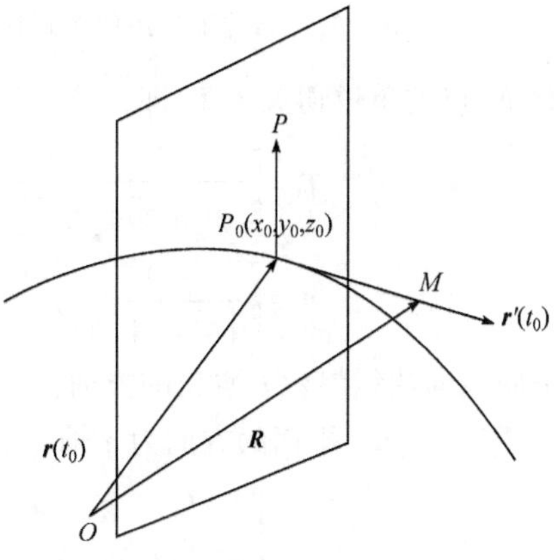

图 1-11　曲线上任一点的切线和法平面

设 P 为法平面上一点，如图 1-11 所示，所以过 P_0 点法平面的矢量方程为 $\boldsymbol{r}'(t_0)\cdot\overrightarrow{P_0P}=0$，也就是

$$\boldsymbol{r}'(t_0)\cdot[\boldsymbol{R}-\boldsymbol{r}(t_0)]=0 \tag{1-28}$$

或者写成

$$x'(t_0)[x_1-x(t_0)]+y'(t_0)[y_1-y(t_0)]+z'(t_0)[z_1-z(t_0)]=0 \tag{1-29}$$

注意式(1-26)和式(1-27)都是隐式的而不是显式的平面方程。

显式方程,可以用来明确地确定曲线曲面方程的参数与空间点之间的对应关系;而隐式方程,则可以方便地判断空间点是否位于曲线或曲面上。本书所涉及的主要是曲线曲面的显式方程。

2)平面曲线的等距线

等距线在CAD/CAM中的应用比较广泛,如在数控铣床加工零件时,球头铣刀中心轨迹和零件外形相差一个铣刀半径的距离,如图1-12所示。飞机外形的理论外形曲线,相应地也有结构内形曲线,它们只相差一个蒙皮厚度或零件的壁厚。这些都是等距线在生产实际中的应用。

先给出等距线的定义:已知一条曲线 $\boldsymbol{r}$,沿曲线每一点(M)的法线方向,分别向曲线内部或外部移动一段距离 a,则分别得到一组新点(M_1 或 M_2)的轨迹 $\boldsymbol{r}_1$ 或 $\boldsymbol{r}_2$,称为曲线 $\boldsymbol{r}$ 的等距线,如图1-13所示。

设已知曲线 $\boldsymbol{r}$ 的矢量方程为 $\boldsymbol{r}(t)=[x(t),y(t)]$,求法向距离为 a 的等距线方程。

首先建立坐标系 Oxy。从图1-13中可知

$$\overrightarrow{OM_1}=\overrightarrow{OM}+\overrightarrow{MM_1} \tag{1-30}$$

其中,$\overrightarrow{OM}=\boldsymbol{r}(t)$。

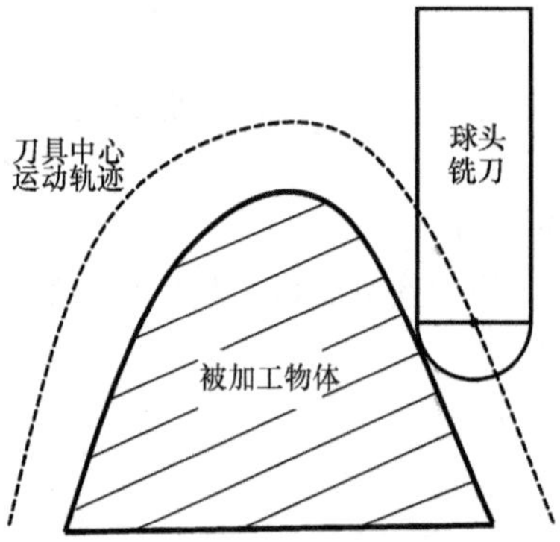

图1-12 数控加工中的等距线

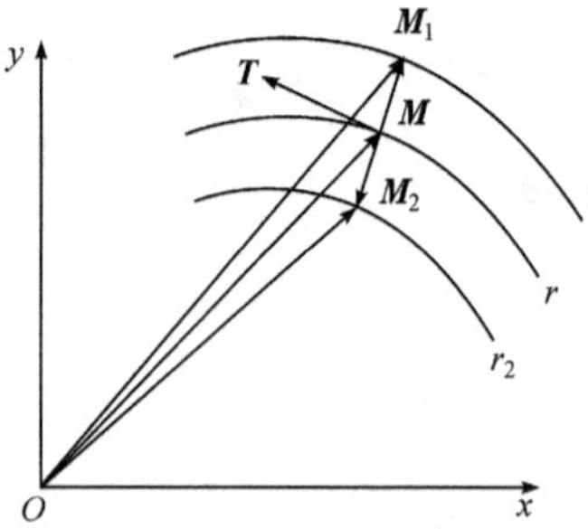

图1-13 等距线

设 M 点的单位切矢为 $\boldsymbol{T}$,即

$$\begin{aligned}\boldsymbol{T}&=\left[\frac{x'(t)}{\sqrt{[x'(t)]^2+[y'(t)]^2}},\frac{y'(t)}{\sqrt{[x'(t)]^2+[y'(t)]^2}}\right]\\&=\left[\frac{x'(t)}{|\boldsymbol{r}'(t)|},\frac{y'(t)}{|\boldsymbol{r}'(t)|}\right]\end{aligned} \tag{1-31}$$

$\boldsymbol{T}$ 的正向指向曲线参数 t 增长的方向。

取垂直于 Oxy 平面的方向为 z 轴,令 z 轴方向上的单位矢量为 $\boldsymbol{k}$,则法线方向的单位法矢为

$$\boldsymbol{N}=\begin{bmatrix}\boldsymbol{i} & \boldsymbol{j} & \boldsymbol{k}\\ \dfrac{x'(t)}{|\boldsymbol{r}'(t)|} & \dfrac{y'(t)}{|\boldsymbol{r}'(t)|} & 0\\ 0 & 0 & 1\end{bmatrix}=\left[\frac{y'(t)}{|\boldsymbol{r}'(t)|},-\frac{x'(t)}{|\boldsymbol{r}'(t)|},0\right] \tag{1-32}$$

因为 $\overrightarrow{MM_1}=a\boldsymbol{N}$,把它代入式(1-28),得到距离是 a 的等距线的矢量方程为

$$\boldsymbol{R}(t)=\overrightarrow{OM_1}=\overrightarrow{OM}+\overrightarrow{MM_1}=\boldsymbol{r}(t)+a\boldsymbol{N} \tag{1-33}$$

等距线的参数方程为

$$\begin{cases} x_1 = x(t) + \dfrac{ay'(t)}{|\boldsymbol{r}'(t)|} \\ y_1 = y(t) - \dfrac{ax'(t)}{|\boldsymbol{r}'(t)|} \end{cases} \tag{1-34}$$

同理，可由 $\overrightarrow{OM_2}$ 确定另一条等距线矢量方程如下。

$$\boldsymbol{R}(t) = \overrightarrow{OM_2} = \overrightarrow{OM} - \overrightarrow{MM_2} = \boldsymbol{r}(t) - a\boldsymbol{N}$$

管子生成视频　曲线偏置视频

1.3　曲线的自然参数方程

前面的参数是任意参数 t，这样的参数一般不具有几何意义。由于参数选取不同，得到的方程也会不同。所以在一般的坐标系中讨论曲线时，由于选取参数的不同而使曲线具有特定的性质，这些性质不具备一般性。曲线自然参数是自身的弧长，因为它是曲线(对于刚体运动)的不变量，它不依赖于坐标系的选取，即不管坐标系如何选取，只要在其上取一初始点，确定一个方向，取一个单位长度，则曲线的弧长和参数增长方向便完全确定了。所以取曲线本身的弧长作为参数，研究曲线的一些性质，这对实际应用和理论分析，都会带来很多方便。

1.3.1　自然参数方程

设有一条空间曲线 $\boldsymbol{r}$，在其上任取一点 $P_0(x_0, y_0, z_0)$ 作为计算弧长的初始点，如图 1-14 所示，曲线上点 $P(x, y, z)$ 到 P_0 之间的弧长是可以计算的。这样，曲线上每一点的位置与它的弧长之间就有了一一对应的关系。以曲线弧长作为曲线方程的参数，这样的方程称为曲线的自然参数方程，弧长参数称为自然参数。这就是说，曲线上点的坐标 (x, y, z) 都是以弧长为参数的函数，一般采用符号 s 表示弧长参数，它的矢量方程为

$$\boldsymbol{r} = \boldsymbol{r}(s) = [x(s), y(s), z(s)] \tag{1-35}$$

如果在一般曲线上的某个点，关于参数 t 的一阶导矢为零矢量，则称切矢消失，这样的点称为奇点，曲线上切矢为非零的点称为正则点。给定一个曲线表达形式，若其参数域内所有的一阶导矢均为非零矢量，则这个曲线表达形式是正则的，曲线称为正则曲线。

设曲线的一般参数矢量方程为

$$\boldsymbol{r} = \boldsymbol{r}(t) = [x(t), y(t), z(t)] \tag{1-36}$$

因为

$$\boldsymbol{r}' = \boldsymbol{r}'(t) = [x'(t), y'(t), z'(t)]$$

$$|\boldsymbol{r}'| = \left|\frac{\mathrm{d}\boldsymbol{r}}{\mathrm{d}t}\right| = \sqrt{x'^2(t) + y'^2(t) + z'^2(t)}$$

曲线弧长为 s，根据弧长微分公式，存在

$$\mathrm{d}s = \sqrt{x'^2(t) + y'^2(t) + z'^2(t)}\,\mathrm{d}t \tag{1-37}$$

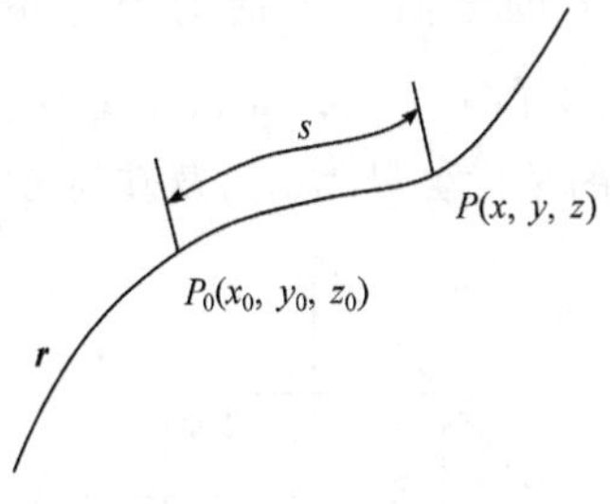

图 1-14　弧长参数化

得到

$$\frac{\mathrm{d}s}{\mathrm{d}t} = \sqrt{x'^2(t) + y'^2(t) + z'^2(t)} = |\boldsymbol{r}'(t)|$$

因为矢量的模长总是大于等于 0，所以

$$\frac{\mathrm{d}s}{\mathrm{d}t}=|\boldsymbol{r}'(t)|>0 \tag{1-38}$$

从式(1-38)可知，曲线的弧长 s 是一般参数 t 的单调增函数，必然存在反函数 $t(s)$。把$t(s)$代入曲线方程 $\boldsymbol{r}=\boldsymbol{r}(t)$中，得 $\boldsymbol{r}=\boldsymbol{r}[t(s)]=\boldsymbol{r}(s)$，即得到以弧长参数的自然参数方程为 $\boldsymbol{r}(s)$。

约定 $\dot{\boldsymbol{r}}(s)$ 代表自然参数方程的导矢，$\boldsymbol{r}'(t)$ 代表一般参数方程的导矢。自然参数方程有一个重要的性质，证明如下。

因为

$$\dot{\boldsymbol{r}}(s)=\frac{\mathrm{d}\boldsymbol{r}}{\mathrm{d}s}=\frac{\mathrm{d}\boldsymbol{r}}{\mathrm{d}t}\cdot\frac{\mathrm{d}t}{\mathrm{d}s}=\boldsymbol{r}'(t)\cdot\frac{1}{|\boldsymbol{r}'(t)|} \tag{1-39}$$

所以

$$|\dot{\boldsymbol{r}}(s)|=1 \tag{1-40}$$

即自然参数方程的切矢恒为单位矢量。

如果需要将一般曲线方程化为自然参数方程，可以采用如下方法。因为

$$\frac{\mathrm{d}s}{\mathrm{d}t}=|\boldsymbol{r}'(t)|$$

所以

$$s=\int_0^t|\boldsymbol{r}'(t)|\,\mathrm{d}t$$

1.3.2 曲线论的基本公式

1. 活动坐标系

如果取坐标系的原点和曲线 r 上的动点 M 重合，使整个坐标系随 M 点的运动而运动，这种坐标系称为活动坐标系，如图 1-15 所示。

2. 活动坐标系中各坐标轴选取

对于自然参数方程曲线 $\boldsymbol{r}=\boldsymbol{r}(s)$，由于它的切矢为单位矢量，用 $\boldsymbol{T}$ 表示。则有

$$\boldsymbol{T}(s)=\dot{\boldsymbol{r}}(s) \tag{1-41}$$

切矢 $\boldsymbol{T}$ 的方向取为活动坐标系的第一个坐标轴的方向，因为 $[\boldsymbol{T}(s)]^2=1$，对其求导得 $2\boldsymbol{T}(s)\cdot\dot{\boldsymbol{T}}(s)=0$，即 $\boldsymbol{T}(s)$ 与 $\dot{\boldsymbol{T}}(s)$ 垂直。又因为 $\dot{\boldsymbol{T}}(s)$ 不是单位矢量，可以将其表达为与其同方向的单位矢量 $\boldsymbol{N}(s)$，及其模 $k(s)$的乘积。

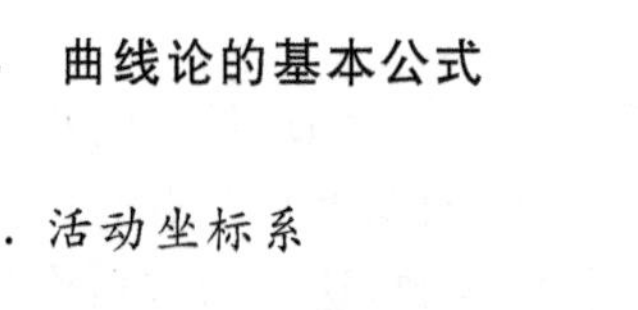

图 1-15　活动坐标系

$$\dot{\boldsymbol{T}}(s)=k(s)\cdot\boldsymbol{N}(s) \tag{1-42}$$

单位矢量 $\boldsymbol{N}(s)$是曲线在 s 处的主法线矢量，或称主法矢。主法矢 $\boldsymbol{N}(s)$总是指向曲线凹入的方向，这也是主法矢正向的几何意义。$k(s)$是标量，称为曲线的曲率。因此，矢量 $\ddot{\boldsymbol{r}}(s)=\dot{\boldsymbol{T}}(s)$ 称为曲率矢量，它的模就是该曲线的曲率。

$$|\ddot{\boldsymbol{r}}(s)|=k(s) \tag{1-43}$$

记 $\rho(s)=1/k(s)$，$\rho(s)$ 称为曲率半径。曲率半径反映的是曲线在此点处的弯曲程度。曲率半径为 ρ 的点处

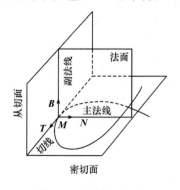

的弯曲程度，可以理解为等价于与此点相切、圆心位于此点主法矢上的一个圆的弯曲程度。

取主法线单位矢量 $\boldsymbol{N}$ 的方向作为活动坐标系的第二个坐标轴方向。取单位切矢和主法矢的矢积，得到一个新的单位矢量

$$\boldsymbol{B}(s)=\boldsymbol{T}(s)\times\boldsymbol{N}(s) \tag{1-44}$$

称为曲线 $\boldsymbol{r}(s)$ 的副法线矢量。显然 $\boldsymbol{B}(s)$ 垂直于 $\boldsymbol{T}$ 和 $\boldsymbol{N}$，且是单位矢量。取 $\boldsymbol{B}(s)$ 作为活动坐标系的第三个坐标轴方向。通过以上方法定义的三个单位矢量 $\boldsymbol{T}(s)$ 、$\boldsymbol{N}(s)$ 、$\boldsymbol{B}(s)$ 称为曲线的基本矢量。

通过点 M，由单位切矢 $\boldsymbol{T}(s)$ 和单位法矢 $\boldsymbol{N}(s)$ 所定义的平面称为密切平面，如图 1-15 所示。通过点 M，由 $\boldsymbol{T}(s)$ 与副法矢 $\boldsymbol{B}(s)$ 所形成的平面称为点 M 处的从切平面，或称次切面。由主法矢 $\boldsymbol{N}(s)$ 与副法矢 $\boldsymbol{B}(s)$ 所形成的平面称为点 M 处的法平面。这三个面构成了曲线 $\boldsymbol{r}$ 在 M 点处的基本三棱形，或称基本三面形。当 M 点沿曲线 $\boldsymbol{r}$ 移动时，基本三棱形作为一个刚体随 M 运动，故又称为运动三棱形。三个单位矢量称为曲线的基本矢量。

进行曲线设计时，一般不能取曲线自身弧长为参数，因此，当曲线表示为一般参数的矢函数 $\boldsymbol{r}=\boldsymbol{r}(t)$ 时，可以用以下公式计算出曲线的三个基本矢量。

$$\boldsymbol{T}=\frac{\boldsymbol{r}'}{|\boldsymbol{r}'|},\quad \boldsymbol{N}=\frac{(\boldsymbol{r}'\times\boldsymbol{r}'')\times\boldsymbol{r}'}{|(\boldsymbol{r}'\times\boldsymbol{r}'')\times\boldsymbol{r}'|},\quad \boldsymbol{B}=\frac{\boldsymbol{r}'\times\boldsymbol{r}''}{|\boldsymbol{r}'\times\boldsymbol{r}''|} \tag{1-45}$$

3. 基本矢量 $\boldsymbol{T}$、$\boldsymbol{N}$、$\boldsymbol{B}$ 之间的相互关系

(1)它们都是单位矢量。

$$[\boldsymbol{T}(s)]^2=[\boldsymbol{N}(s)]^2=[\boldsymbol{B}(s)]^2=1 \tag{1-46}$$

(2)三个基本矢量是相互垂直的。

$$\boldsymbol{T}(s)\cdot\boldsymbol{N}(s)=\boldsymbol{N}(s)\cdot\boldsymbol{B}(s)=\boldsymbol{B}(s)\cdot\boldsymbol{T}(s)=0 \tag{1-47}$$

(3)它们相互垂直又构成右手系。

$$\boldsymbol{T}\times\boldsymbol{N}=\boldsymbol{B},\quad \boldsymbol{N}\times\boldsymbol{B}=\boldsymbol{T},\quad \boldsymbol{B}\times\boldsymbol{T}=\boldsymbol{N} \tag{1-48}$$

(4)三个基本矢量组成的平行六面体体积为 1。

$$(\boldsymbol{T}\times\boldsymbol{N})\cdot\boldsymbol{B}=(\boldsymbol{T},\boldsymbol{N},\boldsymbol{B})=1 \tag{1-49}$$

曲线 $\boldsymbol{r}(s)$ 上的每一点 M 处，都存在三个互相垂直的单位矢量 $\boldsymbol{T}(s)$、$\boldsymbol{N}(s)$、$\boldsymbol{B}(s)$，构成了曲线在 M 处的活动坐标系，称为 Frenet 标架。从点 M 所引出的其他任何矢量都可以在这个活动坐标系上分解。可以用此活动坐标系来研究曲线在某一点临近处的性质。

4. 曲线论的基本公式

曲线上每点都有三个互相正交的基本矢量 $\boldsymbol{T}$、$\boldsymbol{N}$、$\boldsymbol{B}$ 。曲线论的基本公式是研究活动坐标系中三个基本矢量 $\boldsymbol{T}$、$\boldsymbol{N}$、$\boldsymbol{B}$ 关于弧长的导矢量 $\dot{\boldsymbol{T}}$、$\dot{\boldsymbol{N}}$、$\dot{\boldsymbol{B}}$ 和基本矢量 $\boldsymbol{T}$、$\boldsymbol{N}$、$\boldsymbol{B}$ 之间的关系，以及曲线上的曲率和挠率与 $\dot{\boldsymbol{T}}$、$\dot{\boldsymbol{N}}$、$\dot{\boldsymbol{B}}$ 之间的关系等。

因为 $\dot{\boldsymbol{T}}(s)=k(s)\cdot\boldsymbol{N}(s)$，则曲线的曲率可以按下式计算。

$$k(s)=|\dot{\boldsymbol{T}}(s)|=|\ddot{\boldsymbol{r}}(s)|=\sqrt{[\ddot{x}(s)]^2+[\ddot{y}(s)]^2+[\ddot{z}(s)]^2} \tag{1-50}$$

又因副法矢和单位切矢相互垂直，有

$$\boldsymbol{B}(s)\cdot\boldsymbol{T}(s)=0$$

根据矢函数求导公式(1-19),对上式求导后,得

$$\dot{\boldsymbol{B}}(s)\cdot\boldsymbol{T}(s)+\boldsymbol{B}(s)\cdot\dot{\boldsymbol{T}}(s)=0$$

将式(1-50)和式 $\boldsymbol{B}(s)\cdot\boldsymbol{N}(s)=0$ 代入上式,得到

$$\dot{\boldsymbol{B}}(s)\cdot\boldsymbol{T}(s)=0$$

说明 $\dot{\boldsymbol{B}}(s)$ 和 $\boldsymbol{T}(s)$ 相互垂直。因 $[\boldsymbol{B}(s)]^2=1$,求导后 $\boldsymbol{B}(s)\cdot\dot{\boldsymbol{B}}(s)=0$,即 $\boldsymbol{B}(s)$ 和 $\dot{\boldsymbol{B}}(s)$ 相互垂直。所以,$\dot{\boldsymbol{B}}(s)$ 既垂直于 $\boldsymbol{T}(s)$,又垂直于 $\boldsymbol{B}(s)$,必有 $\dot{\boldsymbol{B}}(s)\ /\!/\ \boldsymbol{N}(s)$ 。令

$$\dot{\boldsymbol{B}}(s)=-K(s)\boldsymbol{N}(s) \tag{1-51}$$

其中,$K(s)$是 $\dot{\boldsymbol{B}}(s)$ 的模,是一个标量,称为曲线 r 的挠率,$1/K$ 称为挠率半径。

因为 $\boldsymbol{N}(s)=\boldsymbol{B}(s)\times\boldsymbol{T}(s)$,求导有

$$\begin{aligned}\dot{\boldsymbol{N}}(s)&=\dot{\boldsymbol{B}}(s)\times\boldsymbol{T}(s)+\boldsymbol{B}(s)\times\dot{\boldsymbol{T}}(s)\\&=[-K(s)\boldsymbol{N}(s)]\times\boldsymbol{T}(s)+\boldsymbol{B}(s)\times[k(s)\times\boldsymbol{N}(s)]\\&=-k(s)\boldsymbol{T}(s)+K(s)\boldsymbol{B}(s)\end{aligned} \tag{1-52}$$

将式(1-50)、式(1-51)、式(1-52)综合起来,可写为

$$\begin{cases}\dot{\boldsymbol{T}}(s)=k(s)\boldsymbol{N}(s)\\ \dot{\boldsymbol{N}}(s)=-k(s)\boldsymbol{T}(s)+K(s)\boldsymbol{B}(s)\\ \dot{\boldsymbol{B}}(s)=-K(s)\boldsymbol{N}(s)\end{cases} \tag{1-53}$$

通常称式(1-53)为曲线论的基本公式(又称 Frenet 公式),写成矩阵形式为

$$\begin{bmatrix}\dot{\boldsymbol{T}}\\ \dot{\boldsymbol{N}}\\ \dot{\boldsymbol{B}}\end{bmatrix}=\begin{bmatrix}0&k&0\\-k&0&K\\0&-K&0\end{bmatrix}\cdot\begin{bmatrix}\boldsymbol{T}\\ \boldsymbol{N}\\ \boldsymbol{B}\end{bmatrix} \tag{1-54}$$

Frenet 公式反映出,当 M 点在曲线上移动时活动坐标系跟着移动,矢量 $\boldsymbol{T}$、$\boldsymbol{N}$、$\boldsymbol{B}$ 的方向也随之变化,这种变化可以用导矢 $\dot{\boldsymbol{T}}$ 、$\dot{\boldsymbol{N}}$ 、$\dot{\boldsymbol{B}}$ 来描述。这组公式还可以用来求曲线的曲率 k 和挠率 K。也可认为当曲线的曲率和挠率已知时,邻近点的 Frenet 标架之间的变化情况也就清楚了。

1.4 曲率和挠率

1.4.1 曲率

1. 曲率的几何意义

在微积分中,对于平面曲线的曲率已有所了解。曲线在一点的曲率等于切线方向对于弧长的导数 $d\theta/ds$,即

$$\lim_{\Delta s\to 0}\left|\frac{\Delta\theta}{\Delta s}\right|=k \tag{1-55}$$

在本书中，曲率的几何意义是单位切矢量 $\boldsymbol{T}$ 相对弧长参数的变化率，表示为

$$k=|\dot{\boldsymbol{T}}|=\left|\frac{\mathrm{d}\boldsymbol{T}}{\mathrm{d}s}\right|=\lim_{\Delta s\to 0}\left|\frac{\Delta \boldsymbol{T}}{\Delta s}\right|=\lim_{\Delta s\to 0}\left|\frac{\Delta \boldsymbol{T}}{\Delta \theta}\right|\cdot\left|\frac{\Delta \theta}{\Delta s}\right| \tag{1-56}$$

由于 $|\boldsymbol{T}(s)|=|\boldsymbol{T}(s+\Delta s)|=1$，都是单位矢量(图 1-16)，故弦长 $|\Delta\boldsymbol{T}(s)|$ 与角度 $\Delta\boldsymbol{\theta}$ 之比的极限为 1，就得到

$$k=\lim_{\Delta s\to 0}\left|\frac{\Delta \theta}{\Delta s}\right|=\left|\frac{\mathrm{d}\theta}{\mathrm{d}s}\right| \tag{1-57}$$

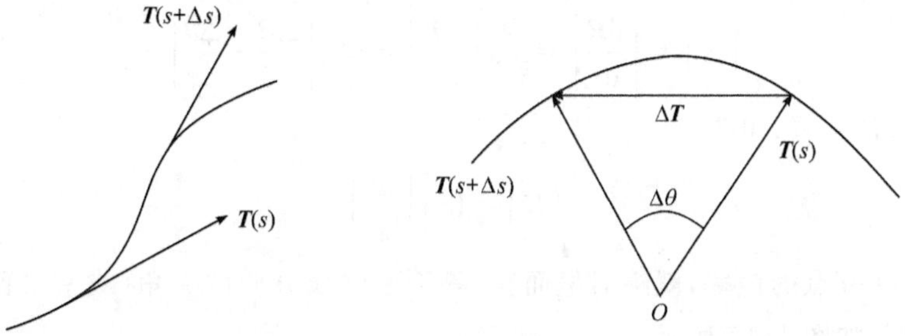

图 1-16　曲率

这个结论和平面曲线曲率的定义是一致的。因此空间曲线 r 的曲率 k 度量了曲线上邻近两点 s、$s+\Delta s$ 的切矢 $\boldsymbol{T}(s)$，$\boldsymbol{T}(s+\Delta s)$ 的夹角对弧长的变化率反映了曲线的“弯曲程度”。平面曲线的曲率只不过是它的特例。曲率表示切线方向对于弧长的转动率。转动越“快”，曲率越大，弯曲程度越厉害。曲率的倒数称为曲率半径。当 k 恒为正时，又称为绝对曲率。

由 $k=|\ddot{\boldsymbol{r}}(s)|=0$ 可知，曲率恒等于零的曲线是直线。

曲线曲率视频

2. 曲线曲率的计算公式

(1)对于平面曲线方程 $y=f(x)$，曲率计算公式为

$$k=\left|\frac{y''(x)}{\{1+[y'(x)]^2\}^{3/2}}\right| \tag{1-58}$$

(2)对于自然参数方程，曲率计算公式为

$$k=\sqrt{[\ddot{x}(s)]^2+[\ddot{y}(s)]^2+[\ddot{z}(s)]^2} \tag{1-59}$$

(3)对于一般参数方程 $\boldsymbol{r}=\boldsymbol{r}(t)$，曲率计算公式为

$$k=\frac{|\boldsymbol{r}'(t)\times\boldsymbol{r}''(t)|}{|\boldsymbol{r}'(t)|^3} \tag{1-60}$$

若用分量表示，则有

$$k=\frac{\left[\begin{vmatrix} y'(t) & z'(t)\\ y''(t) & z''(t)\end{vmatrix}^2+\begin{vmatrix} z'(t) & x'(t)\\ z''(t) & x''(t)\end{vmatrix}^2+\begin{vmatrix} x'(t) & y'(t)\\ x''(t) & y''(t)\end{vmatrix}^2\right]^{\frac{1}{2}}}{\{[x'(t)]^2+[y'(t)]^2+[z'(t)]^2\}^{3/2}} \tag{1-61}$$

3. 曲率应用

(1)在曲线、曲面拼接中和曲线光顺处理时，使用曲率连续作为判别光顺性和连续性的准则。

(2)在数控加工中，为了防止在实际加工中产生过切，需要计算曲面在刀具切触点处的曲率半径，并要求所选择的刀具半径应小于该点的曲率半径。

(3)已知曲率值 $k(s)$ 和初始条件，求解曲线的方程。

1.4.2 挠率

1. 挠率 K 的几何意义

因为 $\dot{\boldsymbol{B}} = -K\boldsymbol{N}$，首先考察挠率的绝对值，得到

$$|K| = \left|\frac{\mathrm{d}\boldsymbol{B}}{\mathrm{d}s}\right| = \lim_{\Delta s\to 0}\left|\frac{\Delta \boldsymbol{B}}{\Delta s}\right| = \lim_{\Delta s\to 0}\left|\frac{\Delta \boldsymbol{B}}{\Delta \theta}\cdot\frac{\Delta\theta}{\Delta s}\right| \tag{1-62}$$

和曲率的证明方法一样，可得到

$$|K| = \lim_{\Delta s\to 0}\left|\frac{\Delta\theta}{\Delta s}\right| \tag{1-63}$$

因此，曲线在一点的挠率，就绝对值而言，等于副法线方向的夹角(或密平面的夹角)相对于弧长的转动率，如图 1-17 所示。

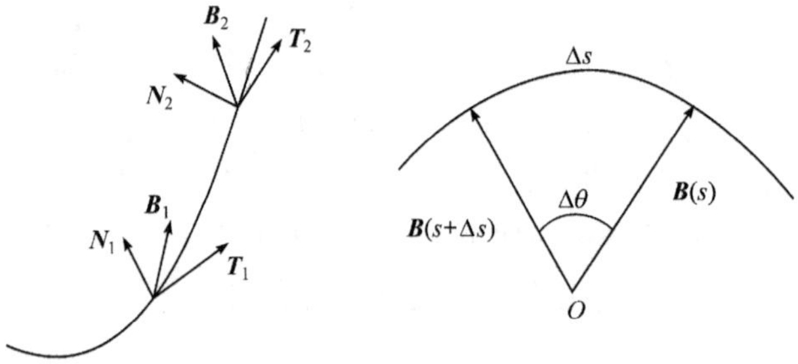

图 1-17　挠率

对于平面曲线，密切面是固定不变的，因而副法矢 $\dot{\boldsymbol{B}} = 0$，故挠率 K 恒等于 0。因此，挠率反映了曲线在三维空间中的扭曲情况。

2. 挠率 K 的符号的规定

若曲线在某点表现为：相对于曲线的参数增长方向，曲线从下而上地穿越过密切面，则此点的挠率 $K>0$，如图 1-18(a)所示。

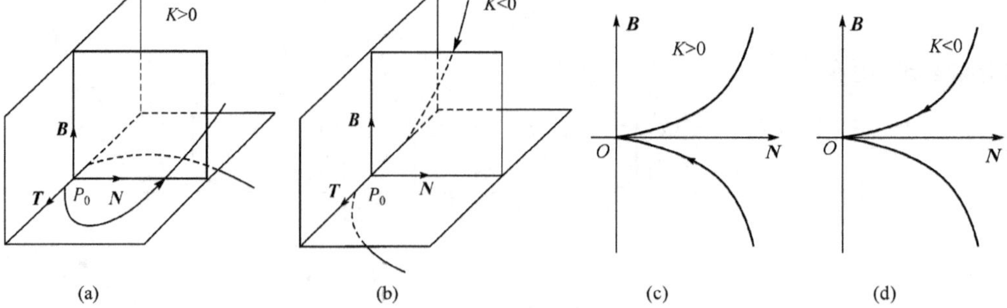

图 1-18　挠率的正负

若曲线在某点表现为：相对于曲线的参数增长方向，曲线从上而下地穿越过密切面，则此点的挠率 $K<0$，如图 1-18(b)所示。

如图 1-18(c)和图 1-18(d)所示，将曲线投影到法平面后，挠率正负区别明显。

3. 挠率计算公式

由曲线论基本公式有 $\dot{\boldsymbol{B}}=-K\boldsymbol{N}$，则有

$$K=-\dot{\boldsymbol{B}}\cdot\boldsymbol{N} \tag{1-64}$$

又因为 $\dot{\boldsymbol{N}}=-k\boldsymbol{T}+K\cdot\boldsymbol{B}$，得到

$$K=\dot{\boldsymbol{N}}\cdot\boldsymbol{B}+k\boldsymbol{T}\cdot\boldsymbol{B}=\dot{\boldsymbol{N}}\cdot\boldsymbol{B} \tag{1-65}$$

当曲线为自然参数方程 $\boldsymbol{r}=\boldsymbol{r}(s)$ 表示时

$$\boldsymbol{B}=\boldsymbol{T}\times\boldsymbol{N},\quad \boldsymbol{T}=\dot{\boldsymbol{r}}(s),\quad \boldsymbol{N}=\frac{\ddot{\boldsymbol{r}}(s)}{k}$$

$$\dot{\boldsymbol{N}}=\frac{\dddot{\boldsymbol{r}}(s)}{k}+\ddot{\boldsymbol{r}}(s)\frac{\mathrm{d}\left(\frac{1}{k}\right)}{\mathrm{d}s}$$

将以上四式代入式(1-64)，得

$$\begin{aligned}K(s)&=\left[\frac{\dddot{\boldsymbol{r}}(s)}{k}+\ddot{\boldsymbol{r}}(s)\frac{\mathrm{d}\left(\frac{1}{k}\right)}{\mathrm{d}s}\right]\cdot\left[\dot{\boldsymbol{r}}(s)\times\frac{\ddot{\boldsymbol{r}}(s)}{k}\right]\\&=\frac{1}{k^2}\dddot{\boldsymbol{r}}(s)\cdot[\dot{\boldsymbol{r}}(s)\times\ddot{\boldsymbol{r}}(s)]\\&=\frac{(\dot{\boldsymbol{r}},\ddot{\boldsymbol{r}},\dddot{\boldsymbol{r}})}{[\ddot{\boldsymbol{r}}]^2}\end{aligned} \tag{1-66}$$

当曲线为一般参数方程 $\boldsymbol{r}=\boldsymbol{r}(t)$ 表示时，挠率的表达式为

$$K(t)=\frac{[\boldsymbol{r}'(t),\boldsymbol{r}''(t),\boldsymbol{r}'''(t)]}{[\boldsymbol{r}'(t)\times\boldsymbol{r}''(t)]^2} \tag{1-67}$$

例 1-3 求圆柱螺线 $\boldsymbol{r}(s)=[r\cdot\cos(\omega s),r\cdot\sin(\omega s),\omega sh]$ 的曲率和挠率，其中 r、h 及 $\omega=(r^2+h^2)^{-\frac{1}{2}}$ 均为常数。

解 容易验证 $|\dot{\boldsymbol{r}}(s)|=1$，所以 s 是弧长参数。因此

$$\boldsymbol{T}(s)=\omega[-r\sin(\omega s),r\cos(\omega s),h]$$

$$\dot{\boldsymbol{T}}(s)=-\omega^2 r[\cos(\omega s),\sin(\omega s),0]$$

所以曲率 $k(s)=\omega^2 r$。又因为

$$\boldsymbol{N}(s)=[-\cos(\omega s),-\sin(\omega s),0]$$

$$\boldsymbol{B}(s)=\boldsymbol{T}\times\boldsymbol{N}=\omega[h\cdot\sin(\omega s),-h\cdot\cos(\omega s),r]$$

$$\dot{\boldsymbol{B}}(s)=\omega^2 h[\cos(\omega s),\sin(\omega s),0]$$

所以挠率 $K=\omega^2 h$。因而圆柱螺线的曲率、挠率均为常数。

例 1-4 求椭圆 $\boldsymbol{r}(t)=[a\cos(t),b\sin(t),0]$ 的曲率与挠率。

解 因为

$$\frac{\mathrm{d}\boldsymbol{r}(t)}{\mathrm{d}t}=(-a\cdot\sin t,b\cdot\cos t,0),\quad \left|\frac{\mathrm{d}\boldsymbol{r}}{\mathrm{d}t}\right|=\sqrt{a^2\sin^2 t+b^2\cos^2 t}\neq 1$$

说明 t 不是弧长参数。对参数 t 连续求导

$$\frac{\mathrm{d}^2\boldsymbol{r}(t)}{\mathrm{d}t^2}=(-a\cos t,-b\sin t,0)$$

$$\frac{\mathrm{d}\boldsymbol{r}(t)}{\mathrm{d}t}\times\frac{\mathrm{d}^2\boldsymbol{r}(t)}{\mathrm{d}t^2}=(0,0,ab)$$

以上两式代入式(1-58),计算后得到曲率

$$k(t)=\frac{ab}{(a^2\sin^2 t+b^2\cos^2 t)^{\frac{3}{2}}}$$

因为这个椭圆为平面曲线,所以挠率 $K=0$。

1.5 曲 面

1.5.1 曲面矢量方程和参数方程

本节主要介绍回转面和复杂曲面的矢量方程和参数方程。在飞机外形设计中,应用的曲面主要是旋转面(如机头雷达罩、部分机身等)、直纹面(如机翼、垂直尾翼等)和自由型复杂曲面(如飞机各大部件的结合处、座舱盖、部分机身等)。“歼十”飞机外形如图 1-19 所示。

图 1-19 “歼十”飞机外形

1. 旋转面

旋转面是由一条平面曲线(数学上称为母线或经线)绕一固定轴旋转而成的曲面。飞机上的雷达罩、发动机短舱和机身前后段等经常就选用这类曲面。

求旋转面的矢量方程和参数方程,如图 1-20 所示。

设母线方程为

$$\boldsymbol{c}:\quad [f(t), 0, g(t)] \tag{1-68}$$

这是单参数 t 的曲线。将 c 绕 z 轴旋转一周后得到旋转面 $\boldsymbol{r}$，它的方程为

$$\boldsymbol{r}(t,\theta)=[f(t)\cos\theta, f(t)\sin\theta, g(t)] \tag{1-69}$$

其参数方程为

$$\begin{cases} x=f(t)\cos\theta & t_0\leqslant t\leqslant t_n \\ y=f(t)\sin\theta & \theta_0\leqslant\theta\leqslant\theta_n \\ z=g(t) \end{cases} \tag{1-70}$$

旋转面生成视频

2. 曲面的表示

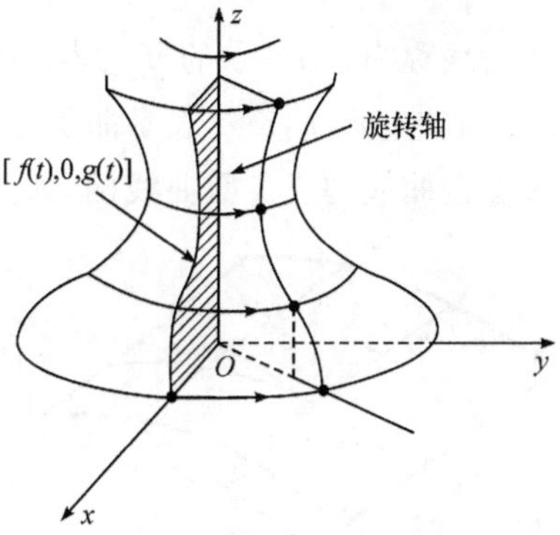

图 1-20　旋转面

曲面可以表示成双参数 u、w 矢函数形式。

$$\boldsymbol{r}=\boldsymbol{r}(u,w)=[x(u,w), y(u,w), z(u,w)] \tag{1-71}$$

它的参数方程是

$$\begin{cases} x=x(u,w) \\ y=y(u,w) \\ z=z(u,w) \end{cases} \quad \begin{matrix} u_0\leqslant u\leqslant u_1 \\ w_0\leqslant w\leqslant w_1 \end{matrix} \tag{1-72}$$

u，w 参数形成了一个参数平面，u，w 的变化区间在参数平面上构成一个矩形区域：$u_0\leqslant u\leqslant u_1$，$w_0\leqslant w\leqslant w_1$。正常情况下，参数域内的点 (u,w) 与曲面上的点 $\boldsymbol{r}(u,w)$ 构成一一对应的映射关系，如图 1-21 所示。因为参数平面上的点形成一个矩形区域，所对应的曲面一般也是一个四边形曲面片，具有四条边界曲线。

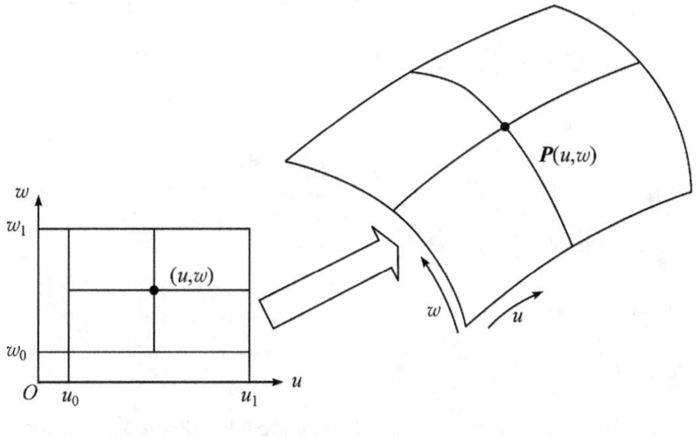

图 1-21　参数域内的点与曲面上的点之间映射关系

给定一个具体的曲面方程，称为给定了一个曲面的参数化。它既决定了所表示的曲面的形状，也决定了该曲面上的点与其参数域内的点的一种对应关系。同样地，曲面的参数化不是唯一的。

曲面双参数 u，w 的变化范围往往取为单位正方形，即 $0\leqslant u\leqslant 1$，$0\leqslant w\leqslant 1$，这样讨论曲面方程时，即简单方便，又不失一般性。

1.5.2 曲面上的曲线及其切矢和曲面上法矢

1. 坐标曲线

设曲面 $\boldsymbol{r}=\boldsymbol{r}(u,w)$ 上一点 P_0，其在参数平面中的参数值为 (u_0,w_0)，如果令参数 $u=u_0$，让 w 自由变动，在参数平面中会形成一条直线，映射到曲面上，就得到曲面上的一条过 P_0 点以 w 为单参数的一条空间曲线，其表达形式是

$$\boldsymbol{r}=\boldsymbol{r}(u_0,w)=[x(u_0,w),y(u_0,w),z(u_0,w)] \tag{1-73}$$

这条曲线称为过 P_0 点的 w 坐标曲线，简称 w 线。

类似地，$\boldsymbol{r}(u,w_0)$ 表示曲面上的一条 u 线。u 线和 w 线统称为坐标曲线，或参数曲线。所有参数曲线构成参数曲线网，如图 1-22 所示。坐标曲线的特点如下。

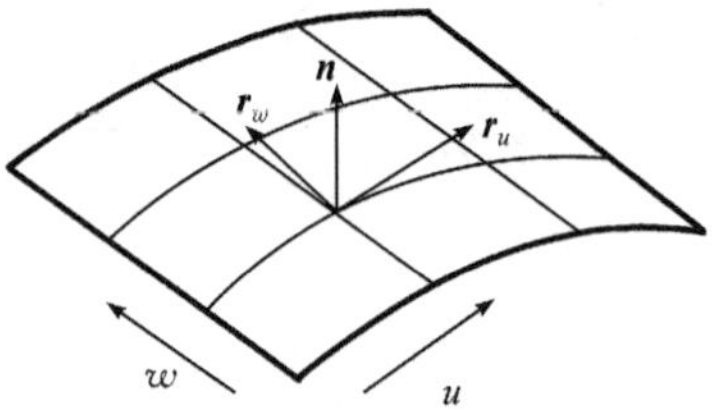

图 1-22 曲面上的曲线及其切矢和曲面上法矢

(1)$0\leqslant u\leqslant 1, 0\leqslant w\leqslant 1$。

(2)在 u 线上，w 值是常数；在 w 线上，u 值是常数。

(3)u 线和 w 线组成坐标网格的夹角不一定为直角。

(4)u 线和 w 线组成空间曲面网格，可以用来构造整张曲面。

2. 坐标曲线的切矢

坐标曲线视频

在曲面 $\boldsymbol{r}=\boldsymbol{r}(u,w)$ 上一点 $P_i(u_i,w_i)$处总有一条 u 线和 w 线，u 线在该点处的切矢可以表达为曲面关于 u 的偏导矢

$$\boldsymbol{r}_u(u_i,w_i)=\frac{\partial \boldsymbol{r}(u,w_i)}{\partial u}\Big|_{u=u_i}$$

称为 u 向切矢，切矢的方向指向参数 u 增长的方向。w 线在该点处的切矢可以表达为曲面关于 w 的偏导矢

$$\boldsymbol{r}_w(u_i,w_i)=\frac{\partial \boldsymbol{r}(u_i,w)}{\partial w}\Big|_{w=w_i}$$

称为 w 向切矢。它的方向指向参数 w 增长的方向。

3. 曲面上任意曲线及其切矢

设已知曲面的方程为

$$\boldsymbol{r}=\boldsymbol{r}(u,w)=[x(u,w),y(u,w),z(u,w)] \quad 0\leqslant u\leqslant 1,\ 0\leqslant w\leqslant 1 \tag{1-74}$$

其中，双参数 u,w 又是另一参数 t 的函数，$u=u(t)$，$w=w(t)$，当 t 发生变化时，u,w 在参数平面上的运动轨迹形成一条平面曲线，将其映射到曲面上，曲面上的点运动轨迹形成一条曲面上的空间曲线，此曲线方程及其切矢求解如下。

将 u,w 代入式(1-73)，得

$$\boldsymbol{r}=\boldsymbol{r}[u(t),w(t)]=\{x[u(t),w(t)],y[u(t),w(t)],z[u(t),w(t)]\}$$

上式是单参数方程，当 t 变动时，就得到一条曲线，这正是曲面上的曲线方程。曲面上曲线的切矢是

$$\frac{\mathrm{d}\boldsymbol{r}(t)}{\mathrm{d}t}=\boldsymbol{r}_u\frac{\mathrm{d}u}{\mathrm{d}t}+\boldsymbol{r}_w\frac{\mathrm{d}w}{\mathrm{d}t}$$

$$=\left[x_u\frac{\mathrm{d}u}{\mathrm{d}t}+x_w\frac{\mathrm{d}w}{\mathrm{d}t},\quad y_u\frac{\mathrm{d}u}{\mathrm{d}t}+y_w\frac{\mathrm{d}w}{\mathrm{d}t},\quad z_u\frac{\mathrm{d}u}{\mathrm{d}t}+z_w\frac{\mathrm{d}w}{\mathrm{d}t}\right] \tag{1-75}$$

其中,r_u,r_w 为坐标曲线的切矢。从式(1-74)可以看出:

(1)曲面上任意曲线的切矢,可以表达为坐标曲线切矢的线性组合;

(2)过曲面某固定点的所有曲面上的任意曲线的切矢都共面,此平面也是由过此点的两坐标曲线切矢所确定的那个平面,称为曲面过此点处的切平面。

4. 曲面上的切平面和法线方程

曲面上任意曲线、三切矢共面视频

已知曲面 $\boldsymbol{r}=\boldsymbol{r}(u,w)$ 上一点 $P_0(u_0,w_0)$,位置矢量为 $\boldsymbol{r}_0$,求过 P_0 点的切平面和法线方程。

先求过 P_0 的两个偏导矢,把它看作附着于该点的两个矢量。如果这两个偏导矢不平行,即 $\boldsymbol{r}_u(u_0,w_0)\times\boldsymbol{r}_w(u_0,w_0)\neq 0$,则称该点为正则点,否则称为奇点。将此两矢量进行叉积,于是唯一地得到曲面在点 P_0 处的切平面的单位法矢

$$\boldsymbol{n}=\frac{\boldsymbol{r}_u(u_0,w_0)\times\boldsymbol{r}_w(u_0,w_0)}{|\boldsymbol{r}_u(u_0,w_0)\times\boldsymbol{r}_w(u_0,w_0)|}$$

因此过 P_0 点的切平面方程为

$$\boldsymbol{n}\cdot(\boldsymbol{R}-\boldsymbol{r}_0)=0$$

其中,$\boldsymbol{R}$ 为切平面上任意一点位置矢量。过 P_0 点的法线方程为

$$\boldsymbol{R}=\boldsymbol{r}_0+\lambda\boldsymbol{n}$$

其中,$\boldsymbol{R}$ 为法线上任一点的位置矢量。

1.5.3 曲面的等距面方程

若沿曲面 $\boldsymbol{r}=\boldsymbol{r}(u,w)$ 上每一点的法矢 $\boldsymbol{n}$ 正向(或负向)移动一个固定距离 d,就得到该曲面的等距面方程

$$\boldsymbol{R}(u,w)=\boldsymbol{r}(u,w)\pm d\boldsymbol{n} \tag{1-76}$$

例 1-5 单位球面方程为 $\boldsymbol{r}=\boldsymbol{r}(\varphi,\theta)=(\sin\varphi\cos\theta,\sin\varphi\sin\theta,\cos\varphi)$,求解:(1)过球面上某点 P 的切平面方程;(2)距原球面法向距离为 a 的等距面方程。

解 (1)要求过 P 点的切平面方程,须先求出过此点的法矢

$$\boldsymbol{r}_\varphi=[\cos\varphi\cos\theta,\cos\varphi\sin\theta,-\sin\varphi]$$

$$\boldsymbol{r}_\theta=[-\sin\varphi\sin\theta,\sin\varphi\cos\theta,0]$$

则单位法矢为

$$\boldsymbol{n}=\frac{\boldsymbol{r}_\varphi\times\boldsymbol{r}_\theta}{|\boldsymbol{r}_\varphi\times\boldsymbol{r}_\theta|}=[\sin\varphi\cos\theta,\sin\varphi\sin\theta,\cos\varphi]$$

单位法矢 $\boldsymbol{n}$ 的方程与球面的方程一样,表明球面上任一点 P 处的法矢量是球心至该点的矢量,故球面的法矢都通过球心。过 P 点的切平面方程为

$$\boldsymbol{n}\cdot(\boldsymbol{R}-\boldsymbol{r}_0)=0$$

即

$$\sin\varphi\cos\theta(x-\sin\varphi\cos\theta)+\sin\varphi\sin\theta(y-\sin\varphi\sin\theta)+\cos\varphi(z-\cos\varphi)=0$$

(2)故距离为 a 的等距面方程为

$$\boldsymbol{R}(\varphi,\theta)=\boldsymbol{r}(\varphi,\theta)\pm a\boldsymbol{n}$$

即

$$\boldsymbol{R}(\varphi,\theta)=(\sin\varphi\cos\theta,\sin\varphi\sin\theta,\cos\varphi)\pm a(\sin\varphi\cos\theta,\sin\varphi\sin\theta,\cos\varphi)$$
$$=[(1\pm a)\sin\varphi\cos\theta,(1\pm a)\sin\varphi\sin\theta,(1\pm a)\cos\varphi]$$

等距面视频

1.6 直纹面和可展曲面

1.6.1 直纹面

直纹面是由直母线连续运动(包括平移和旋转)而形成的曲面。柱面(母线互相平行)、锥面(母线都经过同一点)和螺旋面都是直纹面。直纹面在飞机机翼和尾翼表面的数学模型中应用较多。

为了求出直纹面的方程,如图 1-23 所示,在直纹面上取一条曲线

$$\boldsymbol{a}=\boldsymbol{a}(u)\quad u_0\leqslant u\leqslant u_1 \tag{1-77}$$

这条曲线和所有母线相交,该曲线称为直纹面的准线。在准线上取任一点 A 作平行于母线方向的矢量 $\boldsymbol{l}=\boldsymbol{l}(u)$,$\boldsymbol{l}$ 不一定是单位矢量,但不能为零矢量。设母线上任一点 $M(u,w)$的位置矢量是

$$\overrightarrow{OM}=\overrightarrow{OA}+\overrightarrow{AM}=\boldsymbol{a}(u)+w\boldsymbol{l}(u)$$
$$u_0\leqslant u\leqslant u_1,w_0\leqslant w\leqslant w_1 \tag{1-78}$$

其中,w 为比例系数,在$[w_0,w_1]$范围内变化。u 为准线上的变量,在$[u_0,u_1]$范围内变化,当 u=常数时,式(1-77)表达的是直纹面的母线。因此,直纹面方程可写为

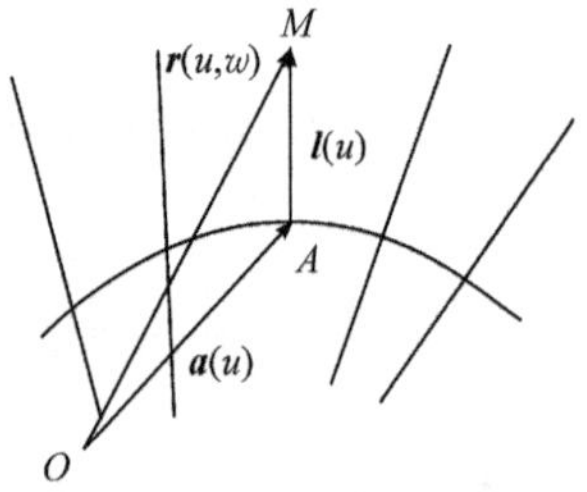

图 1-23 直纹面

$$\boldsymbol{r}(u,w)=\boldsymbol{a}(u)+w\boldsymbol{l}(u)\quad u_0\leqslant u\leqslant u_1,w_0\leqslant w\leqslant w_1 \tag{1-79}$$

特殊地,若准线缩成一点 A_0,其位置矢量为 a_0(常矢),则此时的直纹面为锥面(图 1-24)。其矢量方程为

$$\boldsymbol{r}(u,w)=\boldsymbol{a}_0+w\boldsymbol{l}(u) \tag{1-80}$$

直纹面的生成视频

若 $\boldsymbol{l}=\boldsymbol{l}_0$,是常矢量,则直纹面是柱面(图 1-25)。其矢量方程为

$$\boldsymbol{r}(u,w)=\boldsymbol{a}(u)+w\boldsymbol{l}_0 \tag{1-81}$$

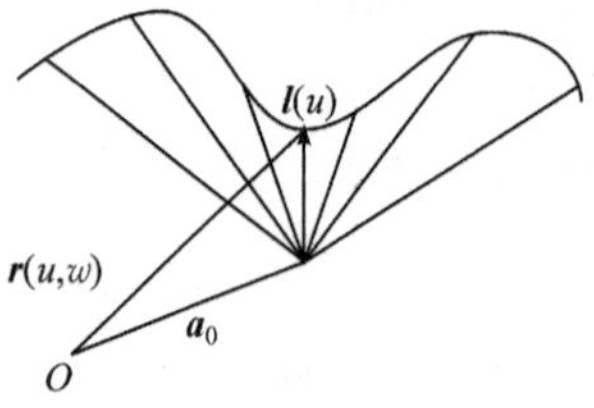

图 1-24 锥面

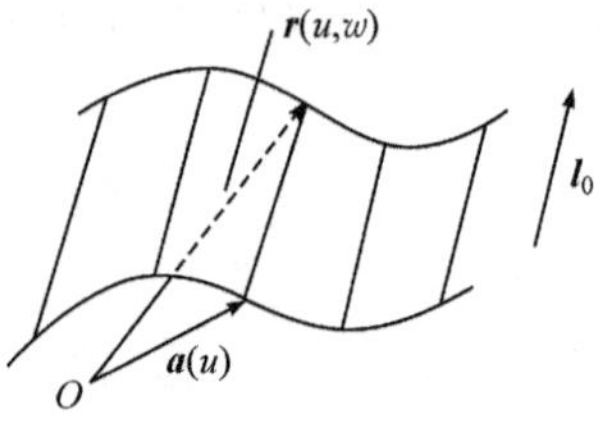

图 1-25 柱面

例 1-6 求螺旋面的矢量方程。

解 如图 1-26(a)所示,已知准线的矢量方程为 $\boldsymbol{a}(u)=[a\cos u,a\sin u,bu]$,准线上任意一点 A 沿母线方向的矢量方程为 $\boldsymbol{l}(u)=[-\cos u,-\sin u,0]$,母线上任意一点 M 的矢函数为

$$
\begin{aligned}
\boldsymbol{r}(u,t)&=\overrightarrow{OM}=\overrightarrow{OA}+\overrightarrow{AM}=\boldsymbol{a}(u)+t\boldsymbol{l}(u)\\
&=[a\cos u, a\sin u, bu]+t[-\cos u,-\sin u,0]\\
&=[(a-t)\cos u,(a-t)\sin u, bu] \quad 0\leqslant t\leqslant a,\ 0\leqslant u\leqslant 2\pi
\end{aligned}
$$

令

$$a-t=w$$

则

$$\boldsymbol{r}(u,w)=[w\cos u, w\sin u, bu] \quad 0\leqslant w\leqslant a,\quad 0\leqslant u\leqslant 2\pi$$

是直纹面方程，也是螺旋面的矢量方程。图 1-26(b)为螺旋面。

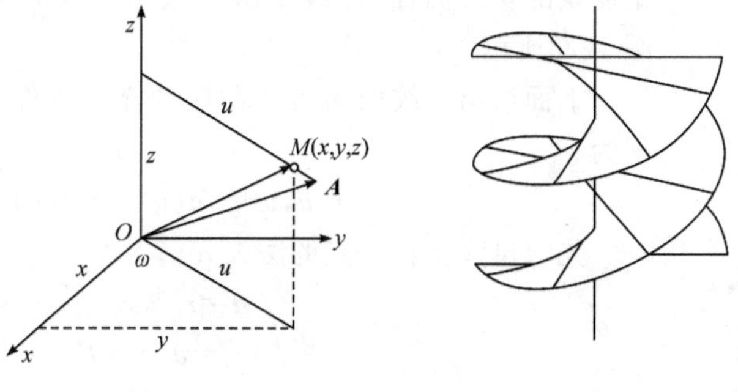

螺旋面的生成视频

图 1-26　螺旋面

例 1-7　求无扭转的梯形机翼面的矢量方程。

解　梯形机翼如图 1-27 所示，给定两个平行基准肋翼型曲线，其中基准肋 1 和基准肋 2 的矢量方程分别为

$$\boldsymbol{r}_1=\boldsymbol{r}_1(u),\quad \boldsymbol{r}_2=\boldsymbol{r}_2(u)$$

两个翼型对应点（u 值相同的点）的连线为直线，这些直线形成机翼表面，即机翼的表面为直纹面。取基准肋 1 所在的平面为 xOy，翼弦平面为 zOx，建立空间直角坐标系 $Oxyz$。b_1、b_2 分别代表基准肋的翼弦。则基准肋 1 的矢量方程为

$$\boldsymbol{r}_1(u)=[b_1u, b_1f(u), 0]$$

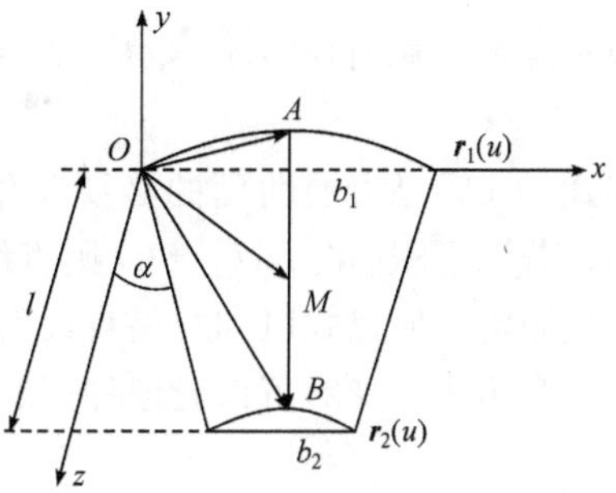

图 1-27　机翼表面

基准肋 2 的矢量方程为

$$\boldsymbol{r}_2(u)=[l\tan\alpha+b_2u, b_2g(u), l]$$

其中，$f(u)$ 和 $g(u)$ 是对应翼弦平面上的基准肋 1 和基准肋 2 的高度值(可正负)，α 为在翼弦平面上机(尾)翼前缘线与 z 轴的夹角。

设翼面上任一点 M 的矢函数为

$$
\begin{aligned}
\overrightarrow{OM}&=\overrightarrow{OA}+\overrightarrow{AM}=\boldsymbol{r}_1(u)+w\cdot\overrightarrow{AB}\\
&=\boldsymbol{r}_1(u)+w[\overrightarrow{OB}-\overrightarrow{OA}]\\
&=\boldsymbol{r}_1(u)+w[\boldsymbol{r}_2(u)-\boldsymbol{r}_1(u)]
\end{aligned}
$$

无扭转机翼的构造视频

因为 A、M 点皆为动点，故曲面的矢量方程为

$$
\begin{gathered}
\boldsymbol{r}(u,w)=\boldsymbol{r}_1(u)+w[\boldsymbol{r}_2(u)-\boldsymbol{r}_1(u)]\\
0\leqslant u\leqslant 1,\quad 0\leqslant w\leqslant 1
\end{gathered}
$$

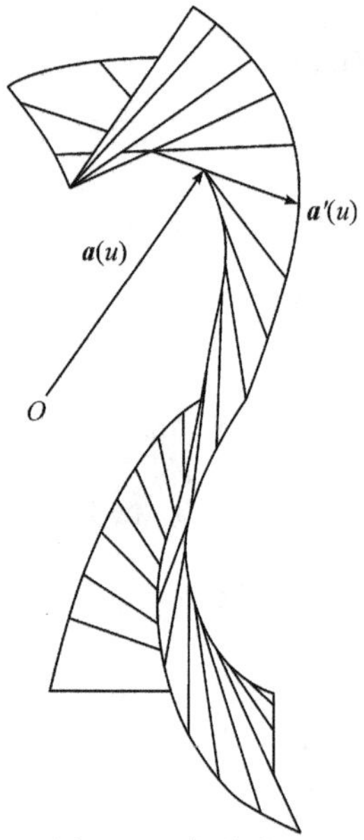

图 1-28　切线曲面

1.6.2　可展曲面

可展曲面是直纹面的一种重要类型。对直纹面上的任意一条母线，若此母线上所有点的切面都共面，即母线上的点共享一个切平面，这类直纹面称为可展曲面。可展曲面可以通过简单的弯曲来展成平面，或反之亦然。在飞机的设计制造中，直纹面的零件形状可以通过平面板材钣金弯曲得到。可以验证，一切锥面、柱面及每条曲线的切线曲面（曲线上所有点的切线的集合）都是可展的，如图 1-28所示。

下面给出直纹面为可展曲面的充要条件。若直纹面的矢量方程为

$$\boldsymbol{r}(u,w)=\boldsymbol{a}(u)+w\boldsymbol{l}(u)$$

先求母线上任一点的法矢 $\boldsymbol{n}$

$$\boldsymbol{n}=\boldsymbol{r}_u\times\boldsymbol{r}_w$$

$$\boldsymbol{r}_u=\boldsymbol{a}'+w\boldsymbol{l}'$$

$$\boldsymbol{r}_w=\boldsymbol{l}$$

由可展曲面的定义，在同一母线上任意两点的法矢 $\boldsymbol{n}_1$、$\boldsymbol{n}_2$ 是相互平行的，即 $\boldsymbol{n}_1\times\boldsymbol{n}_2=0$。若令 $w_1\neq w_2$，则有

$$(w_1-w_2)(\boldsymbol{a}'\times\boldsymbol{l})\times(\boldsymbol{l}'\times\boldsymbol{l})=0$$

因 $w_1\neq w_2$，则有 $(\boldsymbol{a}'\times\boldsymbol{l})\times(\boldsymbol{l}'\times\boldsymbol{l})=0$，简化得到 $[\boldsymbol{a}',\boldsymbol{l}',\boldsymbol{l}]\boldsymbol{l}=0$。由于 $\boldsymbol{l}\neq 0$，得到

$$[\boldsymbol{a}',\boldsymbol{l}',\boldsymbol{l}]=0 \tag{1-82}$$

即式(1-82)是可展曲面的必要条件。把以上推理过程颠倒也成立，可知这个条件也是充分的。若混合积 $[\boldsymbol{a}',\boldsymbol{l}',\boldsymbol{l}]=0$，则直纹面沿每一条母线的切平面有固定的法线方向，因而切平面必然固定。所以式(1-82)是直纹面为可展曲面的充分和必要条件。

利用式(1-82)可以验证柱面和锥面都是可展曲面，因为柱面的矢量方程为

$$\boldsymbol{r}(u,w)=\boldsymbol{a}(u)+w\boldsymbol{l}_0$$

其中，$\boldsymbol{l}_0$ 是常矢，故 $\boldsymbol{l}_0'=0$，所以式(1-82)成立。对于锥面亦有同样的讨论，此时，有 $\boldsymbol{a}_0$ 是常矢。同理切线曲面也是可展曲面。实际上可展曲面只有这三种类型，即柱面、锥面和切线曲面。

习　　题

1. 已知平面上一点 $\boldsymbol{P}(1,2,3)$，法矢为 $\boldsymbol{u}(4,5,6)$，求原点到此平面的距离。

2. 已知空间两点 $\boldsymbol{P}_1$、$\boldsymbol{P}_2$ 的位置矢量分别为 $\boldsymbol{r}_1$、$\boldsymbol{r}_2$，求此两点的中垂面方程。

3. 已知平面 $\boldsymbol{r}\cdot\boldsymbol{u}=\rho$ 及空间一点 $\boldsymbol{P}_1(\boldsymbol{r}_1)$，试证此点在平面上的垂直投影为 $\boldsymbol{r}=\boldsymbol{r}_1+(\rho-\boldsymbol{r}_1\cdot\boldsymbol{u})\cdot\boldsymbol{u}$，其中 $\boldsymbol{u}$ 为平面的单位法矢。

4. 试证平行四边形对角线的平方和等于各边的平方和。

5. 试证拉格朗日恒等式

$$(\boldsymbol{a}\times\boldsymbol{b})\cdot(\boldsymbol{c}\times\boldsymbol{d})=\begin{vmatrix}\boldsymbol{a}\cdot\boldsymbol{c} & \boldsymbol{a}\cdot\boldsymbol{d}\\ \boldsymbol{b}\cdot\boldsymbol{c} & \boldsymbol{b}\cdot\boldsymbol{d}\end{vmatrix}$$

6. 如图所示，小圆（半径为 r）的圆心以角速度 w_1（顺时针）沿大圆（半径为 R）圆周运动，一动点以角速度 w_2（逆时针）沿小圆周运动。求此动点的矢量方程，给出参数的取值范围。

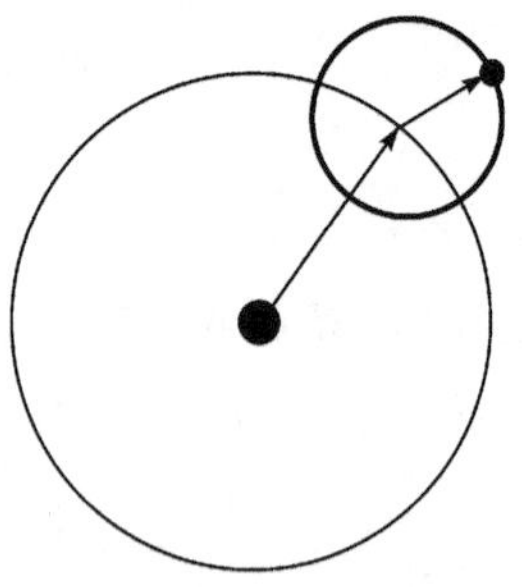

题 6 图

7. 求平面曲线 $y^2=2px$ 的矢量方程,及曲线上任一点的曲率和挠率。

8. 求出半立方抛物线 $\boldsymbol{r}(u)=[u^2,u^3]$在 $u=0$ 和$u=1$ 处的切矢与切线。

9. 求螺旋线 $\boldsymbol{r}(t)=[a\cos t,a\sin t,bt]$的自然参数方程及曲线上任一点 M 的单位切矢、主法矢和副法矢。

10. 在曲线上一点的活动标架内,单位切矢、主法矢与副法矢对于弧长的一阶导矢具有怎样的方向和模长?

11. 求曲线 $\boldsymbol{r}(s)=\left[a\left(1+\sin\dfrac{s}{\sqrt{a^2+b^2}}\right),\ a\left(1+\cos\dfrac{s}{\sqrt{a^2+b^2}}\right),\ \dfrac{bs}{\sqrt{a^2+b^2}}\right]$上任一点处的曲率和挠率。

12. 参照图 1-21,在图中标出当 $u=u_0$ 或 u_1、w 自由变化,以及当 $w=w_0$ 或 w_1、u 自由变化时,对应形成的自由曲面上的四条边界曲线。

13. 求旋转椭球面$\dfrac{x^2+y^2}{a^2}+\dfrac{z^2}{b^2}=1$ 的矢量方程和参数方程。

14. 求抛物面 $x^2+y^2=2pz$ 的矢量方程。

15. 求螺旋面 $\boldsymbol{r}(u,w)=[u\cos w,u\sin w,u^2/4]$ 的坐标曲线的切矢及距离为 a 的等距面方程。

16. 求圆锥面 $x^2+y^2-z^2\tan^2\alpha=0$ 上任一点 M 的切平面方程、法线方程和距离为 a 的等距面方程。

17. 求旋转抛物面 $x^2+y^2=2pz$ 上任一点M 的切平面方程、法线方程和距离为 a 的等距面方程。

18. 试证机翼表面为可展曲面的充要条件(翼面矢量方程参见例 1-6)。

第2章　样条曲线

早在1963年，美国波音飞机制造公司 Ferguson 首先提出了把曲线曲面表示为参数的矢函数方法，这在计算机辅助几何设计(computer aided geometry design, CAGD)中成为形状数学的标准形式。Ferguson 引入了参数三次曲线，在用参数多项式构造插值曲线时，可以采用不同的多项式基函数。由不同的基函数所构造的曲线具有不同的优缺点。想要了解 CAGD 学科的发展、解决问题的方法等，首先应了解一些基本的概念，如插值、逼近和拟合、基函数等。

2.1　基本概念

2.1.1　插值与逼近

给定一组有序的数据点 $P_i(i=0,1,\cdots,n)$，这些点可以是从某个形状上测量得到的，也可以由设计人员给定。构造一条曲线顺序通过这些给定的数据点，称为对这些数据点进行插值(interpolation)，所构造的曲线称为插值曲线。若这些数据点原来位于某曲线上，则称该曲线为被插值曲线。

在某些情况下，不要求曲线严格通过给定的数据点，只要求所构造的曲线在某种意义上最接近给定的数据点，称为对这些数据点进行逼近(approximation)，所构造的曲线称为逼近曲线。若这些数据点原来位于某曲线上，则称该曲线为被逼近曲线。

插值与逼近统称为拟合(fitting)，曲线的插值与逼近概念可以推广到曲面。

2.1.2　多项式基

在 CAGD 中，基表示的参数矢函数形式已成为形状数学描述的标准形式。人们首先注意到在各类函数中，多项式函数能较好地满足要求。它的表示形式简单，又无穷次可微，且容易计算函数值及各阶导数值。采用多项式函数作为基函数即多项式基，相应可得到参数多项式曲线曲面。

幂基 $u^j(j=0,1,\cdots,n)$ 是最简单的多项式基。相应多项式的全体构成 n 次多项式空间。n 次多项式空间中任一组 $n+1$ 个线性无关的多项式都可以作为一组基，因此就有无穷多组基。不同组基之间仅仅相差一个线性变换。

一个 n 次参数多项式曲线方程可表示为

$$\boldsymbol{P}(u)=\sum_{j=0}^{n}\boldsymbol{a}_j u^j \tag{2-1}$$

其中，$\boldsymbol{a}_j$ 为系数矢量。

同一条参数多项式曲线可以采用不同的基表示，由此决定了它们具有不同的性质，因而就有不同的优点。这就提出了一个问题，应该选择怎样的多项式基才最适合 CAGD 关于形状数学描述的要求。

2.2 三次样条函数的力学背景

三次样条函数是在生产实践的基础上产生和发展起来的。在采用CAD/CAM技术之前，传统的船舶、汽车和飞机的模线都是借助样条(spline)用手工绘制的。样条，即富有弹性的匀质细木条、金属条或有机玻璃条。它围绕着按选定位置放置的重物或压铁做弹性弯曲，以获得所需要的曲线，如图2-1所示。由于应用这种物理样条所生成的曲线总是很光顺的，即使在当今，当设计员发现一个生成曲线的程序不是有效的时候或者为了手工验证计算机的结果时，这个方法仍然在使用。如果我们把样条看成弹性细梁，压铁看成作用在这个梁的某些点上的集中载荷，那就可把上述画模线的过程在力学上抽象为：求弹性细梁在放置压铁点的集中载荷作用下产生的弯曲变形。切出两相邻压铁之间的一段梁来看，只在该段梁的两端有集中支承反力作用，因此在这段梁内的弯矩是梁长度方向的线性函数。

由欧拉公式有

$$\frac{1}{\rho(x)} = \frac{M(x)}{EJ} \tag{2-2}$$

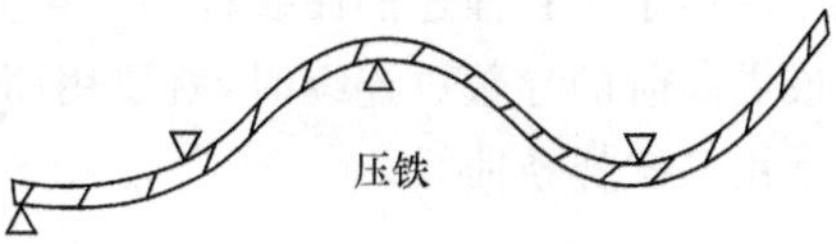

图2-1　样条曲线

其中，$M(x)$是弯矩；$\rho(x)$是梁的曲率半径。它们都随点的位置而变化。E和J是与梁的材料和形状有关的常数。由于平面曲线的曲率为

$$\frac{1}{\rho(x)} = \frac{y''}{(1+y'^2)^{3/2}} \tag{2-3}$$

因此有

$$\frac{y''}{(1+y'^2)^{\frac{3}{2}}} = \frac{M(x)}{EJ} \tag{2-4}$$

对于“小挠度”曲线，即$|y'(x)| \ll 1$的曲线，上述方程近似于

$$y''(x) = \frac{M(x)}{EJ} \tag{2-5}$$

由于在两个压铁之间的弯矩$M(x)$是线性函数，由式(2-5)可知，每小段(两个压铁之间)的函数$y(x)$是x的三次多项式。但是考察整个梁，它具有直到二阶的连续导数。因为从整个梁来说，弯矩$M(x)$是连续的折线函数，$y(x)$就是分段三次函数。三次样条函数概念的建立是在这一力学背景上产生的。

2.3 三次样条函数

一般工程上用三次样条函数就可满足需求，现在给出三次样条函数的定义。以下研究都是在xOy平面上展开的，并且约定x为自变量。

2.3.1 定义

1. 三次样条函数

设在自变量x的区间$[a, b]$上给定一个分割Δ：$a = x_0 < x_1 < \cdots < x_n = b$，若有函数

$y(x)$在区间 $[a, b]$满足下列条件：

(1)在每一个子区间$[x_{i-1}, x_i]$ 上($i=0,1,2,\cdots,n$)，$y(x)$是 x 的三次多项式函数。

(2)$y(x)$在整个区间$[a, b]$上二次连续可导。

则称 $y(x)$是在区间$[a, b]$ 上关于分割 Δ 的三次样条函数，其中 x_i ($i=0,1,2,\cdots,n$)称为节点。

2. 插值三次样条函数

若已知插值条件为

x	x_0	x_1	$x_2 \cdots x_n$
y	y_0	y_1	$y_2 \cdots y_n$

若 $y(x)$在$[a, b]$上还满足插值条件 $y(x_i) = y_i(i=0,1,2,\cdots,n)$，则称 $y(x)$是区间$[a, b]$上关于分割 Δ 的插值三次样条函数(spline function)。

由样条函数描述的曲线称为样条曲线。当要求在每个插值点 (x_i, y_i) (也称型值点)处三阶或更高阶的导数也连续时，就要用高次样条。例如，五次样条有四阶导数连续。在工程上一般常用三次样条曲线。

2.3.2 用型值点处的一阶导数表示插值三次样条曲线——m 关系式

1. 在[0,1]区间上带一阶导数的插值

为了能更好地理解用型值点处的一阶导数表示插值三次样条曲线的方法，先来解决[0,1]区间上带一阶导数的插值问题。

设自变量为 u，$0\leqslant u\leqslant 1$，已知两个端点的函数值和一阶导数值分别为 y_0、y_1、y'_0、y'_1。根据埃尔米特(Hermite)插值，可在两个端点之间构造一段三次曲线。设该三次曲线段的方程为

$$y(u) = a_0 + a_1 u + a_2 u^2 + a_3 u^3 \tag{2-6}$$

对 u 求导后有

$$y'(u) = a_1 + 2a_2 u + 3a_3 u^2 \tag{2-7}$$

将已知四个条件代入式(2-6)、式(2-7)，即可解得方程的四个系数，则有

$$y(u) = y_0 + y'_0 u + (3y_1 - 3y_0 - 2y'_0 - y'_1)u^2 + (2y_0 - 2y_1 + y'_0 + y'_1)u^3$$

又可改写为

$$\begin{aligned} y(u) = & y_0(2u^3 - 3u^2 + 1) + y_1(-2u^3 + 3u^2) \\ & + y'_0(u^3 - 2u^2 + u) + y'_1(u^3 - u^2) \end{aligned}$$

令

$$\begin{cases} F_0(u) = 2u^3 - 3u^2 + 1 \\ F_1(u) = -2u^3 + 3u^2 \\ G_0(u) = u^3 - 2u^2 + u \\ G_1(u) = u^3 - u^2 \end{cases} \tag{2-8}$$

则曲线段方程变化为

$$y(u) = y_0 F_0(u) + y_1 F_1(u) + y'_0 G_0(u) + y'_1 G_1(u) \tag{2-9}$$

式中，$F_0(u)$、$F_1(u)$、$G_0(u)$、$G_1(u)$ 称为埃尔米特基函数或三次混合函数，且有

$$F_0(u) + F_1(u) \equiv 1 \tag{2-10}$$

这四个混合函数后面我们要经常用到。

由式(2-9)可以看出，F_0 与 F_1 专门控制端点的函数值对曲线形状的影响，与端点的导数值无关；G_0 与 G_1 则专门控制端点的一阶导数值对曲线形状的影响，与端点的函数值无关。或者说，F_0 与 G_0 控制左端点的影响，F_1 与 G_1 则控制右端点的影响。

2. 在区间 $[x_{i-1}, x_i]$ 上带一阶导数的插值

在区间 $[x_{i-1}, x_i]$ $(i=1,2,\cdots,n)$ 上，设已知两端处的函数值和一阶导数值分别为 y_{i-1}、y_i、m_{i-1}、m_i，为了解决带一阶导数的插值问题，先进行变量转换。令

$$u=\frac{x-x_{i-1}}{x_i-x_{i-1}}=\frac{x-x_{i-1}}{h_i} \quad u\in[0,1]$$

其中，$h_i = x_i - x_{i-1}(i=1,2,\cdots,n)$，则有

$$y'_u=y'_x\frac{\mathrm{d}x}{\mathrm{d}u}=y'_x h_i$$

因为在式(2-9)中的 y'_0、y'_1 是对变量 u 的一阶导数，而 m_{i-1}、m_i $(i=1,2,\cdots,n)$则是对变量 x 的一阶导数，因此可仿照式(2-9)写出第 i 段曲线的表达式为

$$y_i(x) = y_{i-1}F_0(u) + y_iF_1(u) + h_i[m_{i-1}G_0(u) + m_iG_1(u)] \tag{2-11}$$

也可以表示为矩阵形式

$$y_i(x)=[F_0(u) \quad F_1(u) \quad G_0(u) \quad G_1(u)]\begin{bmatrix} y_{i-1} \\ y_i \\ h_im_{i-1} \\ h_im_i \end{bmatrix}$$

$$=[1 \quad u \quad u^2 \quad u^3]\begin{bmatrix} 1 & 0 & 0 & 0 \\ 0 & 0 & 1 & 0 \\ -3 & 3 & -2 & -1 \\ 2 & -2 & 1 & 1 \end{bmatrix}\begin{bmatrix} y_{i-1} \\ y_i \\ h_im_{i-1} \\ h_im_i \end{bmatrix} \tag{2-12}$$

在式(2-11)或式(2-12)确定的函数 $y(x)$ 中，它本身及其一阶导数 $y'(x)$ 在 $[x_0, x_n]$ 上的连续性，是由各段的插值条件保证的，无论 $m_0, m_1, \cdots, m_n$ 取什么值，$y(x)$ 及 $y'(x)$ 总是连续的；但是，若任意地选取 $m_0, m_1, \cdots, m_n$，就不能保证 $y''(x)$ 在 $[x_0, x_n]$ 上连续。所以，为了保证各内节点处的 $y''(x)$ 也连续，m_i 就必须适合某些条件。

3. 连续性条件

在构造样条函数时，只给了型值点的数据，斜率是未知数。为了计算型值点处的斜率 m_i $(i=0,1,\cdots,n)$，可以利用前、后两曲线段在型值点处的二阶导数相连续的条件

$$y''_i(x_i)=y''_{i+1}(x_i) \quad i=1,2,\cdots,n-1$$

将式(2-11)对 x 求导两次并代入上式后，得到

$$y''_i(x) = y_{i-1}F''_0(u)\frac{1}{h_i^2} + y_iF''_1(u)\frac{1}{h_i^2} + m_{i-1}G''_0(u)\frac{1}{h_i} + m_iG''_1(u)\frac{1}{h_i} \tag{2-13}$$

由于

$$\begin{cases} F_0''(u)=12u-6 \\ F_1''(u)=-12u+6 \\ G_0''(u)=6u-4 \\ G_1''(u)=6u-2 \end{cases}$$

对于第 i 段曲线的末点($u=1$),有

$$y''_i(x_i)=\frac{6}{h_i^2}y_{i-1}-\frac{6}{h_i^2}y_i+\frac{2}{h_i}m_{i-1}+\frac{4}{h_i}m_i \tag{2-14}$$

对于第 $i+1$ 段曲线的始点($u=0$),有

$$y''_{i+1}(x_i)=-\frac{6}{h_{i+1}^2}y_i+\frac{6}{h_{i+1}^2}y_{i+1}-\frac{4}{h_{i+1}}m_i-\frac{2}{h_{i+1}}m_{i+1} \tag{2-15}$$

为了让两段曲线的二阶导数在 $x=x_i$ 连续,则必须令式(2-14)与式(2-15)的右边相等,化简之后得出

$$\frac{h_{i+1}}{h_i+h_{i+1}}m_{i-1}+2m_i+\frac{h_i}{h_i+h_{i+1}}m_{i+1}$$

$$=3\left(\frac{h_{i+1}}{h_i+h_{i+1}}\cdot\frac{y_i-y_{i-1}}{h_i}+\frac{h_i}{h_i+h_{i+1}}\cdot\frac{y_{i+1}-y_i}{h_{i+1}}\right) \tag{2-16}$$

为了简化,引入记号

$$\lambda_i=\frac{h_{i+1}}{h_i+h_{i+1}},\quad \mu_i=1-\lambda_i,\quad c_i=3\left(\lambda_i\frac{y_i-y_{i-1}}{h_i}+\mu_i\frac{y_{i+1}-y_i}{h_{i+1}}\right)$$

则式(2-16)又可写为

$$\lambda_i m_{i-1}+2m_i+\mu_i m_{i+1}=c_i\quad i=1,2,\cdots,n-1 \tag{2-17}$$

称式(2-17)为三次样条函数的 m 关系式,或三次样条函数的 m 连续性方程。上述关系式是包含 $m_0,m_1,\cdots,m_n$ 这 $n+1$ 个未知量的线性方程组,而方程的个数仅有 $n-1$ 个,因此不能唯一确定这些 $m_i(i=0,1,2,\cdots,n)$;要完全确定它们,还必须添加两个条件方程。

4. 端点条件

所需的两个条件通常是由边界节点 x_0 与 x_n 处的附加要求来提供,所以称为端点条件,常用的端点条件如下。

1)已知曲线在首、末端点处的斜率 m_0、m

这时式(2-17)的第一个方程为

$$2m_1+\mu_1 m_2=c_1-\lambda_1 m_0 \tag{2-18}$$

第 $n-1$ 个方程为

$$\lambda_{n-1}m_{n-2}+2m_{n-1}=c_{n-1}-\mu_{n-1}m_n \tag{2-19}$$

则方程组就化成关于 $n-1$ 个未知量 $m_1,\cdots,m_{n-1}$ 的 $n-1$ 个线性方程,从而可求出唯一的解。

2)已知首、末端点的二阶导数 M_0、M

这时可在式(2-15)中令 $i=0$ 及左端项为 M_0,整理后有

$$2m_0+m_1=\frac{3(y_1-y_0)}{h_1}-\frac{h_1}{2}M_0=c_0 \tag{2-20}$$

在式(2-14)中令 $i=n$ 及左端项为 M_n,整理后有

$$m_{n-1}+2m_n=\frac{3(y_n-y_{n-1})}{h_n}+\frac{h_n}{2}M_n=c_n \tag{2-21}$$

特别当 $M_0=0$ 或 $M_n=0$ 时，这种端点条件为自由端点条件。当曲线在端点出现拐点或与一直线相切时，就可以用这种端点条件。

5. m_i 方程组的求解

由式(2-17)和端点条件得到求 $m_i(i=0,1,2,\cdots,n)$ 的方程组，矩阵形式为

$$\begin{bmatrix} 2 & \mu_0 & & & & \\ \lambda_1 & 2 & \mu_1 & & & 0 \\ & \lambda_2 & 2 & \mu_2 & & \\ & & \ddots & \ddots & \ddots & \\ 0 & & & \lambda_{n-1} & 2 & \mu_{n-1} \\ & & & & \lambda_n & 2 \end{bmatrix}\begin{bmatrix} m_0 \\ m_1 \\ m_2 \\ \vdots \\ m_{n-1} \\ m_n \end{bmatrix}=\begin{bmatrix} c_0 \\ c_1 \\ c_2 \\ \vdots \\ c_{n-1} \\ c_n \end{bmatrix} \tag{2-22}$$

式(2-22)的系数阵为三对角带状阵，因此可用“追赶法”求解。

在求得所有 m_i 后，分段三次曲线即可由式(2-11)或式(2-12)确定，整条三次样条曲线的表达式为式(2-23)，这是一个分段表达式。

$$y(x)=y(x_i)\quad i=1,2,\cdots,n \tag{2-23}$$

2.3.3 用型值点处的二阶导数表示插值三次样条曲线——*M* 关系式

1. 在[0,1]区间上带二阶导数的插值

采用和上面类似的方法，先解决在[0,1]区间上带二阶导数的插值问题。再推广到 $[x_0,x_n]$ 区间。设已知在[0,1]区间上两端的函数值与二阶导数值分别为 y_0、y_1、M_0、M_1，在两个端点之间构造一条三次样条曲线。设该曲线段方程为

$$y(u)=A_0+A_1u+A_2u^2+A_3u^3 \tag{2-24}$$

对 u 求二阶导数后有

$$y''(u)=2A_2+6A_3u \tag{2-25}$$

将已知条件 y_0、y_1、M_0、M_1 代入式(2-24)和式(2-25)，整理后有

$$y(u)=y_0+\left(y_1-y_0-\frac{1}{6}y_1''-\frac{1}{3}y_0''\right)u+\frac{1}{2}y_0''u^2+\frac{1}{6}(y_1''-y_0'')u^3$$

可改写为

$$y(u)=(1-u)y_0+uy_1-\frac{u}{6}(u-1)(u-2)y_0''+\frac{u}{6}(u-1)(u+1)y_1''$$

令

$$\begin{cases} \overline{F}_0(u)=1-u \\ \overline{F}_1(u)=u \\ \overline{G}_0(u)=-\dfrac{u}{6}(u-1)(u-2) \\ \overline{G}_1(u)=\dfrac{u}{6}(u-1)(u+1) \end{cases} \tag{2-26}$$

则曲线段方程可写为

$$y(u) = y_0\bar{F}_0(u) + y_1\bar{F}_1(u) + y''_0\bar{G}_0(u) + y''_1\bar{G}_1(u) \tag{2-27}$$

其中，$\bar{F}_0(u)$、$\bar{F}_1(u)$、$\bar{G}_0(u)$、$\bar{G}_1(u)$ 也称为一套混合函数且 $\bar{F}_0(u)+\bar{F}_1(u)=1$ 。

2. 在区间 $[x_{i-1},x_i]$ 上带二阶导数的插值

现在来解决在区间 $[x_{i-1},x_i]$ 上带二阶导数的插值问题。设对应于区间 $[x_{i-1},x_i]$ 两端的函数值与二阶导数值分别为 y_{i-1}、y_i、M_{i-1}、M_i，这时可进行变量转换。

令

$$u=\frac{x-x_{i-1}}{x_i-x_{i-1}}=\frac{x-x_{i-1}}{h_i} \quad u\in[0,1]$$

其中，$h_i = x_i - x_{i-1}$，则有

$$y''_u=y''_x\left(\frac{\mathrm{d}x}{\mathrm{d}u}\right)^2=y''_x h_i^2$$

代入式(2-25)并整理后，可写出用二阶导数 M 表示的三次样条第 i 段曲线

$$y_i(x) = y_{i-1}\bar{F}_0(u) + y_i\bar{F}_1(u) + h_i^2[M_{i-1}\bar{G}_0(u) + M_i\bar{G}_1(u)] \tag{2-28}$$

矩阵形式为

$$y_i(x) = [\bar{F}_0(u) \quad \bar{F}_1(u) \quad \bar{G}_0(u) \quad \bar{G}_1(u)]\begin{bmatrix} y_{i-1} \\ y_i \\ h_i^2 M_{i-1} \\ h_i^2 M_i \end{bmatrix} \tag{2-29}$$

当 x 在 $[x_{i-1},x_i]$$(i=1,2,\cdots,n)$ 区间变化时，得到在 $[x_0,x_n]$ 区间上的 M 表示的三次插值样条曲线。

3. 连续性条件

在式(2-28)中为了保证二阶导数在整个区间上的连续性，型值点处的 $M_i(i=1,2,\cdots,n)$ 必须满足某些条件，才能使得在内节点处的一阶导数连续。

$$y'_i(x_i)=y'_{i+1}(x_i) \quad i=1,\ 2,\cdots,n-1$$

将式(2-28)对 x 求导后，有

$$y'_i(x) = y_{i-1}\bar{F}'_0(u)\frac{1}{h_i} + y_i\bar{F}'_1(u)\frac{1}{h_i} + M_{i-1}\bar{G}'_0(u)h_i + M_i\bar{G}'_1(u)h_i \tag{2-30}$$

其中

$$\begin{aligned} &\bar{F}'_0(u) =-1, \quad \bar{F}'_1(u) = 1 \\ &\bar{G}'_0(u) =-\frac{1}{6}(3u^2-6u+2), \quad \bar{G}'_1(u) = \frac{1}{6}(3u^2-1) \end{aligned} \tag{2-31}$$

对于第 i 段曲线的末点($u=1$)，有

$$y'_i(x_i) = \frac{y_i - y_{i-1}}{h_i} + \frac{h_i}{6}(M_{i-1}+2M_i) \tag{2-32}$$

对于第 $i+1$ 段曲线的始点($u=0$)，有

$$y'_{i+1}(x_i) = \frac{y_{i+1}-y_i}{h_{i+1}} - \frac{h_{i+1}}{6}(2M_i + M_{i+1}) \tag{2-33}$$

在 $x=x_i$ 处前后两段曲线的一阶导数应连续，式(2-32)与式(2-33)的右边相等，整理后则有

$$\frac{h_i}{h_i+h_{i+1}}M_{i-1}+2M_i+\frac{h_{i+1}}{h_i+h_{i+1}}M_{i+1}=\frac{6}{h_i+h_{i+1}}\left(\frac{y_{i+1}-y_i}{h_{i+1}}-\frac{y_i-y_{i-1}}{h_i}\right) \quad (2\text{-}34)$$

令

$$\lambda_i=\frac{h_{i+1}}{h_i+h_{i+1}}, \quad \mu_i=1-\lambda_i$$

$$d_i=\frac{6}{h_i+h_{i+1}}\left(\frac{y_{i+1}-y_i}{h_{i+1}}-\frac{y_i-y_{i-1}}{h_i}\right)$$

则式(2-34)又可写为

$$\mu_i M_{i-1}+2M_i+\lambda_i M_{i+1}=d_i \quad i=1,2,\cdots,n-1 \quad (2\text{-}35)$$

式(2-35)称为三次样条函数的 M 关系式。

4. 端点条件

M 关系式是包含 $M_0, M_1, \cdots, M_n$ 这 $n+1$ 个未知数的方程，方程的个数是 $n-1$ 个。要唯一地确定它们，还必须添加两个条件，一般由端点约束条件给出。

(1)给定两端的二阶导数值 M_0、M_n，则式(2-35)就减少了两个未知数，可唯一地解出方程。当 $M_0=M_n=0$ 时称为自由端点条件。

(2)指定两端点的一阶导数 m_0 与 m_n，由式(2-33)与式(2-32)两个方程分别写出第 1 段曲线始点和第 n 段曲线末点的一阶导数表达式，有

$$2M_0+M_1=\frac{6}{h_1}\left(\frac{y_1-y_0}{h_1}-m_0\right)=d_0 \quad (2\text{-}36)$$

$$M_{n-1}+2M_n=\frac{6}{h_n}\left(m_n-\frac{y_n-y_{n-1}}{h_n}\right)=d_n \quad (2\text{-}37)$$

即增加了两个方程，它们和式(2-35)联立构成 $n+1$ 个方程可解出方程的 M_i $(i=0,1,2,\cdots,n)$ 的 $n+1$ 个值。

2.3.4 求解插值三次样条曲线的步骤

求解插值三次样条曲线的具体步骤如下。

(1)由已给定的型值点 $\boldsymbol{P}_i(x_i, y_i)(i=0,1,2,\cdots,n)$ 确定 h_i、λ_i、μ_i 和 c_i；依据端点的(m_0、m_n 或 M_0、M_n)约束条件，确定补充方程。

(2)由 m 表达式(2-17)或 M 表达式(2-35)建立连续性方程。

(3)用追赶法解线性方程组中的所有 m_i 或 M_i，$i=0,1,2,\cdots,n$（见 2.3.2 节中的 m_i 求解）。

(4)代入三次样条分段表达式 $y_i=y_i(x)$ $(i=1,2,\cdots,n)$，式(2-12)或式(2-29)联立求解后即可得出整条样条曲线。

例 2-1 已知三个型值点的坐标分别为 $P_0(0,0)$、$P_1(2,1)$、$P_2(4,0)$，过这三个点构造一条三次样条曲线，且在 P_0 处的斜率为 1，P_2 处的斜率为 -1。写出这个三次样条曲线的分段表达式，并画出曲线形状。

解 已知 $m_0=1, m_2=-1$，计算得到

$$h_i=x_i-x_{i-1}=2, \quad i=1,2$$

$$\lambda_i=\frac{1}{2},\quad \mu_i=\frac{1}{2}$$

使用计算公式

$$c_i=3\left(\lambda_i\frac{y_i-y_{i-1}}{h_i}+\mu_i\frac{y_{i+1}-y_i}{h_{i+1}}\right)\quad i=1$$

得到 $c_1=0$ 。

由连续性方程

$$\lambda_i m_{i-1}+2m_i+\mu_i m_{i+1}=c_i\quad i=1,2,\cdots,n-1$$

得到 $\lambda_1 m_0+2m_1+\mu_1 m_2=c_1$，因此得到 $m_1=0$ 。

因为三次样条曲线的分段表达式为

$$y_i(x)=[1\quad u\quad u^2\quad u^3]\begin{bmatrix}1&0&0&0\\0&0&1&0\\-3&3&-2&-1\\2&-2&1&1\end{bmatrix}\begin{bmatrix}y_{i-1}\\y_i\\h_i m_{i-1}\\h_i m_i\end{bmatrix}\quad i=1,2,\cdots,n-1$$

可写出过这三个型值点的三次样条曲线的分段表达式为

$$y(x)=\begin{cases}y_1(x)\\y_2(x)\end{cases}$$

其中

$$y_1(x)=[1\quad u\quad u^2\quad u^3]\begin{bmatrix}1&0&0&0\\0&0&1&0\\-3&3&-2&-1\\2&-2&1&1\end{bmatrix}\begin{bmatrix}0\\1\\2\\0\end{bmatrix}$$

$$x\in[0,2],\quad u=\frac{x}{2}$$

$$y_2(x)=[1\quad u\quad u^2\quad u^3]\begin{bmatrix}1&0&0&0\\0&0&1&0\\-3&3&-2&-1\\2&-2&1&1\end{bmatrix}\begin{bmatrix}1\\0\\0\\-2\end{bmatrix}$$

$$x\in[2,4],\quad u=\frac{x-2}{2}$$

这个三次样条曲线的形状如图 2-2 所示。

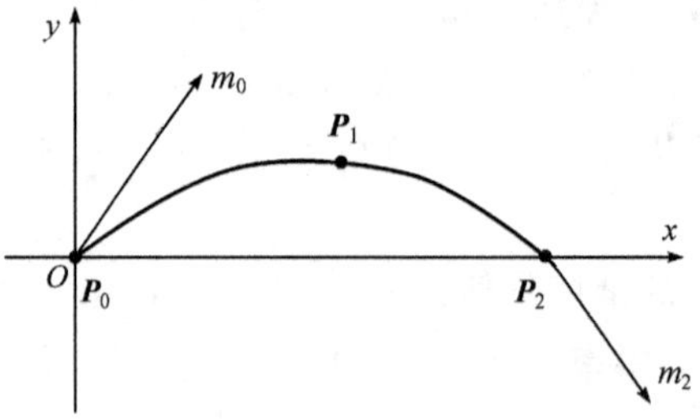

图 2-2 三次样条曲线

2.3.5 三次样条曲线的局限性

在曲线变化不剧烈的情况下，三次样条函数是一种很好的拟合工具，构造的曲线可达到二阶连续，能够解决许多生产实际的问题。因此在航空、船舶的制造中有一定的应用。但对于端点变化剧烈的曲线及封闭曲线它就不实用了，具有一定的局限性。具体而言，存在以下问题。

(1)不能解决具有垂直切线的问题。

(2)不具有局部可修改性。

(3)不能解决多值问题。

(4)不具有几何不变性。

由于以上种种原因，三次样条曲线的应用受到了一定的限制，在现代 *CAD/CAM* 系统中已较少用这种方法，取而代之的是采用各种参数方法构造的曲线和曲面。

2.4 参数样条曲线

三次样条曲线存在着上述局限性，因而限制了它的广泛应用，为了克服样条函数的这些缺点，人们发明了参数样条曲线。

2.4.1 参数样条曲线

曲线、曲面的参数表示方法，亦称矢函数方法，在第 1 章中已经介绍。用矢函数方法来表示自由曲线、曲面，主要的优点如下。

(1)具有几何不变性，即矢函数的值与坐标系的选取无关，亦曲线曲面的形状不会随坐标系的变化而改变。

(2)可以处理无穷大斜率、多值曲线。

(3)易于进行坐标变换。

用参数方法表示自由曲线、曲面，避免了样条函数方法的缺点，故在 *CAD/CAM* 领域得到了广泛的应用。

应用前面所讲的样条函数的原理，可构造参数样条曲线。给定一组型值点 $\boldsymbol{P}_i(x_i, y_i, z_i)$，$i=0,1,2,\cdots,n$，构造参数三次样条曲线，设参数为 s，曲线的每一个坐标分量都是以某个参数 s 为自变量的某种插值样条函数，记为

$$x=x(s), \quad y=y(s), \quad z=z(s)$$

它们分别插值于点列 (s_i, x_i)，(s_i, y_i) 和 (s_i, z_i)，$i=0,1,2,\cdots,n$，如表 2-1 所示。

表 2-1 参数与型值点

s	s_0	s_1	s_2	…	s_n
x	x_0	x_1	x_2	…	x_n
y	y_0	y_1	y_2	…	y_n
z	z_0	z_1	z_2	…	z_n

用这 $n+1$ 个插值点，可以在三个坐标轴上分别构造插值三次样条函数 $x=x(s)$，$y=y(s)$，$z=z(s)$，这三个插值三次样条函数都以 s 为自变量，且它们在 s 的区间 $[s_0, s_n]$ 上二阶连续可导，都是 s 的分段三次多项式。因此所构造的参数样条曲线为

$$\boldsymbol{P}(s)=\begin{cases}x=x(s)\\y=y(s)\\z=z(s)\end{cases} \tag{2-38}$$

也是二阶连续的，具有连续的斜率和曲率。

在插值表 2-1 中，参数的选取不是唯一的，常用的有以下几种。

(1)取 $s\in[0,1]$ 且 $s_i=i/n$ $(i=0,1,2,\cdots,n)$。

(2)取整数节点，即当 $s_i=i$ $(i=0,1,2,\cdots,n)$时对应于型值点 P_i，$s\in[0,n]$。

(3)取累加弦长作为参数。

从第 1 章的曲线微分几何得知，如果曲线的参数是其弧长，则曲线的表达方式具有很多优良性质。因此，在构造参数时，希望能够以弧长作为参数。但是对于上述插值问题，在曲线被构造出来之前，并不知道曲线的真实弧长，因此常取弧长的近似值即累加弦长作为三次样条的参数。

用累加弦长作为参数时，取

$$s_0=0$$

$$s_k=\sum_{j=1}^{k}l_j=\sum_{j=1}^{k}|\boldsymbol{P}_j-\boldsymbol{P}_{j-1}|=\sum_{j=1}^{k}\sqrt{(x_j-x_{j-1})^2+(y_j-y_{j-1})^2+(z_j-z_{j-1})^2}$$
$$k=1,2,\cdots,n \tag{2-39}$$

实践表明，取累加弦长作为参数比较理想，且能很好地拟合弯曲变化比较剧烈的曲线。

2.4.2 累加弦长参数化分析

因为参数 s 是曲线的近似弧长，可以近似地认为

$$\mathrm{d}s^2=[\mathrm{d}x(s)]^2+[\mathrm{d}y(s)]^2$$

即

$$\left[\frac{\mathrm{d}x(s)}{\mathrm{d}s}\right]^2+\left[\frac{\mathrm{d}y(s)}{\mathrm{d}s}\right]^2=1$$

因此下列不等式对一切 s 均成立

$$\left|\frac{\mathrm{d}x}{\mathrm{d}s}\right|\leqslant 1,\quad \left|\frac{\mathrm{d}y}{\mathrm{d}s}\right|\leqslant 1 \tag{2-40}$$

也就是当以累加弦长为参数时，对于各个坐标函数来说，坐标增量总是小于弦长，即各个坐标增量与弦长的比值为

$$\left|\frac{x_i-x_{i-1}}{s_i-s_{i-1}}\right|=\left|\frac{x_i-x_{i-1}}{\overline{\boldsymbol{p}_{i-1}\boldsymbol{p}_i}}\right|,\quad \left|\frac{y_i-y_{i-1}}{s_i-s_{i-1}}\right|=\left|\frac{y_i-y_{i-1}}{\overline{\boldsymbol{p}_{i-1}\boldsymbol{p}_i}}\right| \tag{2-41}$$

其绝对值不会大于 1，因此各坐标分量上的插值三次样条函数不会出现弯曲变化比较剧烈的情况。这就是累加弦长参数样条对于弯曲变化比较剧烈的曲线也具有较好的拟合效果的原因。

2.4.3 端点条件的换算

对于平面曲线，端点条件有以下几种常用的转换。

1)给定首、末端点的斜率 y'

由于

$$y'=\frac{\mathrm{d}y}{\mathrm{d}x}=\frac{\mathrm{d}y/\mathrm{d}s}{\mathrm{d}x/\mathrm{d}s}=\frac{\dot{y}}{\dot{x}}$$

变化后得到

$$1+y'^2=1+\frac{\dot{y}^2}{\dot{x}^2}=\frac{\dot{x}^2+\dot{y}^2}{\dot{x}^2}=\frac{1}{\dot{x}^2}$$

则有

$$\begin{cases}\dot{x}=\pm\dfrac{1}{\sqrt{1+y'^2}}\\ \dot{y}=\pm\dfrac{y'}{\sqrt{1+y'^2}}\end{cases} \tag{2-42}$$

又因为

$$y'=\tan\alpha=\frac{\sin\alpha}{\cos\alpha}$$

因此

$$\begin{cases}\dot{x}=\pm\cos\alpha\\ \dot{y}=\pm\sin\alpha\end{cases} \tag{2-43}$$

当端点具有垂直切线时,也即 $y'=\dfrac{\dot{y}}{\dot{x}}=\infty$ 。由于 $\dot{x}^2+\dot{y}^2=1$,则有

$$\begin{cases}\dot{x}=0\\ \dot{y}=\pm 1\end{cases} \tag{2-44}$$

当端点具有水平切线时,也即 $y'=0$,有

$$\begin{cases}\dot{x}=\pm 1\\ \dot{y}=0\end{cases} \tag{2-45}$$

2)端点曲率为零(自由端点条件)

由于 $[k(s)]^2=|\ddot{r}(s)|^2=\ddot{x}^2+\ddot{y}^2$,当曲率 $k(s)=0$ 时有

$$\begin{cases}\ddot{x}=0\\ \ddot{y}=0\end{cases} \tag{2-46}$$

3)给出端点(x_0, y_0)处曲线的曲率中心(x_c, y_c)

由于 $\ddot{\boldsymbol{r}}(s)=[\ddot{x}(s),\ddot{y}(s)]=\dot{\boldsymbol{T}}(s)=k\boldsymbol{N}=k[\cos\theta,\sin\theta]$,其中 $\boldsymbol{T}$ 和 $\boldsymbol{N}$ 分别为切线和主法线的单位矢量,k 为曲率,而

$$k=\frac{1}{R}$$

$$\cos\theta=\frac{x_c-x_0}{R},\ \sin\theta=\frac{y_c-y_0}{R}$$

$$R=\sqrt{(x_c-x_0)^2+(y_c-y_0)^2}$$

则有

$$\ddot{x}(s)=\frac{x_c-x_0}{(x_c-x_0)^2+(y_c-y_0)^2}$$

$$\ddot{y}(s)=\frac{y_c-y_0}{(x_c-x_0)^2+(y_c-y_0)^2}$$

2.4.4 参数样条曲线的计算步骤

参数样条曲线的计算步骤如下。

(1)输入给定的型值点 $\boldsymbol{P}_i(x_i, y_i, z_i)$，$i=0,1,\cdots,n$。

(2)利用计算累加弦长(式(2-39))求出参数 s_i，$i=0,1,\cdots,n$。

(3)由已给定的端点条件，依据实际要求确定补充方程或端点切矢。

(4)参照样条曲线的 M 表达式或 m 表达式建立连续性方程。

(5)用追赶法解线性方程组。

(6)参照三次样条的求解过程解出分段的 $x_i = x_i(s)$，$y_i = y_i(s)$，$z_i = z_i(s)$，$i=1,2,\cdots,n$，联立求解后即可计算出整条参数样条曲线。

2.5 Ferguson 曲线

2.5.1 Ferguson 参数曲线表达形式

Ferguson 于 1963 年在飞机设计中首先使用三次参数曲线来定义曲线和曲面。实际上，Ferguson 三次参数曲线(图 2-3)就是前面用 Herimit 插值得到的三次参数曲线段的矢量形式。Ferguson 三次参数曲线的定义形式是

$$\boldsymbol{r}(u) = [1 \quad u \quad u^2 \quad u^3]\begin{bmatrix} 1 & 0 & 0 & 0 \\ 0 & 0 & 1 & 0 \\ -3 & 3 & -2 & -1 \\ 2 & -2 & 1 & 1 \end{bmatrix}\begin{bmatrix} \boldsymbol{r}(0) \\ \boldsymbol{r}(1) \\ \boldsymbol{r}'(0) \\ \boldsymbol{r}'(1) \end{bmatrix} \quad 0 \leqslant \mu \leqslant 1 \qquad (2\text{-}47)$$

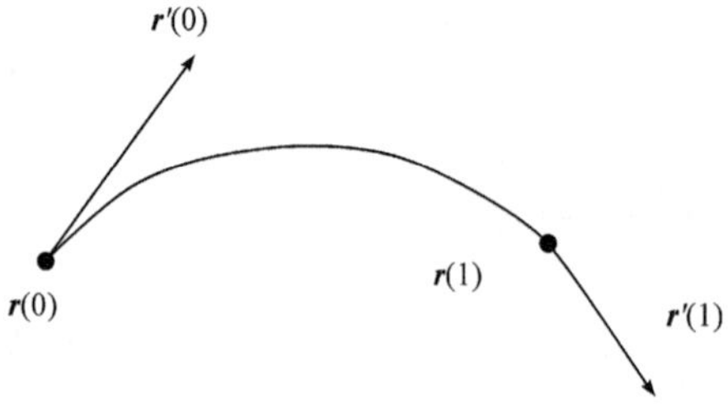

图 2-3　Ferguson 参数曲线

导矢 $\boldsymbol{r}'(0)$ 与 $\boldsymbol{r}'(1)$ 同两端的单位切矢 $\boldsymbol{T}(0)$ 与 $\boldsymbol{T}(1)$ 成正比，于是可写成

$$\boldsymbol{r}'(0)=\alpha_0\boldsymbol{T}(0), \quad \boldsymbol{r}'(1)=\alpha_1\boldsymbol{T}(1) \qquad (2\text{-}48)$$

切矢模长 α_0 与 α_1 的含义是：当 α_0 与 α_1 同时增大时仅仅会使曲线更丰满(图 2-4)。而若只增大 α_0，则将会使更长的一段曲线在转入 $\boldsymbol{T}(1)$ 的方向之前保持接近 $\boldsymbol{T}(0)$，如图 2-4(b)所示。当 α_0 与 α_1 的值很大时，曲线会出现弯折(尖点)和打圈圈(二重点)，如图 2-4(a)所示。

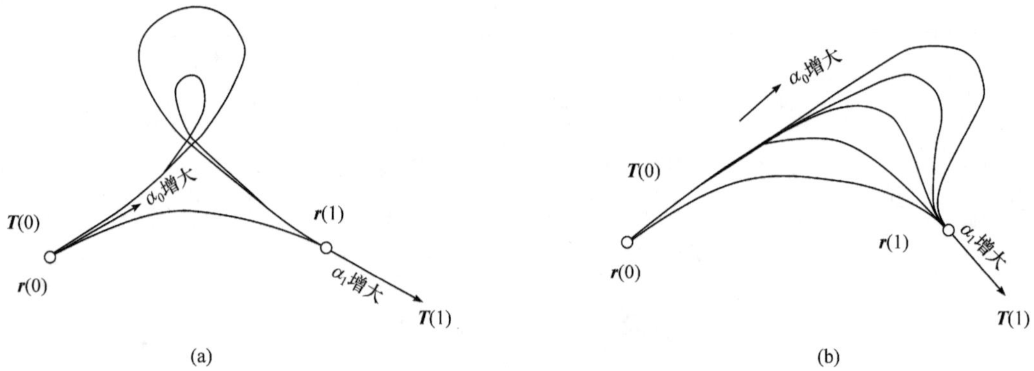

图 2-4　端点切矢模长对参数三次曲线形状的影响

2.5.2 Ferguson 曲线段的拼接

在曲线曲面的设计中，往往不可能用一条曲线或一张曲面来表示所需的形状，通常是用多段、多片曲线曲面合成(拼接)来表示。下面讨论如何保证 Ferguson 三次参数曲线段合成的曲线达到二阶连续。这也就是研究一般参数曲线段之间的连续性条件。

如果把一参数曲线段 $\boldsymbol{r}_1(u)$ 和另一参数曲线段 $\boldsymbol{r}_2(u)$，$0\leqslant u\leqslant 1$ 连接起来，在接合处要求位置连续、斜率连续、曲率连续，则必须有

$$\boldsymbol{r}_1(1)=\boldsymbol{r}_2(0) \tag{2-49}$$

$$\frac{\boldsymbol{r}'_1(1)}{|\boldsymbol{r}'_1(1)|}=\frac{\boldsymbol{r}'_2(0)}{|\boldsymbol{r}'_2(0)|} \tag{2-50}$$

$$\frac{|\boldsymbol{r}'_2(0)\times\boldsymbol{r}''_2(0)|}{|\boldsymbol{r}'_2(0)|^3}=\frac{|\boldsymbol{r}'_1(1)\times\boldsymbol{r}''_1(1)|}{|\boldsymbol{r}'_1(1)|^3} \tag{2-51}$$

又由于

$$\begin{cases}\boldsymbol{r}'_1(1)=\alpha_1\boldsymbol{T}\\ \boldsymbol{r}'_2(0)=\alpha_2\boldsymbol{T}\end{cases}$$

则有

$$\frac{|\boldsymbol{r}'_2(0)|}{|\boldsymbol{r}'_1(1)|}=\frac{\alpha_2}{\alpha_1}=\zeta \tag{2-52}$$

其中，$\boldsymbol{T}$ 是在接合点处公切线的单位矢量，α_1 和 α_2 如前所述，是控制曲线段“丰满”程度的数量常数，ζ 为正常数。

若在连接处要求曲率连续，则有关系式

$$\boldsymbol{T}\times\boldsymbol{r}''_2(0)=\zeta^2\boldsymbol{T}\times\boldsymbol{r}''_1(1) \tag{2-53}$$

其中

$$\boldsymbol{r}''_2(0)=\zeta^2\boldsymbol{r}''_1(1)+\eta\,\boldsymbol{r}'_1(1) \tag{2-54}$$

式中，η 为任意常数。这是因为对式(2-54)两端左乘 $\boldsymbol{T}$ 后有

$$\begin{aligned}\boldsymbol{T}\times\boldsymbol{r}''_2(0)&=\zeta^2\boldsymbol{T}\times\boldsymbol{r}''_1(1)+\eta\boldsymbol{T}\times\boldsymbol{r}'_1(1)\\&=\zeta^2\boldsymbol{T}\times\boldsymbol{r}''_1(1)\end{aligned}$$

η 的作用是在保证接合处曲率相等的前提下使曲线设计者有更大的灵活性。

可以得出，要两参数曲线段之间位置 、斜率和曲率连续，应满足式(2-49)、式(2-52)和式(2-54)。

简单办法是在式(2-54)中取 $\xi=1$、$\eta=0$，即有

$$\boldsymbol{r}''_2(0)=\boldsymbol{r}''_1(1) \tag{2-55}$$

对式(2-47)求二阶导矢 $\boldsymbol{r}''(u)$，则式(2-55)可写成

$$6\boldsymbol{r}_1(0)-6\boldsymbol{r}_1(1)+2\boldsymbol{r}'_1(0)+4\boldsymbol{r}'_1(1)=-6\boldsymbol{r}_2(0)+6\boldsymbol{r}_2(1)-4\boldsymbol{r}'_2(0)-2\boldsymbol{r}'_2(1)$$

若是拟合一条合成 Ferguson 曲线，使之通过一批点 $r_0,r_1,\cdots,r_n$，这些点对应的切矢量为 $\boldsymbol{r}'_0,\boldsymbol{r}'_1,\cdots,\boldsymbol{r}'_n$，则可把化简后的结果表示为

$$\boldsymbol{r}'_{i-1}+4\boldsymbol{r}'_i+\boldsymbol{r}'_{i+1}=3(\boldsymbol{r}_{i+1}-\boldsymbol{r}_{i-1})\quad i=1,2,\cdots,n-1 \tag{2-56}$$

当切矢取这些值时即可保证合成曲线的曲率连续。

上述过程和建立一般三次样条曲线的过程十分类似。若令 $h_i=h_{i+1}$，则有 $\lambda_i=\mu_i=1/2$，代入式(2-17)并化简得

$$m_{i-1}+4m_i+m_{i+1}=3(y_{i+1}-y_{i-1}) \quad i=1,2,\cdots,n-1$$

由此可以看出，Ferguson 曲线和参数样条曲线对比，有以下特点。

(1)当节点均匀分布，在所有的 $h_i=1$ 的情况下，合成 Ferguson 曲线的切矢量关系式和三次样条的 m 关系式实质上是完全一样的。即合成 Ferguson 曲线是三次参数样条曲线的一种特殊情况。

(2)两者不相同的地方是三次参数样条在累加弦长的情况下即为弦长 l_i，其中 $\zeta=l_{i+1}/l_i$；而合成的 Ferguson 曲线则是假定弦长 l_i 为 1(这时 $\zeta=1$)。两者相同的地方是，它们都取 $\eta=0$，即都以二阶导数连续作为曲率连续的条件。即对于合成 Ferguson 曲线有 $\boldsymbol{r}_1''(1)=\boldsymbol{r}_2''(0)$，对于参数样条曲线为 $\boldsymbol{r}_2''(0)=\zeta^2\boldsymbol{r}_1''(1)$。

(3)两种曲线都比较适合于拟合。而对合成的 Ferguson 曲线，它主要适合于拟合型值点间隔比较均匀的曲线，否则拟合效果不理想。也就是说为了计算简单而牺牲了曲线设计的灵活性。而后面介绍的 Bezier 曲线和 B 样条曲线更适合于设计。

习　题

1. 已知函数 $y=(x)$ 的三个数据点 $\boldsymbol{P}_0(0,2)$、$\boldsymbol{P}_1(1,2)$、$\boldsymbol{P}_2(2,2)$求：

(1)端点条件为 $m_0=m_2=0$ 的三次样条曲线分段表达式；

(2)端点条件为 $m_0=m_2=1/2$ 的三次样条曲线分段表达式；

(3)说明端点条件 m_0、m_2 对三次样条曲线的影响。

2. 翼肋中段上翼面外形的型值点为 $\boldsymbol{P}_0(0,1)$、$\boldsymbol{P}_1(1,2)$、$\boldsymbol{P}_2(2,2)$、$\boldsymbol{P}_3(3,1)$，求端点条件为 $M_0=1$，$M_3=0$ 的三次样条曲线分段表达式。

3. 已知函数 $y=(x)$ 上的四个数据点 $\boldsymbol{P}_0(0,0)$、$\boldsymbol{P}_1(1,1)$、$\boldsymbol{P}_2(2,2)$、$\boldsymbol{P}_3(3,1)$，其中 $\boldsymbol{P}_0$ 点与中心在 x 轴上、半径为 r 的圆相切，$\boldsymbol{P}_3$ 点与直线 $y=-x+4$ 相切(注意：曲线无多余拐点)。求此平面曲线的参数样条曲线的分段表达式。

4. 设在平面上给定四个点 $\boldsymbol{P}_0(-1,0)$、$\boldsymbol{P}_1(0,1)$、$\boldsymbol{P}_2(1,0)$、$\boldsymbol{P}_3(0,-1)$及端点条件在点 $\boldsymbol{P}_0$ 处切线垂直于 x 轴，在点 $\boldsymbol{P}_3$ 处切线平行于 x 轴，试建立参数三次样条曲线。

5. 在 2.4.3 节中，确定端点条件的公式中出现了正负号，如何在具体计算中确定符号？

6. 构造一条合成的 Ferguson 曲线，曲线过 $\boldsymbol{P}_0(-1,1)$、$\boldsymbol{P}_1(0,2)$、$\boldsymbol{P}_2(1,0)$点，且 $\boldsymbol{P}_0'=(1,0)$，$\boldsymbol{P}_2'=(-1,0)$。

第3章 贝塞尔曲线与曲面

在产品的零件设计中，许多自由曲面是通过自由曲线来构造的。对于自由曲线的设计，设计人员经常需要大致勾画出曲线的形状，希望有一种方法能不再采用一般的代数描述，而采用直观的具有明显几何意义的操作，使得设计的曲线能够逼近曲线的形状。在前面介绍的方法中，采用的都是插值方法，用户设计的曲线形状不但受曲线上型值点的约束，而且受到边界条件影响。用户不能灵活地调整曲线形状。但在产品设计中，曲线的设计是经过多次的修改和调整来完成的，已有的方法完成这样的功能并不容易。贝塞尔(Bézier)方法的出现改善了上述设计方法的不足，使用户能够方便地实现曲线形状的修改。

贝塞尔方法是1962年由法国雷诺汽车公司的工程师贝塞尔提出的，经过多年的研究，最终在1972年建立了一种自由曲线曲面的设计系统——UNISURF系统。这种方法一经问世，就得到了各大飞机公司的重视，并很快得到了发展和应用。国际上许多著名的大公司纷纷在自己的设计系统中采用这种设计方法。例如，1971年，英国剑桥大学计算机辅助设计研究中心应用贝塞尔曲线曲面方法完成了名为MULTIOBJECT的试验性系统，之后剑桥大学又在这个基础上发展为DUCT应用系统。美国瑞安飞机公司也于1972年起着手建立数模系统，采用了当时两种最基本的曲面定义方法，即伯恩斯坦-贝塞尔曲面片(Bernstein-Bézier Patches)和弗格森-孔斯曲面片(Ferguson-Coons Patches)方法。这就说明，在当时贝塞尔方法和孔斯方法一样，已经成为计算机辅助几何设计中先进的设计方法之一。

20世纪80年代中后期，在国际CAD软件享有盛名的由法国达索(Dassault)飞机公司研制推出的CATIA系统，也广泛采用了贝塞尔方法，其中所用贝塞尔曲线的次数高达15次，贝塞尔曲面高达9次。在多项式插值曲线曲面中是不可能达到这样高的次数而不出问题的。

3.1 贝塞尔曲线的定义与性质

3.1.1 贝塞尔曲线的定义

一段贝塞尔曲线由两个端点和若干个不在曲线上但能够决定曲线形状的点来确定。图3-1表示一段三次贝塞尔曲线，它由两个端点 V_0、V_3 和两个不在曲线上的点 V_1、V_2 确定。V_0、V_1、V_2、V_3 构成了一个与三次贝塞尔曲线相对应的开口多边形，称为特征多边形(有时又称为控制多边形)。这四个点称为特征多边形顶点。一般地，n 次贝塞尔曲线由 $n+1$ 个顶点构成的特征多边形来确定。特征多边形大致勾画出了对应曲线的形状。

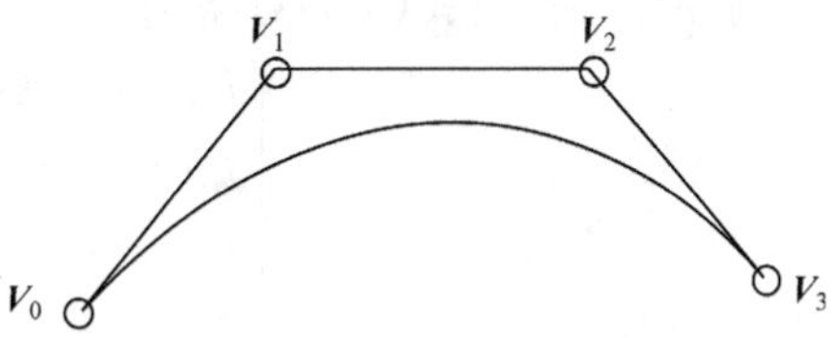

图3-1 三次贝塞尔曲线

早期的贝塞尔曲线是利用特征多边形的边矢量 $\boldsymbol{a}_i$ $(i=0,1,\cdots,n)$定义的，如图3-2所示，用公式表达为

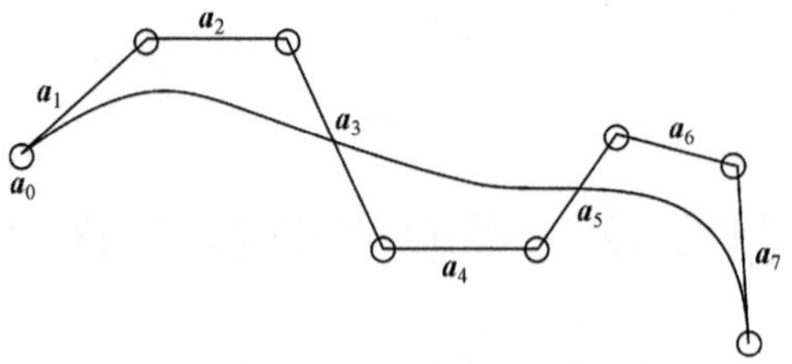

图 3-2　用边矢量表示的贝塞尔曲线的特征多边形

$$\boldsymbol{r}(u)=\sum_{i=0}^{n}\boldsymbol{a}_i f_{n,i}(u)\quad u\in[0,1] \tag{3-1}$$

式中，$\boldsymbol{a}_0$ 为特征多边形首点点矢；$\boldsymbol{a}_i$ 为特征多边形各边矢量，它们首尾依次相连；$f_{n,i}(u)$ 称为贝塞尔基函数。

$$\begin{cases} f_{n,0}(u)=1 \\ f_{n,i}(u)=\dfrac{(-u)^i}{(i-1)!}\dfrac{\mathrm{d}^{i-1}}{\mathrm{d}u^{i-1}}\dfrac{(1-u)^n-1}{u} \quad i=1,2,\cdots,n \end{cases} \tag{3-2}$$

$n=5$ 时，将贝塞尔基函数展开，得到

$$\begin{cases} f_{5,0}(u)=1 \\ f_{5,1}(u)=5u-10u^2+10u^3-5u^4+u^5 \\ f_{5,2}(u)=10u^2-20u^3+15u^4-4u^5 \\ f_{5,3}(u)=10u^3-15u^4+6u^5 \\ f_{5,4}(u)=5u^4-4u^5 \\ f_{5,5}(u)=u^5 \end{cases} \tag{3-3}$$

从式(3-3)很难理解它们的几何意义，设计曲线时也很不方便。因此，贝塞尔对其进行了修改，采用由特征多边形顶点的位置矢量与伯恩斯坦基函数的线性组合表达曲线。

$$\boldsymbol{r}(u)=\sum_{i=0}^{n}J_{n,i}(u)\mathbf{V}_i \tag{3-4}$$

其中，n 为贝塞尔曲线的次数；i 为特征多边形顶点的序号，$0\leqslant i\leqslant n$；u 为参数，$0\leqslant u\leqslant 1$；$\mathbf{V}_i$ 是特征多边形顶点的位置矢量；$J_{n,i}(u)$ 是伯恩斯坦基函数。

$$J_{n,i}(u)=C_n^i u^i(1-u)^{n-i} \tag{3-5}$$

$$C_n^i=\frac{n!}{i!(n-i)!} \tag{3-6}$$

当 $n=3$ 时，由式(3-5)可得到三次伯恩斯坦基函数

$$\begin{cases} J_{3,0}(u)=C_3^0u^0(1-u)^3=(1-u)^3 \\ J_{3,1}(u)=C_3^1u(1-u)^2=3u(1-u)^2 \\ J_{3,2}(u)=C_3^2u^2(1-u)=3u^2(1-u) \\ J_{3,3}(u)=C_3^3u^3(1-u)^0=u^3 \end{cases} \tag{3-7}$$

因此，由式(3-4)可把三次贝塞尔曲线表示为

$$\boldsymbol{r}(u)=\sum_{i=0}^{3}J_{3,i}(u)\mathbf{V}_i=\begin{bmatrix}(1-u)^3 & 3u(1-u)^2 & 3u^2(1-u) & u^3\end{bmatrix}\begin{bmatrix}\mathbf{V}_0\\ \mathbf{V}_1\\ \mathbf{V}_2\\ \mathbf{V}_3\end{bmatrix}\quad 0\leqslant u\leqslant 1 \tag{3-8}$$

可把式(3-8)改写为矩阵形式

$$\boldsymbol{r}(u)=\begin{bmatrix}1 & u & u^2 & u^3\end{bmatrix}\begin{bmatrix}1 & 0 & 0 & 0\\ -3 & 3 & 0 & 0\\ 3 & -6 & 3 & 0\\ -1 & 3 & -3 & 1\end{bmatrix}\begin{bmatrix}\boldsymbol{V}_0\\ \boldsymbol{V}_1\\ \boldsymbol{V}_2\\ \boldsymbol{V}_3\end{bmatrix}\quad 0\leqslant u\leqslant 1 \tag{3-9}$$

由上可知,只要给定特征多边形的四个顶点矢量 $\boldsymbol{V}_0$、$\boldsymbol{V}_1$、$\boldsymbol{V}_2$、$\boldsymbol{V}_3$,并利用式(3-8)或式(3-9),即可构造一段三次贝塞尔曲线。如果计算曲线上的点,只要确定 u 值即可。对于曲线设计来说,采用这种特征多边形顶点的方法,比起采用特征多边形边矢量方法要方便得多,更具直观性。

3.1.2 贝塞尔曲线的几何性质

用伯恩斯坦基表示的贝塞尔曲线的性质取决于伯恩斯坦基函数的性质。先从伯恩斯坦基函数的性质出发,然后讨论贝塞尔曲线的性质。

1. 伯恩斯坦基函数的性质

1)正性

$$0\leqslant J_{n,i}(u)\leqslant 1\quad u\in[0,1] \tag{3-10}$$

当 $i=0$ 或 $i=n$ 时,可通过式(3-5)和式(3-6)直接计算得到

$$\begin{aligned}J_{n,0}(0)&=J_{n,n}(1)=1\\ J_{n,0}(1)&=J_{n,n}(0)=0\end{aligned} \tag{3-11}$$

$$0<J_{n,0}(u),\quad J_{n,n}(u)<1\quad u\in(0,1)$$

当 $i=1,2,\cdots,n-1$ 时,有

$$J_{n,i}(u)\begin{cases}=0 & u=0,1\\ >0 & u\in(0,1)\end{cases} \tag{3-12}$$

2)权性

$$\sum_{i=0}^{n}J_{n,i}(u)\equiv 1\quad u\in[0,1] \tag{3-13}$$

这是因为 $J_{n,i}(u)$ 是一个两项之和为 1 的二项式的各展开项。

$$\sum_{i=0}^{n}J_{n,i}(u)=\sum_{i=0}^{n}C_n^i u^i(1-u)^{n-i}=[u+(1-u)]^n=1 \tag{3-14}$$

3)对称性

$$J_{n,n-i}(u)=J_{n,i}(1-u) \tag{3-15}$$

这是由于组合数有对称性 $C_n^{n-i}=C_n^i$,因此有

$$J_{n,n-i}(u)=C_n^{n-i}u^{n-i}(1-u)^i=C_n^i(1-u)^i[1-(1-u)]^{n-i}=J_{n,i}(1-u) \tag{3-16}$$

导函数为

$$J'_{n,i}(u)=n[J_{n-1,i-1}(u)-J_{n-1,i}(u)]\quad i=0,1,\cdots,n \tag{3-17}$$

因为

$$J'_{n,i}(u)=C_n^i iu^{i-1}(1-u)^{n-i}-C_n^i u^i(n-i)(1-u)^{n-i-1}$$

而

$$C_n^i i=\frac{n!i}{i!(n-i)!}=\frac{n(n-1)!}{(i-1)!(n-i)!}=nC_{n-1}^{i-1}$$

$$C_n^i(n-i)=\frac{n!(n-i)}{i!(n-i)!}=\frac{n(n-1)!}{i!(n-i-1)!}=nC_{n-1}^i$$

因此有

$$\begin{aligned}J'_{n,i}(u)&=nC_{n-1}^{i-1}u^{i-1}(1-u)^{n-i}-nC_{n-1}^iu^i(1-u)^{n-i-1}\\&=n[J_{n-1,i-1}(u)-J_{n-1,i}(u)]\end{aligned}$$

4)递推性

$$J_{n,i}(u)=(1-u)J_{n-1,i}(u)+uJ_{n-1,i-1}(u)\quad i=0,1,\cdots,n \tag{3-18}$$

由于组合数的递推性

$$C_n^i=C_{n-1}^i+C_{n-1}^{i-1}$$

因此有

$$\begin{aligned}J_{n,i}(u)&=C_n^iu^i(1-u)^{n-i}=(C_{n-1}^i+C_{n-1}^{i-1})u^i(1-u)^{n-i}\\&=(1-u)C_{n-1}^iu^i(1-u)^{n-i-1}+uC_{n-1}^{i-1}u^{i-1}(1-u)^{n-i}\\&=(1-u)J_{n-1,i}(u)+uJ_{n-1,i-1}(u)\end{aligned}$$

为了保证公式可计算，本章约定：在以上公式中，凡当指标超出范围以至于记号不具意义时，如 $J_{n,-i}(u)$ 和 $J_{n-1,n}(u)$，都应理解为零。

2. 贝塞尔曲线的几何性质

贝塞尔曲线的几何性质可以从上述伯恩斯坦基函数的性质导出如下几点。

1)端点性质

由伯恩斯坦基函数的性质 1)，可以推得

$$\begin{aligned}\boldsymbol{r}(0)&=\boldsymbol{V}_0\\\boldsymbol{r}(1)&=\boldsymbol{V}_n\end{aligned} \tag{3-19}$$

即曲线的端点通过特征多边形的首末点。

由伯恩斯坦基函数的性质 4)，可得

$$\begin{aligned}\boldsymbol{r}'(u)&=\sum_{i=0}^{n}J'_{n,i}(u)\boldsymbol{V}_i=n\sum_{i=0}^{n}\boldsymbol{V}_i[J_{n-1,i-1}(u)-J_{n-1,i}(u)]\\&=n\sum_{i=1}^{n}(\boldsymbol{V}_i-\boldsymbol{V}_{i-1})J_{n-1,i-1}(u)\end{aligned} \tag{3-20}$$

因而

$$\boldsymbol{r}'(0)=n(\boldsymbol{V}_1-\boldsymbol{V}_0)=n\boldsymbol{a}_1 \tag{3-21}$$
$$\boldsymbol{r}'(1)=n(\boldsymbol{V}_n-\boldsymbol{V}_{n-1})=n\boldsymbol{a}_n$$

类似地有

$$\begin{aligned}\boldsymbol{r}''(0)&=n(n-1)[(\boldsymbol{V}_2-\boldsymbol{V}_1)-(\boldsymbol{V}_1-\boldsymbol{V}_0)]\\&=n(n-1)(\boldsymbol{a}_2-\boldsymbol{a}_1)\end{aligned} \tag{3-22}$$

$$\begin{aligned}\boldsymbol{r}''(1)&=n(n-1)[(\boldsymbol{V}_n-\boldsymbol{V}_{n-1})-(\boldsymbol{V}_{n-1}-\boldsymbol{V}_{n-2})]\\&=n(n-1)(\boldsymbol{a}_n-\boldsymbol{a}_{n-1})\end{aligned} \tag{3-23}$$

因此曲线在起点和终点处的副法矢分别为

$$\begin{aligned}\boldsymbol{B}(0)&=\boldsymbol{r}'(0)\times\boldsymbol{r}''(0)=n^2(n-1)(\boldsymbol{V}_1-\boldsymbol{V}_0)\times(\boldsymbol{V}_2-\boldsymbol{V}_1)\\&=n^2(n-1)\boldsymbol{a}_1\times\boldsymbol{a}_2\\\boldsymbol{B}(1)&=\boldsymbol{r}'(1)\times\boldsymbol{r}''(1)=n^2(n-1)(\boldsymbol{V}_{n-1}-\boldsymbol{V}_{n-2})\times(\boldsymbol{V}_n-\boldsymbol{V}_{n-1})\\&=n^2(n-1)\boldsymbol{a}_{n-1}\times\boldsymbol{a}_n\end{aligned} \tag{3-24}$$

还可以证明曲线在起点和终点处的第 k 阶导矢分别是

$$r^{(k)}(0)=\frac{n!}{(n-k)!}\sum_{i=0}^{k}(-1)^{k-i}C_k^i V_i \tag{3-25}$$

$$r^{(k)}(1)=\frac{n!}{(n-k)!}\sum_{i=0}^{k}(-1)^{i}C_k^i V_{n-i}$$

以上说明，贝塞尔曲线的起点和终点分别是它的特征多边形的第一个顶点和最后一个顶点；曲线在起点处和终点处分别同特征多边形的第一条边和最后一条边相切，且切矢量的模长分别为第一条边长和最后一条边长的 n 倍；曲线在起点处的密切平面是特征多边形的第一条边与第二条边所张成的平面，在终点处的密切平面是最后两条边所张成的平面；曲线在两端点处的 k 阶导矢，只与最靠近它们的 $k+1$ 个顶点有关。

利用离散的控制顶点构件连续的曲线，可以用于加工路径的规划中。具体内容查看“多轴磨削案例”。

2)对称性

如果保持贝塞尔曲线的各顶点 V_i 的位置不变，只把它们的次序完全颠倒，那么得到的新多边形顶点记为 $V_i^*=V_{n-i}\ (i=0,1,\cdots,n)$，由它们构成的新的贝塞尔曲线为

$$r_i^*(u)=\sum_{i=0}^{n}J_{n,i}(u)V_i^*=\sum_{i=0}^{n}J_{n,i}(u)V_{n-i} \tag{3-26}$$

令 $i=n-j$，则上式可写为

$$r^*(u)=\sum_{j=0}^{n}J_{n,n-j}(u)V_j$$

再利用伯恩斯坦基函数性质 3)，即得

$$r^*(u)=\sum_{j=0}^{n}J_{n,j}(1-u)V_j=r(1-u) \tag{3-27}$$

这说明所得到的是同一段曲线，只不过曲线的走向相反，如图 3-3 所示。

3)凸包性质

对于某一个 u 值，$r(u)$ 是特征多边形各顶点 $V_i(i=0,1,\cdots,n)$ 的加权平均，权因子依次是 $J_{n,i}(u)$。这是由伯恩斯坦基函数性质 1)和 2)所决定的。这个事实反映到几何图形上，就是对于任何 $u\in[0,1]$，$r(u)$ 必落在由其特征多边形顶点张成的凸包内，即贝塞尔曲线完全包含在这一凸包之中。这个凸包性质有助于设计人员根据多边形顶点的位置事先估计相应曲线的存在范围。

例如，当 $n=1$ 时，V_0 和 V_1 张成的凸包就是线段 V_0V_1 上的全部点；当 $n=2$ 时，V_0、V_1、V_2 张成的凸包就是 $\Delta V_0V_1V_2$；当特征多边形有凸有凹时，其相应的凸包为 $V_0V_1V_4V_3V_2$，如图 3-4 所示。

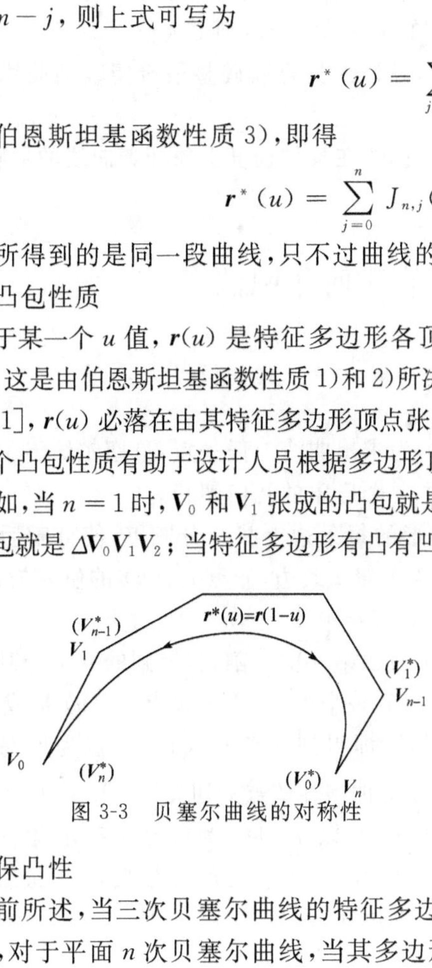

图 3-3 贝塞尔曲线的对称性

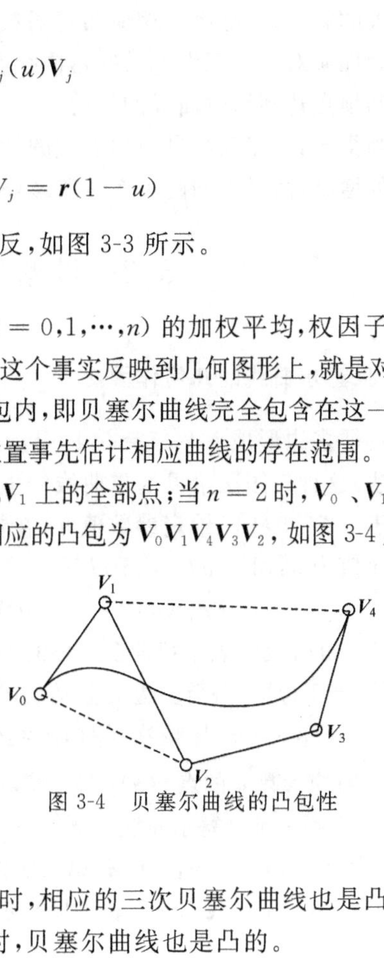

图 3-4 贝塞尔曲线的凸包性

4)保凸性

如前所述，当三次贝塞尔曲线的特征多边形为凸时，相应的三次贝塞尔曲线也是凸的。可以证明，对于平面 n 次贝塞尔曲线，当其多边形为凸时，贝塞尔曲线也是凸的。

5)几何不变性

由式(3-4)表示的贝塞尔曲线是矢量表达形式，从式中可看出，曲线的形态由特征多边形的顶点唯一确定，而与坐标系的选择无关。根据伯恩斯坦基函数的性质 1)和 2)，对每一个固定的 $u \in [0,1]$，由式(3-4)表示的点 $\boldsymbol{r}(u)$ 正好是一个质点系的重心，其中各质点位置在 $\boldsymbol{V}_0$，$\boldsymbol{V}_1$，…，$\boldsymbol{V}_n$，而相应的质量为 $J_{n,0}(u)$，$J_{n,1}(u)$，…，$J_{n,n}(u)$。当 u 在[0,1]中变化时，各点放置的质量也变化，因而重心也在变化。变化着的重心就描出了一段曲线。由于一质点系的重心是一个内在的概念，它与坐标系的选择无关，这就说明了贝塞尔曲线具有几何不变性。

6)变差减小性质

贝塞尔曲线和任一直线相交的次数不会超过被逼近的多边形和同一直线相交的次数。也就是说，波动的次数少了，光滑的程度提高了。

贝塞尔曲线物理意义演示视频

总之，伯恩斯坦多项式在很大程度上继承了被逼近函数的几何特性。这样一个优良的逼近性质，使得伯恩斯坦多项式特别适用于几何设计。这是因为在这个领域里，逼近式的大范围几何性质比逼近的接近性更为重要。贝塞尔曲线在逼近其特征多边形的过程中，一般说来继承了伯恩斯坦多项式良好的几何逼近性质。这样，就有可能通过调整特征多边形的顶点来有效地控制贝塞尔曲线的形状。

7)最大影响点

移动 n 次贝塞尔曲线的第 i 个控制顶点 $\boldsymbol{V}_i$，将对曲线上参数为 $u = i/n$ 的那点 $r(i/n)$ 处发生最大的影响，这是因为相应的基函数 $J_{n,i}(u)$ 在 $u = i/n$ 处达到最大值。

这个性质对于交互设计贝塞尔曲线非常有用，设计人员可以调整最希望改动曲线附近对应的控制顶点达到修改曲线的目的。

应当指出，虽然高次贝塞尔曲线的特征多边形仍然在某种程度上象征着曲线的形状，但随着次数的增高，两者之间的关系有所减弱。

3.2 贝塞尔曲线的几何作图法

3.2.1 贝塞尔曲线的几何作图法

当特征多边形顶点 $\boldsymbol{V}_i(i = 0,1,\cdots,n)$ 给定时，为求出曲线上任一点，贝塞尔给出了一种几何作图法，这种作图法给贝塞尔曲线的生成提供了一个形象的几何解释。

对于 $u \in [0,1]$，给定参数值 u，在特征多边形的每条边上找一分割点，使分割后的两段线段的比值为 u:$(1-u)$，对于以 $\boldsymbol{V}_i$ 和 $\boldsymbol{V}_{i+1}$ 为端点的第 i 条边，分点 $\boldsymbol{r}_{i,1}(u)$ 的位置矢量为

$$\boldsymbol{r}_{i,1}(u) = (1-u)\boldsymbol{V}_i + u\boldsymbol{V}_{i+1} \quad i = 0,1,\cdots,n-1 \tag{3-28}$$

式中，$\boldsymbol{r}_{i,1}$ 中的下标 i 表示特征多边形的第 i 条边，1 表示第一次分割，新得到的 n 个分割点组成一个开的 $n-1$ 边形，对新多边形重复上述操作，可得到一个由 $n-1$ 个顶点 $\boldsymbol{r}_{i,2}(u)$ 构成的 $n-2$ 边形，$i = 0,1,\cdots,n-2$。依次类推，连续作 n 次以后，即得到一点 $\boldsymbol{r}_{0,n}(u)$，该点为贝塞尔曲线式(3-4)上对应参数 u 的点 $\boldsymbol{r}(u)$，且矢量 $n\overrightarrow{\boldsymbol{r}_{0,n-1}\boldsymbol{r}_{1,n-1}}$ 为曲线在该点的切矢量。让 u 在[0,1]之间变化，就可得到一条贝塞尔曲线。例如，在图 3-5 中，$n=4$，以 $u=1/3$ 为参数分割值，第一次得到的三边形为 $\boldsymbol{r}_{0,1}$、$\boldsymbol{r}_{1,1}$、$\boldsymbol{r}_{2,1}$、$\boldsymbol{r}_{3,1}$，第二次得到的多边形为 $\boldsymbol{r}_{0,2}$、$\boldsymbol{r}_{1,2}$、$\boldsymbol{r}_{2,2}$，依次类推，最后得到曲线上的点 $\boldsymbol{r}_{0,4}(1/3)$。图 3-5 反映了贝塞尔曲线的作图过程。

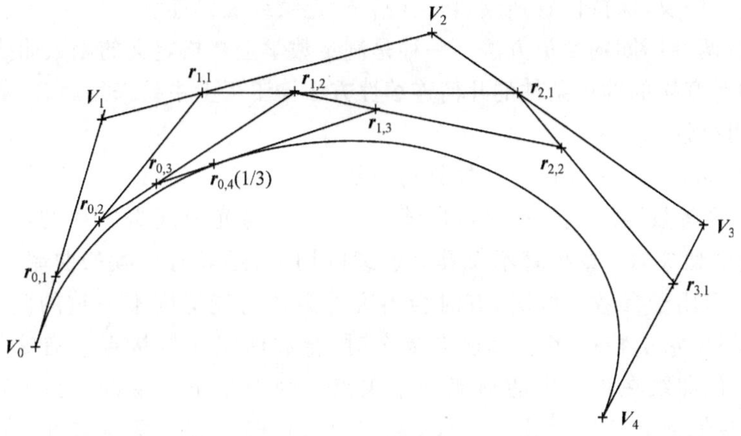

图 3-5 贝塞尔曲线的作图过程

贝塞尔曲线几何作图法视频

3.2.2 贝塞尔曲线的递归分割算法

3.2.1 节的几何作图法过程对应于如下递推公式。

$$\boldsymbol{r}_{i,l}(u) = (1-u)\boldsymbol{r}_{i,l-1}(u) + u\boldsymbol{r}_{i+1,l-1}(u) \tag{3-29}$$

$$0 \leqslant u \leqslant 1; l = 1,2,\cdots,n; i = 0,1,\cdots,n-l$$

下标 l 表示递推次数的序号，i 表示该点属于相应多边形的第 $i+1$ 条边。而初始的特征多边形顶点为 $\boldsymbol{r}_{i,0} = \boldsymbol{V}_i, i = 0,1,\cdots,n$。

图 3-6 表示对应图 3-5 的递归分割三角形，形象地表示了分割过程中顶点的变化。

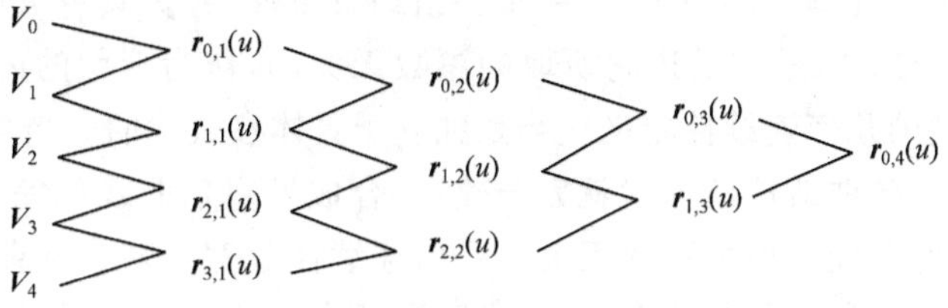

图 3-6 递归分割三角形

从作图法可以看出，只要特征多边形像刚体一样在空间中运动，不管运动到哪个地方，所对应的曲线也和多边形一道运动而形状不变。这就是说，曲线的形状由特征多边形唯一确定，而与坐标系的选择无关。

还可以看到，当把特征多边形顶点的顺序全部颠倒过来，然后再以 $(1-u)$ 为比例因子按上述方法作图，显然最后得到的将是同一个顶点 $\boldsymbol{r}_{0,n}$，即贝塞尔曲线具有的对称性。

3.3 贝塞尔曲线的合成

3.3.1 连续条件与拼接曲线的光滑度

在复杂零件的几何设计中，仅用单段贝塞尔曲线或单张贝塞尔曲面是不能满足设计要求的，必须采用多段方式。对于曲线来说，即要求构造多段贝塞尔曲线，并按照一定的连续条件，将这些曲线拼接成一条贝塞尔曲线。拼接后的曲线从整体看是一条光滑曲线。在两段曲线的拼接点，可以根据设计需要，保持位置连续、切矢(斜率)连续或曲率连续。

关于连续条件有两种不同的度量方法。一种是满足数学上严格定义的函数曲线可微性方法，另一种是满足相对宽松的约束条件的几何连续性方法。工程上主要采用后者。

1)函数曲线的可微性

利用函数曲线的可微性，曲线在连接处具有直到 n 阶连续导矢，即 n 次连续可微，这类光滑度称为 C^n 或 n 阶参数连续性。在函数曲线里，可微性与光滑度是一致的，函数曲线是 C^1 意味着具有连续的切矢，C^2 意味着不仅具有连续的切矢，还具有连续的曲率。这类连续性与参数选取有关，当用于参数曲线时，有时会出现可微性与光滑度不一致的问题。例如，当拼接点与前后相邻贝塞尔特征多边形顶点重合时，合成曲线在拼接点处有零切矢，曲线在该点仍是可微的，但曲线在该点可能形成一个尖点。因而是不光滑的。另外，如果曲线拼接点与前后邻贝塞尔特征多边形顶点共线，且拼接点在前后相邻两点之间，则按照贝塞尔曲线的性质，合成贝塞尔曲线在公共连接点有公共的切线方向，达到了最低阶的光滑连接，但在该点却不一定是 C^1 的。从上述看出，参数连续性并不能客观准确地度量参数曲线连接的光滑度。在参数曲线上出现零切矢处仍是可微的，但却可能是不光滑的；反之，光滑的曲线有可能是不可微的。

实际工程设计中，人们有一种直观的感觉：两段曲线相连接，只要在连接点有相同的切线方向就认为是光滑的。但按照参数连续性度量光滑度，还必须有相同的切矢模长才是 C^1 连续的。由于参数连续性不能客观准确度量参数曲线连接的光滑度，因而经常用称为几何连续性的方法来代替参数连续性。

2)几何连续性

合成曲线在拼接点处满足不同于 C^n 的某一组约束条件，称为具有 n 阶几何连续性，简记为 G^n。事实上，产品的形状是与描述它所取的参数无关的，作为形状的内在几何特征的光滑度及作为度量光滑度的几何连续性定义应当是独立于具体参数化的。当各段曲线段的贝塞尔曲线控制顶点给定后，各曲线段的形状就完全确定，合成贝塞尔曲线就完全确定，合成曲线连接的光滑度也随之确定，而与所取参数无关。几何连续性放宽了对参数曲线光滑度的限制条件，为形状定义和形状控制提供了更多的自由度，更适合曲线在交互设计中使用，有文献称为视觉连续性。

其他研究文献中给出了二阶以下几何连续性的含义：零阶几何连续 G^0 与零阶参数连续 C^0 是一致的。若两曲线段在拼接点处具有公共的单位切矢，则称它们在该点处具有一阶几何连续性(或 G^1 连续性)或是 G^1 的。若在该点处又具有公共的曲率矢量，则称它们在该点处具有二阶几何连续性(或 G^2 连续性)或是 G^2 的。

3.3.2 贝塞尔曲线的合成及连续条件

下面以三次贝塞尔曲线的拼接为例，说明连续条件的处理过程。设两段三次贝塞尔曲线分别表示为

$$\boldsymbol{r}(u)=\sum_{i=0}^{3} J_{3,i}(u)\boldsymbol{V}_i \quad u\in[0,1] \tag{3-30}$$

$$\boldsymbol{s}(u)=\sum_{j=0}^{3} J_{3,j}(u)\boldsymbol{P}_j \quad u\in[0,1] \tag{3-31}$$

$\boldsymbol{V}_0\boldsymbol{V}_1\boldsymbol{V}_2\boldsymbol{V}_3$ 和 $\boldsymbol{P}_0\boldsymbol{P}_1\boldsymbol{P}_2\boldsymbol{P}_3$ 分别为两段曲线的特征多边形顶点，如图 3-7 所示。

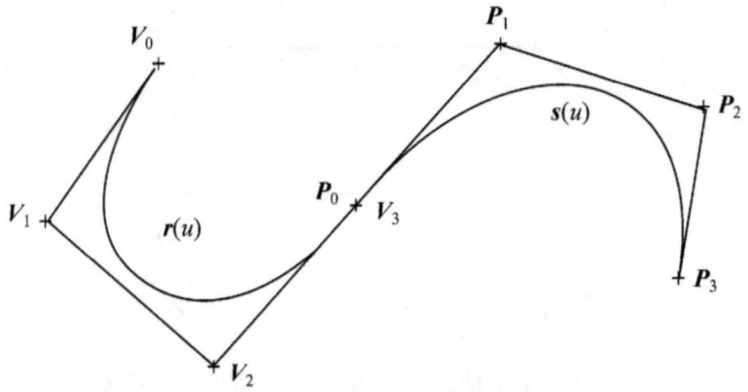

图 3-7 贝塞尔曲线的拼接

1)位置连续(G^0)

因为 $\boldsymbol{s}(0)=\boldsymbol{P}_0$ 和 $\boldsymbol{r}(1)=\boldsymbol{V}_3$，要达到位置连续，必须满足

$$\boldsymbol{P}_0=\boldsymbol{V}_3 \tag{3-32}$$

即第一段曲线的末点与第二段曲线的首点重合，如图 3-7 所示。

2)斜率连续(G^1)

对式(3-30)和式(3-31)求导，在曲线 $\boldsymbol{r}(u)$ 末点处的一阶导矢 $\boldsymbol{r}'(1)=3(\boldsymbol{V}_3-\boldsymbol{V}_2)$，在曲线 $\boldsymbol{s}(u)$ 首点处的一阶导矢 $\boldsymbol{s}'(0)=3(\boldsymbol{P}_1-\boldsymbol{P}_0)$，为了保证曲线在拼接处达到切矢方向的连续，必须满足

$$\boldsymbol{s}'(0)=\alpha\boldsymbol{r}'(1)$$

即

$$3(\boldsymbol{P}_1-\boldsymbol{P}_0)=3\alpha(\boldsymbol{V}_3-\boldsymbol{V}_2) \tag{3-33}$$

$$\boldsymbol{P}_1=\boldsymbol{P}_0+\alpha(\boldsymbol{V}_3-\boldsymbol{V}_2) \tag{3-34}$$

α 是一个正的常数。综上，当两条贝塞尔曲线拼接时，可以允许它们的模长不同，但为了保持切向连续，顶点 $\boldsymbol{V}_2$、$\boldsymbol{V}_3(=\boldsymbol{P}_0)$、$\boldsymbol{P}_1$ 必须共线。

3)曲率连续(G^2)

如果要求曲线的拼接处满足曲率连续，就需要计算拼接点处的二阶导数，并分析它们应当满足的条件。仍以三次贝塞尔曲线为例说明曲率连续的条件。由式(3-23)求得曲线 $\boldsymbol{r}(u)$ 在末点的二阶导数($n=3$)。

$$\boldsymbol{r}''(1)=n(n-1)[(\boldsymbol{V}_n-\boldsymbol{V}_{n-1})-(\boldsymbol{V}_{n-1}-\boldsymbol{V}_{n-2})]=6(\boldsymbol{V}_1-2\boldsymbol{V}_2+\boldsymbol{V}_3) \tag{3-35}$$

由式(3-22)求得曲线 $\boldsymbol{s}(u)$ 在首点的二阶导数为

$$\boldsymbol{s}''(0)=n(n-1)[(\boldsymbol{P}_2-\boldsymbol{P}_1)-(\boldsymbol{P}_1-\boldsymbol{P}_0)]=6(\boldsymbol{P}_0-2\boldsymbol{P}_1+\boldsymbol{P}_2) \tag{3-36}$$

如果达到二阶几何连续，必须满足

$$\boldsymbol{s}''(0)=\lambda\boldsymbol{r}''(1) \tag{3-37}$$

式中，λ 为一个正的常数。如果要求曲率连续，两条曲线的首末点一阶导数和二阶导数应满足

$$\frac{|\boldsymbol{s}'(0)\times\boldsymbol{s}''(0)|}{|\boldsymbol{s}'(0)|^3}=\frac{|\boldsymbol{r}'(1)\times\boldsymbol{r}''(1)|}{|\boldsymbol{r}'(1)|^3} \tag{3-38}$$

将式(3-38)展开并化简，可得到两段贝塞尔曲线拼接时达到曲率连续的必要条件为

$$\lambda=\alpha^2 \tag{3-39}$$

将式(3-39)代入式(3-37)并将其展开，得到

$$\boldsymbol{P}_2=\boldsymbol{P}_0+2\alpha(\boldsymbol{V}_3-\boldsymbol{V}_2)+\alpha^2(\boldsymbol{V}_3-2\boldsymbol{V}_2+\boldsymbol{V}_1) \tag{3-40}$$

所代表的几何意义是 $\boldsymbol{V}_1$、$\boldsymbol{V}_2$、$\boldsymbol{V}_3(=\boldsymbol{P}_0)$、$\boldsymbol{P}_1$、$\boldsymbol{P}_2$ 五点共面，如图 3-8 所示。

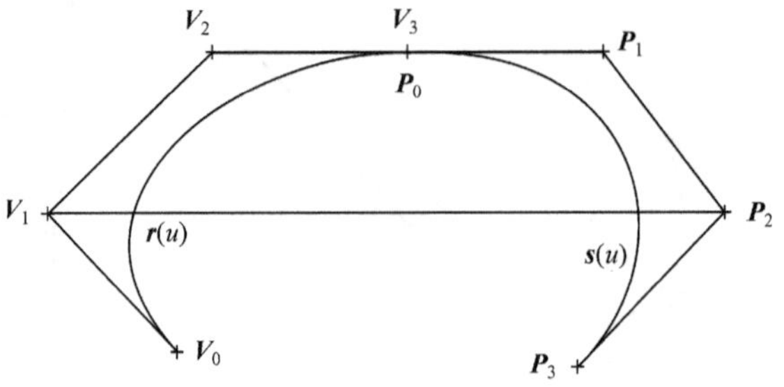

图 3-8　满足曲率连续的贝塞尔曲线的拼接

构造 G^2 连续的拼接曲线过程如下：首先确定第一段贝塞尔曲线的特征多边形顶点，$\boldsymbol{V}_0$、$\boldsymbol{V}_1$、$\boldsymbol{V}_2$、$\boldsymbol{V}_3$；确定第二个特征多边形的各顶点，按照位置连续条件式(3-32)确定 $\boldsymbol{P}_0$；斜率连续条件式(3-34)确定 $\boldsymbol{P}_1$；根据曲率连续条件，利用式(3-40)确定 $\boldsymbol{P}_2$；最后只剩下一个顶点 P_3 是可自由确定的。

贝塞尔曲线拼接视频

必须指出，上述的三点共线和五点共面只是保证两曲线段在拼接处斜率连续和曲率连续的必要条件而不是充分条件。要产生一条具有位置、斜率和曲率连续的合成贝塞尔曲线，必须利用式(3-32)、式(3-34)和式(3-40)依次确定下一段曲线的各顶点，实际过程中可以从曲线的一端开始，一次加一段曲线。对于每一段新的曲线段，仅常数 α 和最后一个顶点是可自由选择的。

3.3.3　贝塞尔曲线拼接的应用举例

工程设计中经常碰到这样的情况，在设计中某些关键的曲线必须严格设计，而其他一些曲线只要满足一定的连续条件即可。如图 3-9 所示，两段虚线表示的曲线已经设计好，而在这两条曲线之间需要补充一段曲线，那么可以采用一种称作“桥接”的技术实现。所谓桥接就是拼接一段贝塞尔曲线，并在端点处满足斜率连续或曲率连续。图 3-9 是斜率连续的例子，其中图(a)为要拼接的两段曲线，要在两段曲线之间拼接一段斜率连续的贝塞尔曲线，桥接曲线的四个顶点受到两段曲线的限制；图(b)和图(c)是斜率连续但具有不同 α 值的拼接条件，图(b)的曲线段 3 的末端的切向的模长大于图(c)中曲线段 3 的末端的切向的模长，因而拼接的曲线不同。

贝塞尔曲线桥接视频

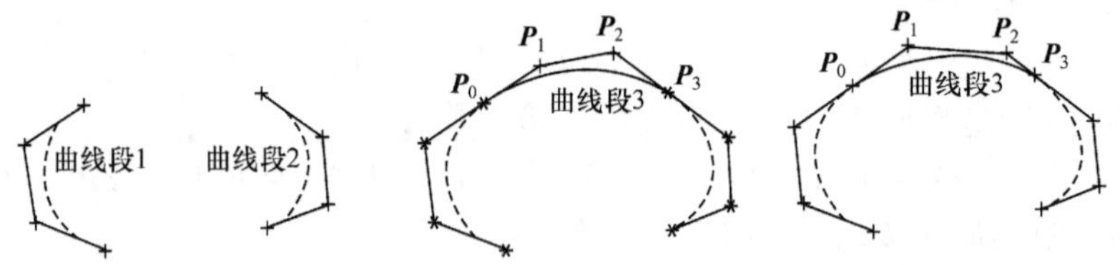

(a) 已设计好的曲线段　　(b) 拼接的曲线段　　(c) 不同常数的拼接曲线

图 3-9　贝塞尔曲线的拼接

3.4　贝塞尔曲线的升阶与降阶

3.4.1　贝塞尔曲线的不足

贝塞尔曲线虽然有许多良好的性质，但也存在以下缺点。

(1)当特征多边形的顶点分布不均匀时，参数 u 在曲线上对应点的分布也不均匀。

(2)贝塞尔曲线的形状与定义它的特征多边形相距甚远。

(3)改变特征多边形的一个顶点将影响整条曲线。

为了使贝塞尔曲线能够以更大的逼近度逼近特征多边形，给使用者在控制曲线的形状时提供更大的灵活性，里森费尔德对贝塞尔方法作了改进和扩展。

3.4.2 贝塞尔曲线的升阶与降阶(长学时)

贝塞尔曲线的升阶是指在保持贝塞尔曲线的形状与定向不变的情况下，增加它的控制顶点个数，提高曲线的幂次。实际效果克服了上述的第二个缺点，使曲线的形状更接近特征多边形。贝塞尔曲线升阶的实际应用意义何在？

升阶的作用是：首先由新增加的控制顶点和原来的顶点表示同一条曲线，然后调整新增加的控制顶点位置，从而实现修改曲线的目的。它的另一个应用是当两段不同次数的贝塞尔曲线拼接时，可以将低次的贝塞尔曲线升阶到与高次曲线同样的次数，便于拼接。

贝塞尔曲线本质上是参数多项式曲线段，具有整体性质。在曲线的幂次较低的情况下，调整曲线的能力有限，此时不管怎样调整特征多边形顶点，都得不到需要的曲线形状。例如，利用三个特征多边形顶点定义的一条贝塞尔曲线，无论怎样调整顶点位置都不能使曲线产生拐点。显然曲线的“刚性”有余，“柔性”不足。升阶可以降低曲线的“刚性”，增加“柔性”。增加控制顶点，就增加了对曲线的控制能力。

升阶增加了贝塞尔曲线的控制顶点，但曲线的形状及定向应保持不变，所以曲线的实际次数并未改变。但是如果移动新增加的控制顶点，曲线的形状也就发生了变化，这时曲线的实际次数也就升高到由顶点数决定的次数，这样在曲线升阶后，再进行曲线的调整就非常方便了。

为了简便起见，一般的升阶算法采用基于伯恩斯坦基函数的公式

$$\boldsymbol{V}_{i,n+1}=\frac{i}{n+1}\boldsymbol{V}_{i-1,n}+\left(1-\frac{i}{n+1}\right)\boldsymbol{V}_{i,n}\quad i=0,1,\cdots,n+1 \tag{3-41}$$

式中，n 为曲线在升阶前的幂次。以参数值 $i/(n+1)$ 按分段线性插值，从原特征多边形计算出新顶点。每次增加一个顶点，即升一阶。如果需要增加 q 个顶点(升 q 阶)，需要采用递归公式达到所需的升阶次数。这种方法计算简便，因而应用较为广泛。

升阶后的新特征多边形包含在原多边形的凸包内，而且新特征多边形比原多边形更靠近曲线，增加了曲线的柔性。例如，一条二次的贝塞尔曲线，如图 3-10 所示的原特征多边形为 $\boldsymbol{V}_0\boldsymbol{V}_1\boldsymbol{V}_2$，其表达式为

$$\boldsymbol{r}(u)=\begin{bmatrix}1 & u & u^2\end{bmatrix}\begin{bmatrix}1 & 0 & 0\\ -2 & 2 & 0\\ 1 & -2 & 1\end{bmatrix}\begin{bmatrix}\boldsymbol{V}_0\\ \boldsymbol{V}_1\\ \boldsymbol{V}_2\end{bmatrix}\quad 0\leqslant u\leqslant 1$$

用式(3-41)升阶后，新的顶点为

$$\begin{cases}\boldsymbol{P}_0=\boldsymbol{V}_0\\ \boldsymbol{P}_1=\dfrac{1}{3}\boldsymbol{V}_0+\dfrac{2}{3}\boldsymbol{V}_1\\ \boldsymbol{P}_2=\dfrac{2}{3}\boldsymbol{V}_1+\dfrac{1}{3}\boldsymbol{V}_2\\ \boldsymbol{P}_3=\boldsymbol{V}_2\end{cases}$$

新特征多边形为 $\boldsymbol{P}_0\boldsymbol{P}_1\boldsymbol{P}_2\boldsymbol{P}_3$，其表达式为

$$\boldsymbol{r}(u) = [1 \quad u \quad u^2 \quad u^3] \begin{bmatrix} 1 & 0 & 0 & 0 \\ -3 & 3 & 0 & 0 \\ 3 & -6 & 3 & 0 \\ -1 & 3 & -3 & 1 \end{bmatrix} \begin{bmatrix} \boldsymbol{P}_0 \\ \boldsymbol{P}_1 \\ \boldsymbol{P}_2 \\ \boldsymbol{P}_3 \end{bmatrix} \quad 0 \leqslant u \leqslant 1$$

从升阶后的三次贝塞尔表达式可以得出，u^3 的系数值为零，说明表示的仍然是原二次贝塞尔曲线，但新多边形比原多边形更接近曲线，曲线形状不变。如果此时移动 $\boldsymbol{P}_1$ 或 $\boldsymbol{P}_2$，曲线的形状改变，则曲线的次数为三次。

贝塞尔曲线
升阶视频

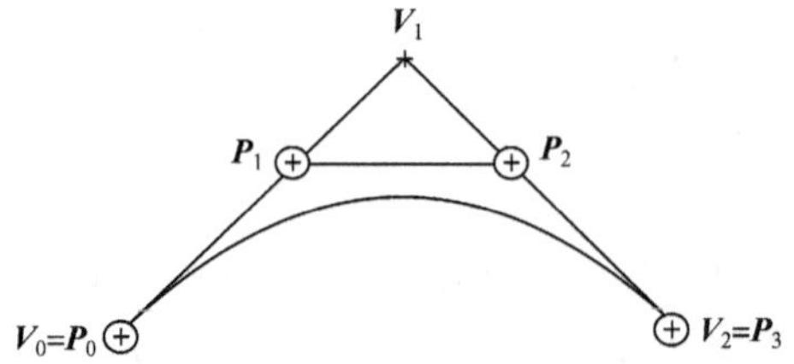

图 3-10　贝塞尔曲线的升阶

升阶的另一个应用是在构造曲面时，对于一些由曲线生成曲面的算法，要求那些曲线必须是同次的。应用升阶方法，可以把所有这些曲线中低于最高次数者都提升到最高次数，而获得统一的次数。

贝塞尔曲线的降阶在实际中很少应用，因为准确的降阶是不可能的。例如，具有拐点的三次贝塞尔曲线不能表示成二次。降阶只被看作一条曲线被较低次的曲线逼近的方法。

3.5　贝塞尔曲面的定义与性质

贝塞尔曲面是贝塞尔曲线的直接推广。贝塞尔曲面有两种定义方法，一种是张量积方法，另一种是由一系列线性插值定义的方法(德卡斯特里奥方法)。下面以双三次贝塞尔曲面为例说明采用张量积方法构造贝塞尔曲面。

3.5.1　双三次贝塞尔曲面

设在三维空间给出 16 个点，构成一张双三次贝塞尔曲面的特征多边形网格，在 u、w 方向上分布，如图 3-11 所示。点的位置用矢量 $\boldsymbol{V}_{ij}$ $(i,j=0,1,2,3)$表示，形成一个 4×4 的顶点矩阵。

$$\boldsymbol{V} = \begin{bmatrix} \boldsymbol{V}_{0,0} & \boldsymbol{V}_{0,1} & \boldsymbol{V}_{0,2} & \boldsymbol{V}_{0,3} \\ \boldsymbol{V}_{1,0} & \boldsymbol{V}_{1,1} & \boldsymbol{V}_{1,2} & \boldsymbol{V}_{1,3} \\ \boldsymbol{V}_{2,0} & \boldsymbol{V}_{2,1} & \boldsymbol{V}_{2,2} & \boldsymbol{V}_{2,3} \\ \boldsymbol{V}_{3,0} & \boldsymbol{V}_{3,1} & \boldsymbol{V}_{3,2} & \boldsymbol{V}_{3,3} \end{bmatrix} \tag{3-42}$$

双三次贝塞尔曲面的构造过程如下。

先对顶点矩阵 $\boldsymbol{V}$ 中每一列的四个顶点构成一条以 u 为参数的三次贝塞尔曲线，共可得到四条三次贝塞尔曲线，如图 3-11(a)所示。

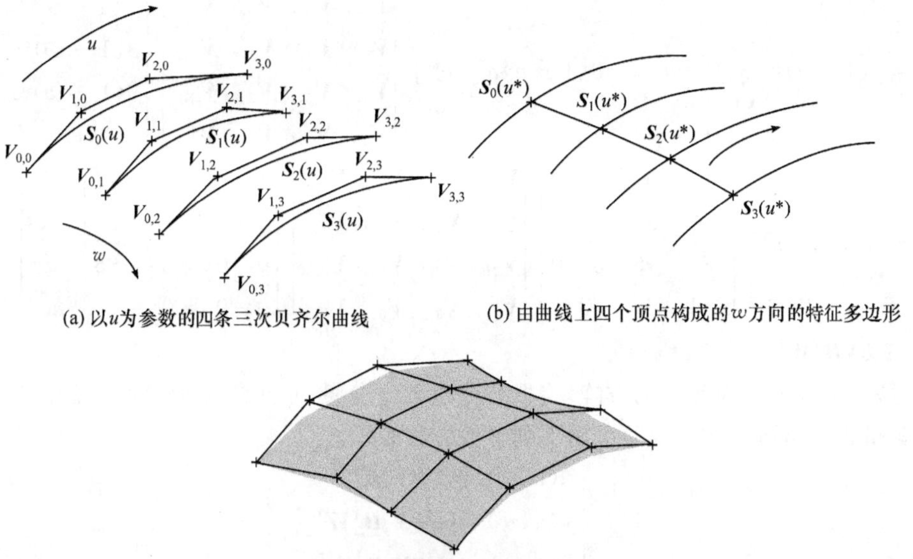

(a) 以u为参数的四条三次贝齐尔曲线　　(b) 由曲线上四个顶点构成的w方向的特征多边形

(c) 由16个顶点构造的双三次贝齐尔曲面

图 3-11　双三次贝塞尔曲面

$$
\begin{aligned}
&\boldsymbol{S}_0(u)=\sum_{i=0}^{3}J_{3,i}(u)\boldsymbol{V}_{i,0},\quad \boldsymbol{S}_1(u)=\sum_{i=0}^{3}J_{3,i}(u)\boldsymbol{V}_{i,1}\\
&\boldsymbol{S}_2(u)=\sum_{i=0}^{3}J_{3,i}(u)\boldsymbol{V}_{i,2},\quad \boldsymbol{S}_3(u)=\sum_{i=0}^{3}J_{3,i}(u)\boldsymbol{V}_{i,3}\\
&0\leqslant u\leqslant 1
\end{aligned}
\tag{3-43}
$$

给定一个 u 值，令 $u=u^*$，那么可以在四条曲线上分别得到相应的点：$\boldsymbol{S}_0(u^*)$，$\boldsymbol{S}_1(u^*)$，$\boldsymbol{S}_2(u^*)$，$\boldsymbol{S}_3(u^*)$。以这四个点为顶点形成特征多边形，如图 3-11(b)所示，从而又定义了一条以 w 为参数的三次贝塞尔曲线。

$$
\boldsymbol{Q}(w)=\sum_{j=0}^{3}J_{3,j}(w)\boldsymbol{S}_j(u^*)\quad 0\leqslant w\leqslant 1 \tag{3-44}
$$

将 $\boldsymbol{Q}(w)$ 设想为母线，四条曲线 $\boldsymbol{S}_0(u)$、$\boldsymbol{S}_1(u)$、$\boldsymbol{S}_2(u)$、$\boldsymbol{S}_3(u)$ 为基线，当 u^* 从 0 变化到 1 时，相当于母线 $\boldsymbol{Q}(w)$ 的特征多边形沿着四条基线滑动，形成一张双三次贝塞尔曲面，如图 3-11(c)所示。

$$
\boldsymbol{r}(u,w)=[\boldsymbol{S}_0(u)\quad \boldsymbol{S}_1(u)\quad \boldsymbol{S}_2(u)\quad \boldsymbol{S}_3(u)]\begin{bmatrix}J_{3,0}(w)\\J_{3,1}(w)\\J_{3,2}(w)\\J_{3,3}(w)\end{bmatrix} \tag{3-45}
$$

$$
0\leqslant u\leqslant 1,\ 0\leqslant w\leqslant 1
$$

将 $\boldsymbol{S}_0(u)$、$\boldsymbol{S}_1(u)$、$\boldsymbol{S}_2(u)$、$\boldsymbol{S}_3(u)$代入式(3-45)，并展开得

$$
\boldsymbol{r}(u,w)=[J_{3,0}(u)\quad J_{3,1}(u)\quad J_{3,2}(u)\quad J_{3,3}(u)]\boldsymbol{V}\begin{bmatrix}J_{3,0}(w)\\J_{3,1}(w)\\J_{3,2}(w)\\J_{3,3}(w)\end{bmatrix}
$$

$$
=\left[(1-u)^3 \quad 3(1-u)^2u \quad 3(1-u)u^2 \quad u^3\right]\begin{bmatrix}\boldsymbol{V}_{0,0} & \boldsymbol{V}_{0,1} & \boldsymbol{V}_{0,2} & \boldsymbol{V}_{0,3}\\ \boldsymbol{V}_{1,0} & \boldsymbol{V}_{1,1} & \boldsymbol{V}_{1,2} & \boldsymbol{V}_{1,3}\\ \boldsymbol{V}_{2,0} & \boldsymbol{V}_{2,1} & \boldsymbol{V}_{2,2} & \boldsymbol{V}_{2,3}\\ \boldsymbol{V}_{3,0} & \boldsymbol{V}_{3,1} & \boldsymbol{V}_{3,2} & \boldsymbol{V}_{3,3}\end{bmatrix}\begin{bmatrix}(1-w)^3\\ 3(1-w)^2w\\ 3(1-w)w^2\\ w^3\end{bmatrix}
$$

$$
=\left[1 \ u \ u^2 \ u^3\right]\begin{bmatrix}1 & 0 & 0 & 0\\ -3 & 3 & 0 & 0\\ 3 & -6 & 3 & 0\\ -1 & 3 & -3 & 1\end{bmatrix}\begin{bmatrix}\boldsymbol{V}_{0,0} & \boldsymbol{V}_{0,1} & \boldsymbol{V}_{0,2} & \boldsymbol{V}_{0,3}\\ \boldsymbol{V}_{1,0} & \boldsymbol{V}_{1,1} & \boldsymbol{V}_{1,2} & \boldsymbol{V}_{1,3}\\ \boldsymbol{V}_{2,0} & \boldsymbol{V}_{2,1} & \boldsymbol{V}_{2,2} & \boldsymbol{V}_{2,3}\\ \boldsymbol{V}_{3,0} & \boldsymbol{V}_{3,1} & \boldsymbol{V}_{3,2} & \boldsymbol{V}_{3,3}\end{bmatrix}\begin{bmatrix}1 & -3 & 3 & -1\\ 0 & 3 & -6 & 3\\ 0 & 0 & 3 & -3\\ 0 & 0 & 0 & 1\end{bmatrix}\begin{bmatrix}1\\ w\\ w^2\\ w^3\end{bmatrix}
$$

$$
=\boldsymbol{UBVB}^{\mathrm{T}}\boldsymbol{W}^{\mathrm{T}} \quad 0\leqslant u,w\leqslant 1 \tag{3-46}
$$

式中，$\boldsymbol{V}$ 是一个以矢量为元素的方阵，当取各矢量的 x 分量、y 分量、z 分量时，就得到三个以数量为元素的四阶方阵。式(3-46)可用下列参数方程表示。

$$
\begin{cases}x(u,w)=\boldsymbol{UBV}_x\boldsymbol{B}^{\mathrm{T}}\boldsymbol{W}^{\mathrm{T}}\\ y(u,w)=\boldsymbol{UBV}_y\boldsymbol{B}^{\mathrm{T}}\boldsymbol{W}^{\mathrm{T}}\\ z(u,w)=\boldsymbol{UBV}_z\boldsymbol{B}^{\mathrm{T}}\boldsymbol{W}^{\mathrm{T}}\end{cases} \tag{3-47}
$$

在理解了双三次贝塞尔曲面的表达式后，可以直接得出一般形式的贝塞尔曲面表达式为

$$
\boldsymbol{r}(u,w)=\left[J_{m,0}(u) \quad J_{m,1}(u) \quad \cdots \quad J_{m,m}(u)\right]\boldsymbol{V}\begin{bmatrix}J_{n,0}(w)\\ J_{n,1}(w)\\ \vdots\\ J_{n,n}(w)\end{bmatrix} \tag{3-48}
$$

$$
=\sum_{i=0}^{n}\sum_{j=0}^{m}J_{m,i}(u)J_{n,j}(w)\boldsymbol{V}_{i,j} \quad 0\leqslant u,\quad w\leqslant 1
$$

其中，m、n 分别表示 u 方向和 w 方向的次数，当 $m=n=3$ 时，即为双三次贝塞尔曲面，它恰好是一般形式的贝塞尔曲面的一个实例。

贝塞尔曲面生成视频1　贝塞尔曲面生成视频2

3.5.2 贝塞尔曲面的性质

除变差减小性质外，贝塞尔曲线的其他所有性质都可推广到贝塞尔曲面。

(1)特征网格的四个角点与贝塞尔曲面的四个角点重合，而特征网格的其他顶点一般不落在曲面上。这个结论可以通过计算四个角点处的值得到。

$$
\begin{aligned}&\boldsymbol{r}(0,0)=\boldsymbol{V}_{0,0}, \quad \boldsymbol{r}(0,1)=\boldsymbol{V}_{0,3}\\ &\boldsymbol{r}(1,0)=\boldsymbol{V}_{3,0}, \quad \boldsymbol{r}(1,1)=\boldsymbol{V}_{3,3}\end{aligned} \tag{3-49}
$$

(2)特征网格的最外一圈的顶点决定了曲面的四条边界线，如图 3-11 所示，而特征网格的内部顶点不影响曲面的边界曲线形状。例如，双三次的贝塞尔曲面，通过计算，曲面的四条边界线如下。

$$
\begin{aligned}&\boldsymbol{r}(u,0)=\sum_{i=0}^{3}J_{3,i}(u)\boldsymbol{V}_{i,0}, \quad \boldsymbol{r}(u,1)=\sum_{i=0}^{3}J_{3,i}(u)\boldsymbol{V}_{i,3}\\ &\boldsymbol{r}(0,w)=\sum_{j=0}^{3}J_{3,j}(u)\boldsymbol{V}_{0,j}, \quad \boldsymbol{r}(1,w)=\sum_{j=0}^{3}J_{3,j}(u)\boldsymbol{V}_{3,j}\end{aligned} \tag{3-50}
$$

贝塞尔曲面边界的跨界斜率只与定义该边界的顶点及与它相邻的一排顶点有关。曲面边界的跨界曲率只与定义该边界的顶点及相邻的两排顶点有关。

(3)几何不变性。

(4)对称性。

(5)凸包性质。

(6)移动一个顶点 $\boldsymbol{V}_{ij}$，将对曲面上参数为 $u=i/m, w=j/n$ 的那个点 $\boldsymbol{r}(i/m, j/n)$ 影响最大。

3.6 贝塞尔曲面的合成

在工程设计中，用上述方法设计的一张贝塞尔曲面经常不能满足复杂零件设计的要求，需要将多张贝塞尔曲面进行合成，这里将每一张曲面称作一张曲面片。为了保证曲面片在拼接处满足一定的约束条件，如在曲面边界上保证光滑连接，那么特征网格的顶点应满足什么条件呢？

仍以双三次曲面片为例来说明。图 3-12 表示了两个相邻的双三次曲面片。它们的方程分别是

$$\begin{aligned}\boldsymbol{r}^{[1]}(u,w) &= \boldsymbol{UMVM}^{\mathrm{T}}\boldsymbol{W}^{\mathrm{T}} \quad 0 \leqslant u,w \leqslant 1 \\ \boldsymbol{r}^{[2]}(u,w) &= \boldsymbol{UMPM}^{\mathrm{T}}\boldsymbol{W}^{\mathrm{T}} \quad 0 \leqslant u,w \leqslant 1\end{aligned} \tag{3-51}$$

要满足不同的连续条件，对特征多边形网格的顶点位置要求也不同。通过调整特征多边形网格的顶点位置，可以得到位置连续、跨界斜率连续、跨界曲率连续的拼接条件。

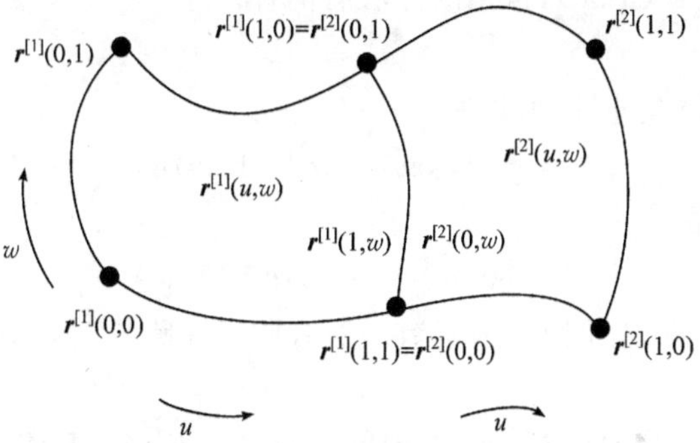

图 3-12 曲面片的拼接

3.6.1 位置连续

如果要达到位置连续，即要求曲面边界具有相同的边界线，如沿 w 方向具有公共边界，如图 3-13 所示，只要满足条件

$$\boldsymbol{r}^{[1]}(1,w) = \boldsymbol{r}^{[2]}(0,w) \quad 0 \leqslant w \leqslant 1 \tag{3-52}$$

应用式(3-46)，式(3-52)条件为

$$[1 \quad 1 \quad 1 \quad 1]\,\boldsymbol{MVM}^{\mathrm{T}}\boldsymbol{W}^{\mathrm{T}} = [1 \quad 0 \quad 0 \quad 0]\,\boldsymbol{MPM}^{\mathrm{T}}\boldsymbol{W}^{\mathrm{T}} \tag{3-53}$$

两条边都是 w 的三次多项式，按照 w 的乘幂使对应的系数相等，可得到

$$[1 \quad 1 \quad 1 \quad 1]\,\boldsymbol{MVM}^{\mathrm{T}} = [1 \quad 0 \quad 0 \quad 0]\,\boldsymbol{MPM}^{\mathrm{T}} \tag{3-54}$$

等式两边右乘 $(\boldsymbol{M}^{\mathrm{T}})^{-1}$，并展开，即得到

$$\boldsymbol{V}_{3,i} = \boldsymbol{P}_{0,i} \quad i = 0,1,2,3 \tag{3-55}$$

这说明两曲面片要具有公共边界曲线，必须保证两曲面片的特征网格之间有一组由公共

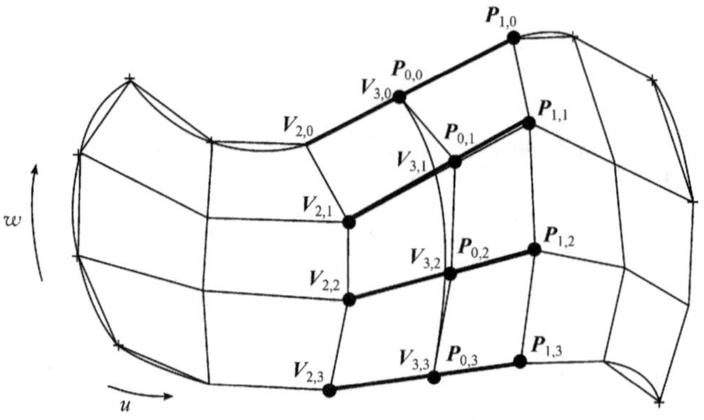

图 3-13　满足位置和跨界切矢连续的曲面特征网格顶点

边界顶点构成的多边形边界，如图 3-13 所示。

3.6.2　跨界斜率连续

对于 $0 \leqslant w \leqslant 1$ 所有的 w，曲面片 $\boldsymbol{r}^{[1]}(u,w)$ 在 $u=1$ 处的切平面必须与曲面片 $\boldsymbol{r}^{[2]}(u,w)$ 在 $u=0$ 处的切平面重合，即有公共切平面。因此曲面法线的方向应当是跨界连续的，即满足

$$\boldsymbol{r}_u^{[2]}(0,w) \times \boldsymbol{r}_w^{[2]}(0,w) = \lambda(w)\boldsymbol{r}_u^{[1]}(1,w) \times \boldsymbol{r}_w^{[2]}(1,w) \tag{3-56}$$

其中，$\boldsymbol{r}_u$、$\boldsymbol{r}_w$ 分别表示曲面的 u 向切矢和 w 向切矢，考虑到曲面法矢量的模不连续问题，$\lambda(w)$ 为正的比例函数，要满足式(3-56)，常用的方法有两种。

1)方法一

因为曲面必已满足位置连续，所以有

$$\boldsymbol{r}_w^{[2]}(0,w) = \boldsymbol{r}_w^{[1]}(1,w) \tag{3-57}$$

式(3-56)最简单的形式是

$$\boldsymbol{r}_u^{[2]}(0,w) = \lambda(w)\boldsymbol{r}_u^{[1]}(1,w) \tag{3-58}$$

所表达的物理意义是：合成曲面上 w 为常数的所有曲线在跨界时切矢方向连续。用矩阵形式表示式(3-58)为

$$[0 \quad 1 \quad 0 \quad 0]\boldsymbol{MPM}^{\mathrm{T}}\boldsymbol{W}^{\mathrm{T}} = \lambda(w)[0 \quad 1 \quad 2 \quad 3]\boldsymbol{MVM}^{\mathrm{T}}\boldsymbol{W}^{\mathrm{T}} \quad 0 \leqslant w \leqslant 1 \tag{3-59}$$

显然，等号右端是 w 的三次多项式，故 $\lambda(w) = \lambda$ 应为一个正的常数，否则等号右边就不是三次多项式了。令式(3-59)等号两端对应的系数相等，且右乘 $(\boldsymbol{M}^{\mathrm{T}})^{-1}$，得到

$$(\boldsymbol{P}_{1,i} - \boldsymbol{P}_{0,i}) = \lambda(\boldsymbol{V}_{3,i} - \boldsymbol{V}_{2,i}) \quad i = 0,1,2,3 \tag{3-60}$$

它所表示的几何意义为：两个特征网格公共边界两侧的四条对接边必须共线，如图 3-14 所示。满足了式(3-60)的条件，合成的曲面在边界上将是光滑和连续的。但是这个 λ 为常数的条件在多个曲面拼接时，将会限制某些后拼接的曲面的特征网格顶点的自由度。例如，一张曲面由四个曲面片拼接，如图 3-14 所示，第一个曲面片 A 由它的 16 个特征网格顶点定义，当构造第二个曲面片 B 时，在给定的 λ 条件下，靠近拼接边界端的两排顶点必须满足位置和跨界切矢的连续条件，因而只剩下远离拼接边界的另外八个顶点是可自由变化的。同理，在构造第三张曲面片 C 时，也只有远离与曲面片 A 的边界的两排顶点(也为八个顶点)是可自由调整的。当构造第四个曲面片 D 时，在靠近曲面片 B 的两排顶点和 C 的两排顶点必须满足连续条件，那么只剩下四个顶点是可自由调整的。这样曲面设计的自由度太少，使用不方便。因而有研究者提出了方法二。

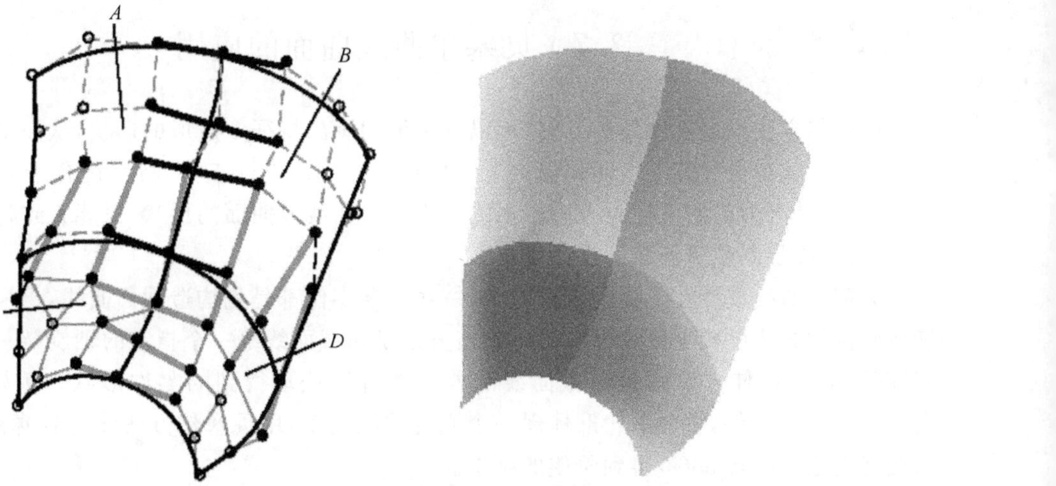

图 3-14　四张曲面片拼接时的顶点约束

2)方法二(长学时)

在构造合成曲面时,方法二能够给设计者提供更大的自由度,即以更一般的形式给出拼接条件

$$\boldsymbol{r}_u^{[2]}(0,w)=\lambda(w)\boldsymbol{r}_u^{[1]}(1,w)+\eta(w)\boldsymbol{r}_w^{[1]}(1,w) \tag{3-61}$$

式中,$\eta(w)$ 是 w 的另一个比例函数。式(3-61)所代表的几何意义是:$\boldsymbol{r}_u^{[2]}(0,w)$ 位于 $\boldsymbol{r}_u^{[1]}(1,w)$ 和 $\boldsymbol{r}_w^{[1]}(1,w)$ 所张成的平面内,即 $\boldsymbol{r}_u^{[2]}(0,w)$、$\boldsymbol{r}_u^{[1]}(1,w)$、$\boldsymbol{r}_w^{[1]}(1,w)$ 三者共面。用矩阵表示为

$$\begin{aligned}&[0\quad 1\quad 0\quad 0]\,\boldsymbol{MPM}^{\mathrm{T}}\boldsymbol{W}^{\mathrm{T}}\\&=\lambda(w)[0\quad 1\quad 2\quad 3]\,\boldsymbol{MVM}^{\mathrm{T}}\boldsymbol{W}^{\mathrm{T}}+\eta(w)[1\quad 1\quad 1\quad 1]\,\boldsymbol{MVM}^{\mathrm{T}}\begin{bmatrix}0\\1\\2w\\3w^2\end{bmatrix}\end{aligned} \tag{3-62}$$

展开式(3-62),并令 $\lambda(w)=\lambda,\eta(w)=\eta_0+\eta_1 w$,像前面介绍的方法一样,按照 w 的乘幂使方程两端对应的系数相等,可得到下面四个关系式。

$$(\boldsymbol{P}_{1,0}-\boldsymbol{P}_{0,0})=\lambda(\boldsymbol{V}_{3,0}-\boldsymbol{V}_{2,0})+\eta_0(\boldsymbol{V}_{3,1}-\boldsymbol{V}_{3,0}) \tag{3-63}$$

$$(\boldsymbol{P}_{1,1}-\boldsymbol{P}_{0,1})=\lambda(\boldsymbol{V}_{3,1}-\boldsymbol{V}_{2,1})+\frac{1}{3}\eta_0(\boldsymbol{V}_{3,2}+\boldsymbol{V}_{3,1}-2\boldsymbol{V}_{3,0})+\frac{1}{3}\eta_1(\boldsymbol{V}_{3,1}-\boldsymbol{V}_{3,0}) \tag{3-64}$$

$$(\boldsymbol{P}_{1,2}-\boldsymbol{P}_{0,2})=\lambda(\boldsymbol{V}_{3,2}-\boldsymbol{V}_{2,2})+\frac{1}{3}\eta_0(\boldsymbol{V}_{3,3}+\boldsymbol{V}_{3,2}-2\boldsymbol{V}_{3,1})+\frac{2}{3}\eta_1(\boldsymbol{V}_{3,2}-\boldsymbol{V}_{3,1}) \tag{3-65}$$

$$(\boldsymbol{P}_{1,3}-\boldsymbol{P}_{0,3})=\lambda(\boldsymbol{V}_{3,3}-\boldsymbol{V}_{2,3})+(\eta_0+\eta_1)(\boldsymbol{V}_{3,3}-\boldsymbol{V}_{3,2}) \tag{3-66}$$

式(3-63)的几何意义为:两个拼接曲面的特征多边形网格在公共角点处的三条边必须共面,同样,式(3-66)表明另一个角点的情况。而式(3-64)和式(3-65)的几何意义不明显。

对于双三次曲面片拼接,虽然方法二比方法一在满足跨界切矢条件下具有更大的自由度,但是,要实现跨过所有曲面片边界时都能达到曲率连续的要求,三次贝塞尔曲面的次数还是不够的,需要应用更高幂次的贝塞尔曲面。

曲面桥接视频

3.7 贝塞尔曲线曲面的应用

贝塞尔方法以逼近原理为基础，可以方便地勾画出特征多边形的形状，从而得到逼近的曲线或曲面。这种设计方法给用户提供了一种直观的几何设计工具，特别适合于曲线曲面的形状设计，这是因为初始设计时人们还不能精确描绘曲线或曲面的形状，只能大致勾画出基本形状，并通过逐步调整顶点满足设计要求。

贝塞尔曲线设计在工程上应用较多，一些复杂零件都是先构造截面曲线，再根据需要采用旋转或拉伸方法生成零件表面。其中旋转方法是指截面线绕一个指定的轴旋转一定的角度得到零件形状，拉伸方法则是使截面线沿着一条直线运动得到的零件形状。例如，设计一个图 3-15所示的零件，零件的轮廓体现一个光滑的流线型，用贝塞尔方法设计轮廓曲线，让轮廓曲线绕指定轴旋转 360°，得到希望的结果。

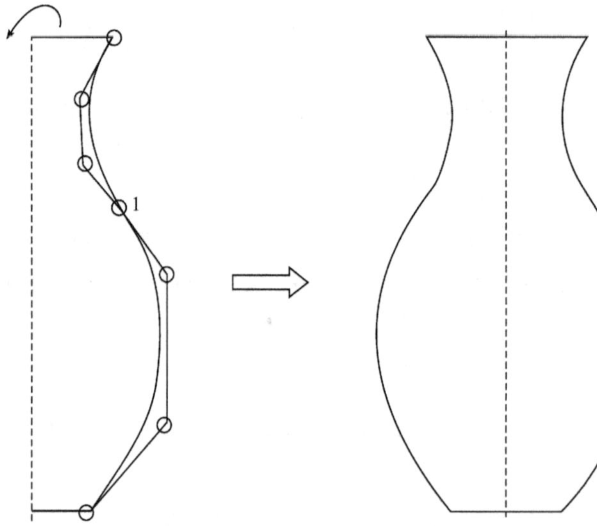

图 3-15　贝塞尔曲线应用

贝塞尔曲线和贝塞尔曲面在工程设计中应用广泛。尽管目前一般的 CAD/CAM 系统是采用非均匀有理 B 样条曲线和曲面，但是由于贝塞尔曲线和曲面的一些优良特性，并且是非均匀有理 B 样条曲线和曲面的特例，所以在工程中还是经常使用的。

贝塞尔曲线和曲面虽然使用非常方便，但也存在缺点：贝塞尔方法不具备局部性，即特征多边形（网格）的任意顶点的修改都会影响整条曲线（或整张曲面）的形状。当曲线、曲面的形状复杂时，需要增加特征多边形的顶点个数，从而使曲线、曲面的幂次增高。第 4 章的 B 样条曲线和曲面方法能够克服贝塞尔方法的一些不足。

习　　题

1. 用下列一组数据点 $\boldsymbol{P}_0(0,1)$、$\boldsymbol{P}_1(1,1)$、$\boldsymbol{P}_2(1,0)$作为特征多边形的顶点，构造一条贝塞尔曲线，写出它的方程并作图。

2. 若在题 1 中增加一个顶点，为 $\boldsymbol{P}_0(0,1)$、$\boldsymbol{P}_1(1,1)$、$\boldsymbol{P}_2(1,0.5)$、$\boldsymbol{P}_3(1,0)$，构造另一条贝塞尔曲线，写出它的方程并作图，结合题 1 说明增加顶点数量对贝塞尔曲线的影响。

3. 已知三个数据点和对应的基线参数值 u，要求构造一条以 u 为参数的贝塞尔曲线（作为一条插值曲线），通过这三个数据点 $\boldsymbol{P}_0(0,0,0)$、$\boldsymbol{P}_1(1,1,0)$、$\boldsymbol{P}_2(2,1,0)$，写出它的方程。

4. 试将三次贝塞尔曲线 $\boldsymbol{r}(u)=\sum_{i=0}^{3}J_{3,i}(u)\boldsymbol{P}_i$ 改写成形式为 $\boldsymbol{r}(u)=\boldsymbol{a}_0+\boldsymbol{a}_1u+\boldsymbol{a}_2u^2+\boldsymbol{a}_3u^3$。

5. 若定义三次贝塞尔曲线 $\boldsymbol{r}(u)(0\leqslant u\leqslant 1)$ 的控制三边形的中间边平行于弦线，证明曲线上至弦线最大距离点的参数必为 $u=1/2$，且最大距离为中间边与弦线间距离的 $3/4$。

6. 在实际应用中，贝塞尔曲线、曲面为何能比其他形式的参数多项式插值曲线、曲面采用更高的次数？

7. 证明二次贝塞尔曲线 $\boldsymbol{r}(u)$，$0\leqslant u\leqslant 1$ 上到弦线（指首末端点连线）的最大距离点的参数必为 $u=1/2$，且最大距离为内顶点至弦线距离之半。

8. 给定 xOy 平面上的特征多边形顶点：$\boldsymbol{P}_0(0,0)$、$\boldsymbol{P}_1(4,4)$、$\boldsymbol{P}_2(6,0)$，定义一条二次贝塞尔曲线 $\boldsymbol{r}(u)(0\leqslant u\leqslant 1)$，并计算点 $\boldsymbol{r}(1/4)$，切矢 $\boldsymbol{r}'(1/4)$ 与二阶导矢 $\boldsymbol{r}''(1/4)$；给出求点 $\boldsymbol{r}(1/4)$ 的几何作图过程。

9. 给定 xOy 平面上的特征多边形顶点：$\boldsymbol{P}_0(-6,0)$、$\boldsymbol{P}_1(-3,6)$、$\boldsymbol{P}_2(3,6)$、$\boldsymbol{P}_3(6,0)$，定义一条三次贝塞尔曲线 $\boldsymbol{r}(u)$，$0\leqslant u\leqslant 1$，并计算点 $\boldsymbol{r}(1/3)$，给出求点 $\boldsymbol{r}(1/3)$ 的几何作图过程。

10. 在应用中，升阶对于贝塞尔曲线、曲面有何实际意义，为什么一般的贝塞尔曲线降阶不存在精确解？

11. 已知两段三次贝塞尔曲线如图所示。使用一段二次贝塞尔曲线将此两段三次贝塞尔曲线连接，要求连接点处达到 G^1 连续，请给出此二次贝塞尔曲线的特征多边形顶点和曲线的表达形式，并画出简要示意图。

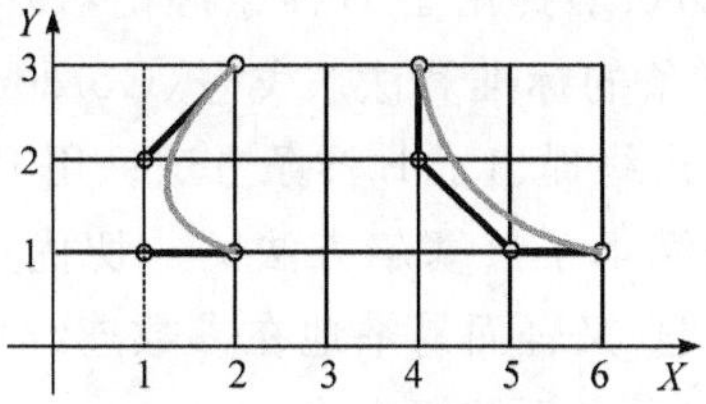

题 11 图

12. 贝塞尔曲面的角点、边界与跨界斜率分别由贝塞尔特征多边形网格中哪些顶点决定？

13. 给定由下列网格矩阵

$$\begin{bmatrix} [0\ \ 2\ \ 0] & [0\ \ 4\ \ 2] & [0\ \ 1\ \ 4] \\ [2\ \ 3\ \ 0] & [2\ \ 5\ \ 2] & [2\ \ 4\ \ 4] \\ [4\ \ 2\ \ 0] & [4\ \ 4\ \ 2] & [4\ \ 1\ \ 4] \end{bmatrix}$$

定义的一张双二次贝塞尔曲面片，请计算曲面上参数为 $(1/2,1/2)$ 的点及法矢。

第4章　B样条曲线与曲面

前面已经对贝塞尔曲线曲面有所了解。构建贝塞尔曲线是基于伯恩斯坦基函数构建的，虽然它有许多优点，但也存在一些不足。

(1)用一段贝塞尔曲线表达复杂形状时，需要提高贝塞尔曲线数。当次数过高时，会给贝塞尔曲线的计算带来很多不便。如果采用多段低次，如三次贝塞尔曲线表达，且要保持段与段之间二阶连续还必须附加拼接条件。

(2)一段贝塞尔曲线的形状受到全部顶点的影响。改变其中某一顶点的位置，对整段曲线都有影响，这说明贝塞尔曲线不具有局部修改性。因此，用高次贝塞尔曲线表达复杂形状并不方便。

1964年由舍恩伯格(Schoenberg)提出了B样条理论，1972年德布尔(de Boor)与科克斯(Cox)分别独立给出了关于B样条的标准算法。戈登(Gordon)和里森费尔德(Riesenfeld)又把B样条理论应用于形状描述，最终提出了B样条方法。用B样条基函数替代了伯恩斯坦基函数构造B样条曲线，这种方法继承了贝塞尔方法的一切优点，克服了贝塞尔方法存在的缺点，较成功地解决了局部控制问题，又轻而易举地在参数连续性基础上解决了连接问题，从而使自由型曲线曲面形状的描述问题得到较好解决。

B样条方法具有表示与设计自由型曲线曲面的强大功能，它不仅是最广为流行的形状数学描述的主流方法之一，而且是目前已成为关于工业产品几何定义国际标准的有理B样条方法的基础。

4.1　B样条基函数的递推定义及其性质

B样条曲线是由B样条基函数和控制顶点的线性组合确定的，因此，首先需要了解B样条基函数的定义和性质。B样条基函数的定义方法不是唯一的。通常如截幂函数的差商定义、de Boor-Cox递推定义、磨光法定义等。这里只介绍一种比较简单的由de Boor和Cox分别导出的B样条的递推定义，又称为de Boor-Cox递推公式。这个著名的递推公式的发现是B样条理论的最重要的进展之一。

4.1.1　B样条基的递推定义

在单参数 t 的取值区间 $[a,b]$ 上，取分割 $a=t_0\leqslant t_1\leqslant\cdots\leqslant t_n=b$ 为节点(knot)。一组节点构成了节点矢量 $[t_0,t_1,\cdots,t_n]$。构造B样条基函数为

$$\begin{cases} N_{i,0}(t)=\begin{cases}1 & t_i\leqslant t\leqslant t_{i+1}\\ 0 & \text{其他}\end{cases} \\ N_{i,k}(t)=\dfrac{t-t_i}{t_{i+k}-t_i}N_{i,k-1}(t)+\dfrac{t_{i+k+1}-t}{t_{i+k+1}-t_{i+1}}N_{i+1,k-1}(t) \\ \text{规定}\dfrac{0}{0}=0 \end{cases} \tag{4-1}$$

其中，B样条基函数 $N_{i,k}(t)$ 的第一个下标 i 表示基函数的序号，第二个下标 k 表示基函数的次数。该递推公式表明，欲确定第 i 个 k 次B样条基 $N_{i,k}(t)$，需要用到 $t_i,t_{i+1},\cdots,t_{i+k+1}$ 共 $k+2$ 个节点。称

区间 $[t_i, t_{i+k+1}]$ 为 $N_{i,k}(t)$ 的支撑区间,也就是说 $N_{i,k}(t)$ 仅在这个区间内的值不为零。

递推公式的几何意义可以归结为:移位,升阶和线性组合。下面由上述递推公式具体地讨论零次到三次的 B 样条基函数。

4.1.2 B 样条基的推导过程

1. 零次(一阶)B 样条

当 $k=0$ 时,由式(4-1)可直接给出零次 B 样条。

$$N_{i,0}(t)=\begin{cases}1 & t_i \leqslant t \leqslant t_{i+1}\\ 0 & \text{其他}\end{cases} \tag{4-2}$$

在参数区间 $[a,b]$ 上,它只在一个区间上 $[t_i, t_{i+1}]$ 上不为零,其他子区间上均为零。$N_{i,0}(t)$ 称为平台函数,如图 4-1 所示。

2. 一次(二阶)B 样条

由式(4-2)的 $N_{i,0}(t)$"移位"得

$$N_{i+1,0}(t)=\begin{cases}1 & t_{i+1} \leqslant t \leqslant t_{i+2}\\ 0 & \text{其他}\end{cases}$$

当 $k=1$ 时,将两个零次 B 样条 $N_{i+1,0}(t)$ 和 $N_{i,0}(t)$ 代入递推公式(4-1),有

$$N_{i,1}(t)=\begin{cases}\dfrac{t-t_i}{t_{i+1}-t_i} & t_i \leqslant t < t_{i+1}\\ \dfrac{t_{i+2}-t}{t_{i+2}-t_{i+1}} & t_{i+1} \leqslant t \leqslant t_{i+2}\\ 0 & \text{其他}\end{cases} \tag{4-3}$$

$N_{i,1}(t)$ 只在两个子区间 $[t_i, t_{i+1}]$、$[t_{i+1}, t_{i+2}]$ 上非零。且各段均为参数 t 的一次多项式,是由 $N_{i+1,0}(t)$ 和 $N_{i,0}(t)$ 递推所得的。如图 4-2 所示,其形状如山形,故又称为山形函数。类似地可由两个零次 B 样条 $N_{i+1,0}(t)$ 和 $N_{i+2,0}(t)$ 递推得到一次 B 样条 $N_{i+1,1}(t)$。

$$N_{i+1,1}(t)=\begin{cases}\dfrac{t-t_{i+1}}{t_{i+2}-t_{i+1}} & t_{i+1} \leqslant t < t_{i+2}\\ \dfrac{t_{i+3}-t}{t_{i+3}-t_{i+2}} & t_{i+2} \leqslant t \leqslant t_{i+3}\\ 0 & \text{其他}\end{cases}$$

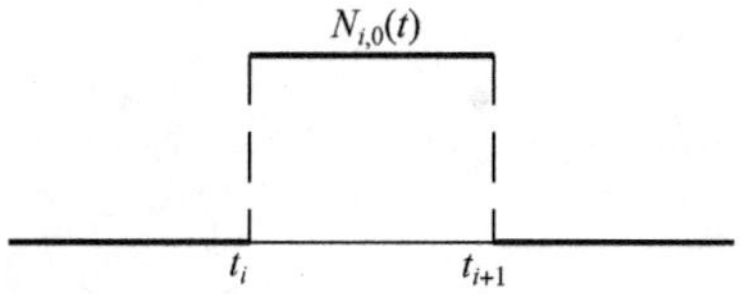

图 4-1 零次 B 样条基函数 $N_{i,0}$

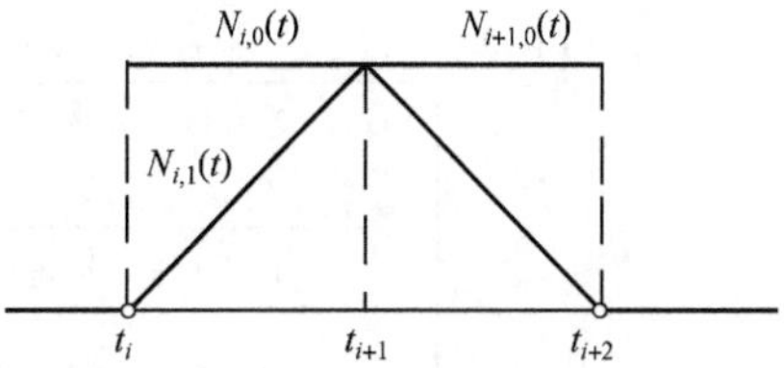

图 4-2 一次 B 样条基函数 $N_{i,1}$

3. 二次(三阶)B 样条

由两个一次 B 样条 $N_{i+1,1}(t)$ 和 $N_{i,1}(t)$ 递推得到二次 B 样条 $N_{i,2}(t)$,如图 4-3 所示。

$$
N_{i,2}(t)=\begin{cases}
\dfrac{t-t_i}{t_{i+2}-t_i}\cdot\dfrac{t-t_i}{t_{i+1}-t_i} & t_i\leqslant t<t_{i+1}\\[2ex]
\dfrac{t-t_i}{t_{i+2}-t_i}\cdot\dfrac{t_{i+2}-t}{t_{i+2}-t_{i+1}}+\dfrac{t_{i+3}-t}{t_{i+3}-t_{i+1}}\cdot\dfrac{t-t_{i+1}}{t_{i+2}-t_{i+1}} & t_{i+1}\leqslant t<t_{i+2}\\[2ex]
\dfrac{(t_{i+3}-t)^2}{(t_{i+3}-t_{i+1})(t_{i+3}-t_{i+2})} & t_{i+2}\leqslant t\leqslant t_{i+3}\\[2ex]
0 & \text{其他}
\end{cases}
\tag{4-4}
$$

$N_{i,2}(t)$ 只在三个子区间 $[t_i,t_{i+1}]$、$[t_{i+1},t_{i+2}]$、$[t_{i+2},t_{i+3}]$ 上非零。平移后得到下一个二次基函数，有

$$
N_{i+1,2}(t)=\begin{cases}
\dfrac{t-t_{i+1}}{t_{i+3}-t_{i+1}}\cdot\dfrac{t-t_{i+1}}{t_{i+2}-t_{i+1}} & t_{i+1}\leqslant t<t_{i+2}\\[2ex]
\dfrac{t-t_{i+1}}{t_{i+3}-t_{i+1}}\cdot\dfrac{t_{i+3}-t}{t_{i+3}-t_{i+2}}+\dfrac{t_{i+4}-t}{t_{i+4}-t_{i+2}}\cdot\dfrac{t-t_{i+2}}{t_{i+3}-t_{i+2}} & t_{i+2}\leqslant t<t_{i+3}\\[2ex]
\dfrac{(t_{i+4}-t)^2}{(t_{i+4}-t_{i+2})(t_{i+4}-t_{i+3})} & t_{i+3}\leqslant t\leqslant t_{i+4}\\[2ex]
0 & \text{其他}
\end{cases}
$$

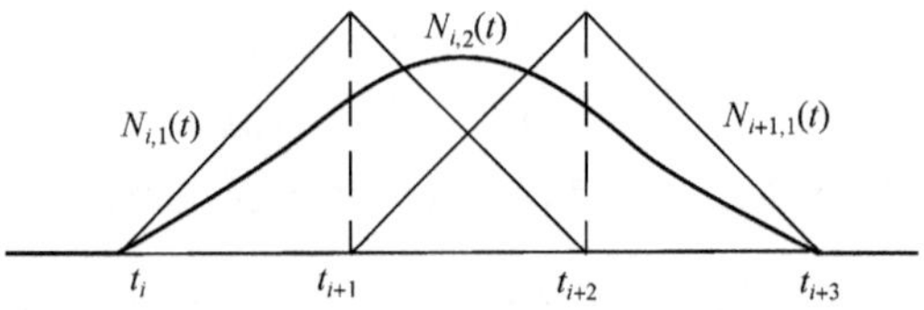

图 4-3　二次 B 样条基函数 $N_{i,2}$

4. 三次(四阶)B 样条

由两个二次 B 样条 $N_{i+1,2}(t)$ 和 $N_{i,2}(t)$ 递推得到三次 B 样条 $N_{i,3}(t)$，如图 4-4 所示。

$$
N_{i,3}(t)=\begin{cases}
\dfrac{(t-t_i)^3}{(t_{i+2}-t_i)(t_{i+1}-t_i)(t_{i+3}-t_i)} & t_i\leqslant t<t_{i+1}\\[2ex]
\dfrac{(t-t_i)^2(t_{i+2}-t)}{(t_{i+2}-t_i)(t_{i+3}-t_i)(t_{i+2}-t_{i+1})} & \\
\quad+\dfrac{(t_{i+3}-t)(t-t_{i+1})(t-t_i)}{(t_{i+3}-t_{i+1})(t_{i+3}-t_i)(t_{i+2}-t_{i+1})} & t_{i+1}\leqslant t<t_{i+2}\\
\quad+\dfrac{(t-t_{i+1})^2(t_{i+4}-t)}{(t_{i+3}-t_{i+1})(t_{i+2}-t_{i+1})(t_{i+4}-t_{i+1})} & \\[2ex]
\dfrac{(t_{i+3}-t)^2(t-t_i)}{(t_{i+3}-t_{i+1})(t_{i+3}-t_{i+2})(t_{i+3}-t_i)} & \\
\quad+\dfrac{(t-t_{i+1})(t_{i+3}-t)(t_{i+4}-t)}{(t_{i+3}-t_{i+1})(t_{i+3}-t_{i+2})(t_{i+4}-t_{i+1})} & t_{i+2}\leqslant t<t_{i+3}\\
\quad+\dfrac{(t_{i+4}-t)^2(t-t_{i+2})}{(t_{i+4}-t_{i+2})(t_{i+3}-t_{i+2})(t_{i+4}-t_{i+1})} & \\[2ex]
\dfrac{(t_{i+4}-t)^3}{(t_{i+4}-t_{i+2})(t_{i+4}-t_{i+3})(t_{i+4}-t_{i+1})} & t_{i+3}\leqslant t\leqslant t_{i+4}\\[2ex]
0 & \text{其他}
\end{cases}
\tag{4-5}
$$

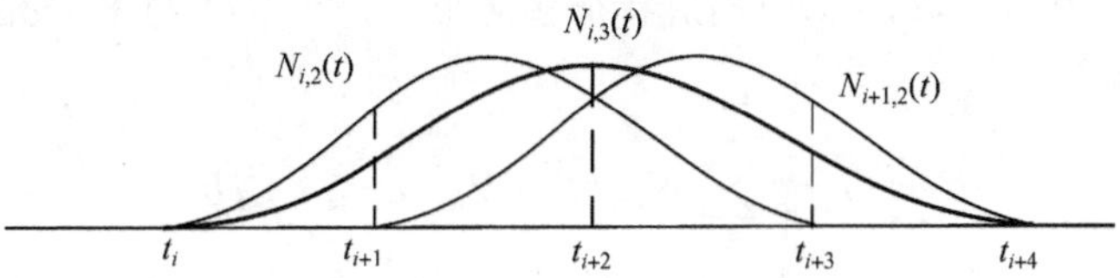

图 4-4　三次 B 样条基函数 $N_{i,3}$

$N_{i,3}(t)$ 只在四个子区间 $[t_i,t_{i+1}]$、$[t_{i+1},t_{i+2}]$、$[t_{i+2},t_{i+3}]$、$[t_{i+3},t_{i+4}]$ 上非零，其他区间全为零。

由 de Boor-Cox 递推定义可知，只要知道零次 B 样条基函数，即可得到任意次的 B 样条基函数。它既适合于等距节点，也适合于非等距节点。

递推公式表明，k 次 B 样条 $N_{i,k}(t)$ 可由两个 $k-1$ 次 B 样条 $N_{i,k-1}(t)$ 与 $N_{i+1,k-1}(t)$ 递推得到。在重节点的情况下，递推公式右端线性组合系数可能出现分母为零的情况，这时按规定该系数取为零。

4.1.3　B 样条基函数的性质

B 样条基函数的性质与 B 样条曲线的性质密切相关。因此，有必要先讨论 B 样条基函数的性质。B 样条基有如下性质。

1)递推性

从式(4-1)可以看出高一次的 B 样条基函数是由低一次的 B 样条基函数组合得到的，因此高次基函数可以从零次基函数递推得到。

2)局部支承性

$$N_{i,k}(t)\begin{cases}\geqslant 0 & t\in[t_i,t_{i+k+1}]\\ =0 & t\notin[t_i,t_{i+k+1}]\end{cases}$$

该性质表明 B 样条基函数 $N_{i,k}(t)$ 是定义在整个参数轴 t 上，但仅在区间 $[t_i,t_{i+k+1}]$ 内有大于零的值，在这个区间外均为零。B 样条基函数 $N_{i,k}(t)$ 由其支承区间内的所有节点决定。

3)权性

$$\sum_i N_{i,k}(t)=1$$

这意味着当参数 t 确定后，所有基函数的和恒等于 1。这一性质和伯恩斯坦基函数的权性类似，这让基函数可以看成是控制顶点的权系数。

4)可微性

在节点区间内部它是无限次可微的，在节点处它是 $k-r$ 次可微的，即是数学连续 C^{k-r}，r 是节点的重复度。

重复度：节点重复的数量，如 $t_0=t_1=\cdots=t_k$，则重复度为 $k+1$。

4.2　B 样条曲线

4.2.1　B 样条曲线的定义

定义：设有一组节点序列 $\{t_i\}$ $(i=0,1,2,\cdots,n)$，由其确定的 B 样条基函数 $N_{i,k}(t)$ 有一

组控制顶点 $\{\boldsymbol{V}_i\}$ ($i=0,1,2,\cdots,n$)构成特征多边形,将 $N_{i,k}(t)$ 与 $\boldsymbol{V}_i$ 线性组合,得到 k 次 B 样条曲线,其方程为

$$\boldsymbol{r}(t)=\sum_{i=0}^{n} N_{i,k}(t)\cdot\boldsymbol{V}_i \quad a\leqslant t\leqslant b \tag{4-6}$$

$\boldsymbol{r}(t)$ 是参数 t 的 k 次分段多项式。需要注意的是,基函数和控制顶点按下标 i 对应关系相乘。

4.2.2 B 样条曲线的定义域

依据基函数的局部支承性可知,定义在非零节点区间 $t\in[t_i,t_{i+1}]$ 内的一条 k 次 B 样条曲线段,是由 $k+1$ 个控制顶点 $\boldsymbol{V}_{i-k},\boldsymbol{V}_{i-k+1},\cdots,\boldsymbol{V}_i$ 及相应的 B 样条基函数 $N_{i-k}(t),N_{i-k+1,k}(t),\cdots,N_{i,k}(t)$ 决定的,而与其他控制顶点无关。

往下标减少方向错过一个顶点,即 $\boldsymbol{V}_{i-k-1},\boldsymbol{V}_{i-k},\cdots,\boldsymbol{V}_{i-1}$,这 $k+1$ 个控制顶点与基函数 $N_{i-k-1}(t),N_{i-k,k}(t),\cdots,N_{i-1,k}(t)$ 确定了上一曲线段。其定义域是节点区间 $[t_{i-1},t_i]$。往下标增加方向错过一个顶点,即 $\boldsymbol{V}_{i-k+1},\boldsymbol{V}_{i-k+2},\cdots,\boldsymbol{V}_{i+1}$ 与基函数与 $N_{i-k+1}(t),N_{i-k+2,k}(t),\cdots,N_{i+1,k}(t)$ 定义了下一曲线段。其定义区间是节点区间 $[t_{i+1},t_{i+2}]$。由此可见,增加或减少一个控制顶点,在不含重节点的情况下,样条曲线相应增加或减少了一段曲线段,如图 4-5 所示。

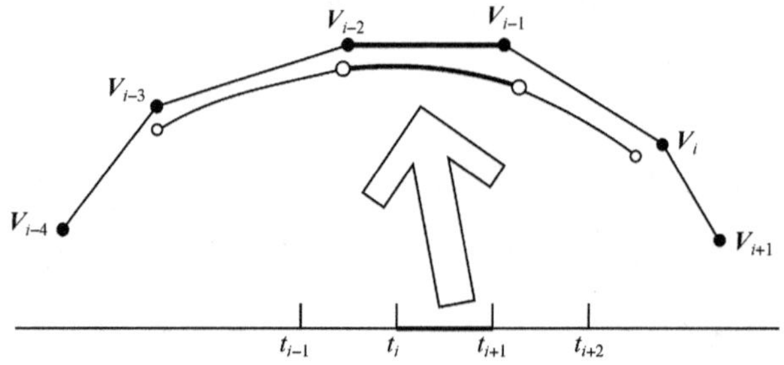

图 4-5　定义在 $[t_i,t_{i+1}]$ 区间上的 k 次 B 样条曲线

给定 $n+1$ 个控制顶点 $\boldsymbol{V}_i$, $i=0,1,\cdots,n$, 相应要求有 $n+1$ 个 k 次 B 样条基函数 $N_{i,k}(t)$, $i=0,1,\cdots,n$ 与其相乘,用以定义一条 k 次 B 样条曲线。这 $n+1$ 个 k 次 B 样条基函数必须由节点矢量 $\boldsymbol{T}=[t_0,t_1,\cdots,t_{n+k+1}]$ 所决定。然而,并非这个节点矢量所包含的 $n+k+1$ 个区间都是该曲线的定义域,其中两端各 k 个节点区间不能作为 B 样条曲线的定义域区间。这是因为这些区间内都不满足有 $k+1$ 个非零基函数的条件,无法与对应 $k+1$ 个控制顶点相乘。同时,也可见到定义域两侧各 k 个节点区间内 B 样条基函数不满足权性,因此不能构成定义域。

顺序相邻前 $k+1$ 个控制顶点 $\boldsymbol{V}_i$, $i=0,1,\cdots,k$, 定义了一条样条曲线中的第一段,其定义区间为 $t\in(t_k,t_{k+1})$;往后错一个顶点,$\boldsymbol{V}_i$ ($i=1,\cdots,k+1$),这 $k+1$ 个顶点定义了第二段曲线,其定义区间为 (t_{k+1},t_{k+2})。以此类推,最后 $k+1$ 个控制顶点 $\boldsymbol{V}_i$ ($i=n-k,\ n-k+1,\cdots,n$)定义了最后一段曲线,其定义区间为 $t\in[t_n,t_{n+1}]$。于是,我们得到 k 次 B 样条曲线的定义域为

$$t\in[t_k,t_{n+1}]$$

定义域内共含有 $n-k+1$ 个节点区间(包括零长度的节点区间)。若其中不含重节点,则对应一条 B 样条曲线内包含 $n-k+1$ 段 B 样条曲线。

换个角度理解,欲求出 k 次 B 样条曲线定义域内任一节点区间 $t\in[t_i,t_{i+1}]$ 上的 k 次 B 样条基函数,可由该区间的左右节点各向外扩展 k 个节点得到所需要的节点矢量。

$$\underbrace{t_{i-k},\cdots,t_{i-1}}_{k个},t_i,t_{i+1},\underbrace{t_{i+2},\cdots,t_{i+k+1}}_{k个}$$

举例说明，控制顶点 $\boldsymbol{V}_i$（$i=0,1,\cdots,8$），定义了一条三次B样条曲线。这表明 $n=8,k=3$，因此

(1)节点矢量 $\boldsymbol{T}=[t_0,t_1,\cdots,t_{n+k+1}]=[t_0,t_1,\cdots,t_{12}]$。

(2)曲线定义域 $t\in[t_k,t_{n+1}]=[t_3,t_9]$。

(3)当定义域 $[t_3,t_9]$ 内不含重节点时，曲线段数为 $n-k+1=6$。

(4)如果样条曲线定义在 $t\in[t_6,t_7]$ 上，这一曲线段由哪些特征顶点定义？因 $i=6$，故它由 $[\boldsymbol{V}_{i-k},\boldsymbol{V}_{i-k+1},\cdots,\boldsymbol{V}_i]=[\boldsymbol{V}_3,\boldsymbol{V}_4,\boldsymbol{V}_5,\boldsymbol{V}_6]$ 四个控制顶点定义，与其他顶点无关。

(5)若构建这条B样条曲线基函数的节点矢量 $\boldsymbol{T}$ 的两端节点取重复度4，即 $t_0=t_1=t_2=t_3$，$t_9=t_{10}=t_{11}=t_{12}$，这时曲线与贝塞尔曲线有相同的端点性质，曲线的首末端点分别就是首末控制顶点。

(6)如果移动控制顶点 $\boldsymbol{V}_3$ 将影响哪些曲线段的形状？因 $i=3$，故将至多影响定义在 $(t_i,t_{i+k+1})=(t_3,t_7)$ 区间上的B样条曲线分段，对B样条曲线的其他部分不发生影响。

(7)如果移动控制顶点 $\boldsymbol{V}_7$ 将影响哪些曲线段的形状？因 $(t_i,t_{i+k+1})=(t_7,t_{11})$，但 (t_9,t_{11}) 落在定义域以外，故仅影响定义在 (t_7,t_9) 区间上的曲线分段，对曲线其他部分不产生影响。

三次均匀B样条曲线原理演示视频

4.2.3 B样条曲线的性质

与贝塞尔曲线类似，B样条曲线也具有变差减小性、几何不变性。并且，B样条曲线的许多性质取决于B样条基函数的性质。

局部性：由于B样条基函数的局部支承性，k 次B样条曲线上参数为 $t\in[t_i,t_{i+1}]$ 的一点 $\boldsymbol{r}(t)$ 至多与 $k+1$ 个控制顶点 $\boldsymbol{V}_j(j=i-k,\cdots,i)$ 有关，与其他控制顶点无关；移动该曲线的第 i 个控制顶点 $\boldsymbol{V}_i$，最多能影响定义在区间 (t_i,t_{i+k+1}) 上那部分曲线的形状，其余的曲线段不发生变化。

可微性或参数连续性：B样条曲线的连续性取决于B样条基函数的连续性。B样条曲线在每一曲线段内部是无限次可微的 C^∞。在节点处，曲线段之间是 $k-r$ 次可微的，即是 C^{k-r} 次，r 是节点的重复度。

凸包性：指一条B样条曲线在各曲线段控制顶点所形成凸包的并集之内。与贝塞尔曲线相比有更强的凸包性。

4.2.4 B样条曲线的分类(长学时)

一般按定义基函数的节点矢量是否等距(均匀)分为均匀B样条曲线和非均匀B样条曲线。对于节点矢量 $\boldsymbol{T}=[t_0,t_1,\cdots,t_{n+k+1}]$，B样条曲线按节点分布情况不同，又分为四种类型：均匀B样条曲线、准均匀B样条曲线、分段贝塞尔曲线和一般非均匀B样条曲线。给定控制顶点 $\boldsymbol{V}_i$（$i=0,1,\cdots,n$），曲线的次数为 k，于是有

(1)均匀B样条曲线(uniform B-spline curve)：节点矢量中节点为沿参数轴均匀或等距分布，所有节点区间长度 $\Delta_i=t_{i+1}-t_i=常数>0$，$i=0,1,\cdots,n+k$。这样的节点矢量定义了均匀B样条基函数。

(2)准均匀B样条曲线(quasi- uniform B-spline curve)：其节点矢量中两端节点具有重复

度 $k+1$，即 $t_0=t_1=\cdots=t_k, t_{n+1}=t_{n+2}=\cdots=t_{n+k+1}$，而所有内节点均匀分布，具有重复度 1。

(3)一般分段贝塞尔曲线(piecewise Bezier curve)：在其节点矢量中端节点重复度为 $k+1$。所不同的是，所有内节点重复度为 k。

(4)非均匀 B 样条曲线(general non-uniform B-spline curve)：这是对任意分布的节点矢量 $\boldsymbol{T}=[t_0, t_1, \cdots, t_{n+k+1}]$，只要在数学上成立(其中节点序列非递减，两端节点重复度 $r\leqslant k+1$，内节点重复度 $r\leqslant k$)都可选取。这样的节点矢量上定义了一般非均匀 B 样条基。前三种类型都可作为特例被包括在这种类型里。下面对典型的均匀 B 样条曲线进行讨论。

4.3 均匀 B 样条曲线

在自由曲线曲面的造型过程中，B 样条建模方法占有非常重要的位置。均匀 B 样条曲线曲面是较简单和常用的，特别是二次、三次均匀 B 样条曲线曲面在工程上广为使用。以下讨论三次均匀 B 样条曲线。

4.3.1 三次均匀 B 样条曲线表达形式

1)均匀 B 样条基函数

均匀与非均匀是依据定义 B 样条基函数的节点是否等距而区分的，均匀形式是满足 $t_{i+1}-t_i=h(i=0,1,2,\cdots,n-1)$ 时，可以不失一般的取节点为 $t_i=i\ (i=0,1,2,\cdots,n)$，有整数 $\{i=0,1,2,\cdots,n\}$ 节点。可以令 $t_i-t_{i-1}=1, t-t_i=u$，则引入了新的参数 u，且参数 $u\in[0,1]$，代入式(4-1)，整理后三次均匀 B 样条基函数的分段表达如下。

$$N_{i,3}(u)=\begin{cases}\dfrac{1}{6}u^3 & 0\leqslant u\leqslant 1\\ \dfrac{1}{6}(-3u^3+3u^2+3u+1) & 0\leqslant u\leqslant 1\\ \dfrac{1}{6}(3u^3-6u^2+4) & 0\leqslant u\leqslant 1\\ \dfrac{1}{6}(-u^3+3u^2-3u+1) & 0\leqslant u\leqslant 1\end{cases} \tag{4-7}$$

三次均匀 B 样条基函数的图形如图 4-6 所示。$N_{i,3}(u)$ 是在一个区间内不同基函数的分段表示。在图 4-7 中，$[t_3, t_4]$ 区间中非零的基函数包括：$N_{0,3}(u)$ 的第四分段，$N_{1,3}(u)$ 的第三分段，$N_{2,3}(u)$ 的第二分段，$N_{3,3}(u)$ 的第一分段。在 $[t_3, t_4]$ 区间中令 $t_i-t_{i-1}=1, t-t_i=u$，则参数 $u\in[0,1]$。即在区间 $[t_3, t_4]$ 内基函数为

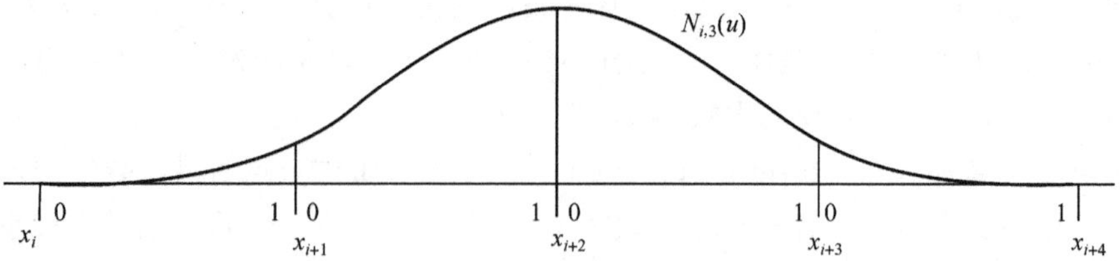

图 4-6 三次均匀 B 样条基函数的图形

$$
\begin{cases}
N_{0,3}(u) = \dfrac{1}{6}(-u^3 + 3u^2 - 3u + 1) \\
N_{1,3}(u) = \dfrac{1}{6}(3u^3 - 6u^2 + 4) \\
N_{2,3}(u) = \dfrac{1}{6}(-3u^3 + 3u^2 + 3u + 1) \\
N_{3,3}(u) = \dfrac{1}{6}u^3
\end{cases}
\quad 0 \leqslant u \leqslant 1 \tag{4-8}
$$

这组基函数与对应的控制顶点 $\boldsymbol{V}_0$、$\boldsymbol{V}_1$、$\boldsymbol{V}_2$、$\boldsymbol{V}_3$ 线性组合，构成一段三次均匀 B 样条曲线段。

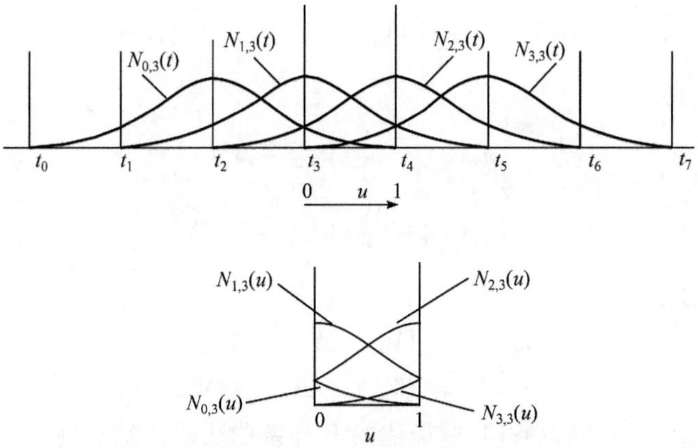

图 4-7　三次均匀 B 样条基函数的形成

2)三次均匀 B 样条曲线段的表示形式

一段三次均匀 B 样条曲线段的通用表达式为

$$
\boldsymbol{r}_i(u) = \sum_{j=0}^{3} N_{j,3}(u)\boldsymbol{V}_{i+j} \tag{4-9}
$$

写成矩阵形式为

$$
\boldsymbol{r}_i(u) = [1 \quad u \quad u^2 \quad u^3]\frac{1}{6}\begin{bmatrix} 1 & 4 & 1 & 0 \\ -3 & 0 & 3 & 0 \\ 3 & -6 & 3 & 0 \\ -1 & 3 & -3 & 1 \end{bmatrix}\begin{bmatrix} \boldsymbol{V}_i \\ \boldsymbol{V}_{i+1} \\ \boldsymbol{V}_{i+2} \\ \boldsymbol{V}_{i+3} \end{bmatrix} \quad 0 \leqslant u \leqslant 1 \tag{4-10}
$$

其中，$\boldsymbol{V}_i$、$\boldsymbol{V}_{i+1}$、$\boldsymbol{V}_{i+2}$、$\boldsymbol{V}_{i+3}$ 为控制顶点。如图 4-8 所示为一条三次均匀 B 样条曲线。

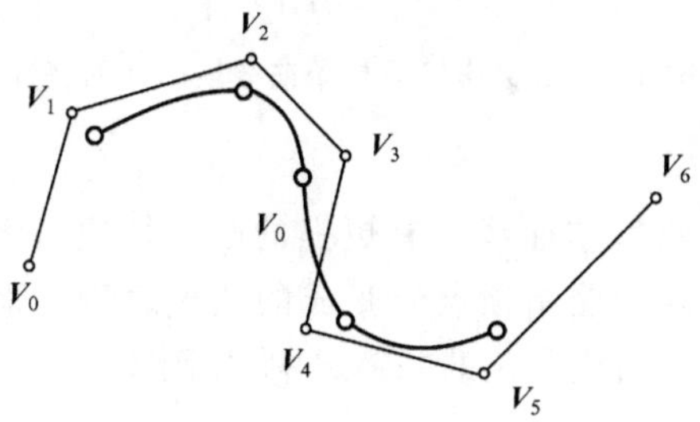

图 4-8　三次均匀 B 样条曲线

4.3.2 三次均匀 B 样条曲线的几何性质

1)端点性质

(1)两端点的位置矢量。

$$\left\{\begin{aligned} \boldsymbol{r}_i(0) &= \frac{1}{6}(\boldsymbol{V}_i + 4\boldsymbol{V}_{i+1} + \boldsymbol{V}_{i+2}) \\ &= \boldsymbol{V}_{i+1} + \frac{1}{6}[(\boldsymbol{V}_i - \boldsymbol{V}_{i+1}) + (\boldsymbol{V}_{i+2} - \boldsymbol{V}_{i+1})] \\ \boldsymbol{r}_i(1) &= \frac{1}{6}(\boldsymbol{V}_{i+1} + 4\boldsymbol{V}_{i+2} + \boldsymbol{V}_{i+3}) \\ &= \boldsymbol{V}_{i+2} + \frac{1}{6}[(\boldsymbol{V}_{i+1} - \boldsymbol{V}_{i+2}) + (\boldsymbol{V}_{i+3} - \boldsymbol{V}_{i+2})] \end{aligned}\right. \tag{4-11}$$

(2) 两端点的切矢。

$$\left\{\begin{aligned} \boldsymbol{r}'_i(0) &= \frac{1}{2}(\boldsymbol{V}_{i+2} - \boldsymbol{V}_i) \\ \boldsymbol{r}'_i(1) &= \frac{1}{2}(\boldsymbol{V}_{i+3} - \boldsymbol{V}_{i+1}) \end{aligned}\right. \tag{4-12}$$

(3) 两端点的二阶导矢。

$$\left\{\begin{aligned} \boldsymbol{r}''_i(0) &= (\boldsymbol{V}_i - 2\boldsymbol{V}_{i+1} + \boldsymbol{V}_{i+2}) \\ \boldsymbol{r}''_i(1) &= (\boldsymbol{V}_{i+1} - 2\boldsymbol{V}_{i+2} + \boldsymbol{V}_{i+3}) \end{aligned}\right. \tag{4-13}$$

由式(4-11)、式(4-12)和式(4-13)所描述的 B 样条曲线段的端点性质如图 4-9 所示。曲线端点位于 $\boldsymbol{V}_{i+1}\boldsymbol{V}_i$ 和 $\boldsymbol{V}_{i+1}\boldsymbol{V}_{i+2}$ 为邻边的平行四边形对角线上,并且在距离 $\boldsymbol{V}_{i+1}$ 的 $\frac{1}{6}$ 处。起点的切矢与 $\boldsymbol{V}_i\boldsymbol{V}_{i+2}$ 平行,模长为其长度的 $\frac{1}{2}$;起点的二阶导矢是以 $\boldsymbol{V}_{i+1}\boldsymbol{V}_i$,$\boldsymbol{V}_{i+1}\boldsymbol{V}_{i+2}$ 为邻边的平行四边形对角线。对于曲线段的终点,可类比起点得到相似的结论。由此不难得出,三次均匀 B 样条曲线段与段之间可达到 C^2 连续。

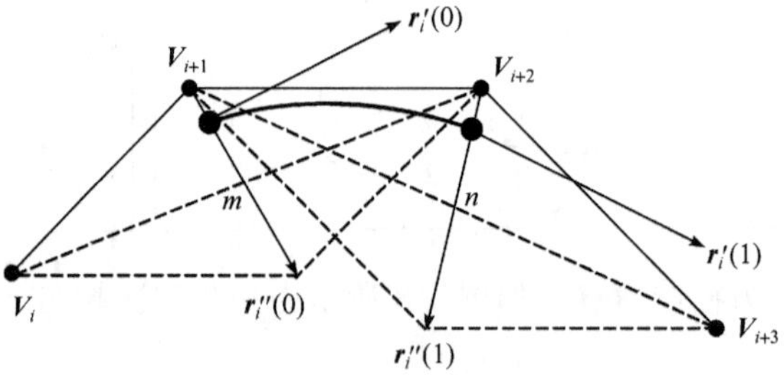

图 4-9 三次均匀 B 样条曲线段的几何特性

2)凸包性

三次均匀 B 样条曲线比贝塞尔曲线具有更强的凸包性质。每一段三次均匀 B 样条曲线段必定落在决定该曲线段的四个控制顶点所张成的凸包之内。而整条 B 样条曲线必定落在这种由相邻的四个控制顶点所组成凸包的并集之中,如图 4-10 所示。

3)局部性

移动一条三次均匀 B 样条曲线中一个控制顶点,最多只会影响相邻四段 B 样条曲线段,而其他曲线段的形状不会发生变化。

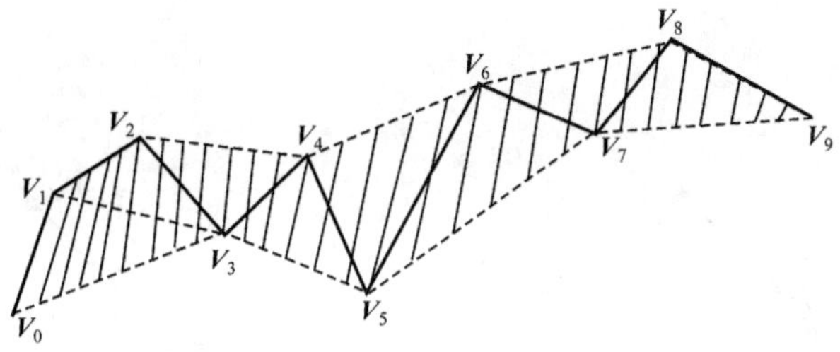

图 4-10　三次 B 样条曲线的凸包

4)变差减少性

具有和贝塞尔曲线一样的变差减少性质。

5)几何不变性

三次均匀 B 样条曲线形状由控制顶点的相对位置决定。如果控制顶点之间的相对位置不变，则曲线形状不变。因此，三次均匀 B 样条曲线形状不依赖于控制顶点所在的坐标系或者位置。

6)保凸性质

具有和贝塞尔曲线一样的保凸性质。

4.3.3　控制顶点对三次均匀 B 样条曲线形状的影响

通过设计控制顶点间特殊的相对位置，三次均匀 B 样条曲线可以构造直线段、含尖点的曲线、过某个特征顶点的曲线等。

1)三顶点共线

若 $\boldsymbol{V}_i$、$\boldsymbol{V}_{i+1}$ 和 V_{i+2} 共线，可以看成是一个退化的三角形。设 $\boldsymbol{m}$ 是线 $\boldsymbol{V}_i\boldsymbol{V}_{i+2}$ 的中点，如图 4-11所示，则三次均匀 B 样条曲线段起点 $\boldsymbol{r}_i(0)$ 所在的位置为

$$\overrightarrow{\boldsymbol{r}_i(0)\boldsymbol{V}_{i+1}} = \overrightarrow{\frac{1}{3}\boldsymbol{m}\boldsymbol{V}_{i+1}} \tag{4-14}$$

由于 $\boldsymbol{r}'_i(0)$ 平行于 $\boldsymbol{r}''_i(0)$，所以 $\boldsymbol{r}_i(0)$ 处的曲率 $k=0$。

2)四顶点共线

由 B 样条曲线的凸包性可知，曲线退化成一直线段，如图 4-12 所示。

3)两个顶点 $\boldsymbol{V}_i$ 和 $\boldsymbol{V}_{i+1}$ 重合

由五个顶点 $\boldsymbol{V}_i$、$\boldsymbol{V}_{i+1}$、$\boldsymbol{V}_{i+2}$、$\boldsymbol{V}_{i+3}$、$\boldsymbol{V}_{i+4}$ 可构造两段三次 B 样条曲线，曲线具有 C^2 连续。若把 $\boldsymbol{V}_{i+2}$ 重复取两次，则六个控制顶点 $\boldsymbol{V}_i$、$\boldsymbol{V}_{i+1}$、$\boldsymbol{V}_{i+2}$、$\boldsymbol{V}_{i+2}$、$\boldsymbol{V}_{i+3}$、$\boldsymbol{V}_{i+4}$ 可构造三段三次均匀 B 样条曲线，如图 4-13 所示。类似于三顶点共线，三次均匀 B 样条曲线段的端点 $\boldsymbol{r}_i(1)$ 所满足的关系为

$$\overrightarrow{\boldsymbol{V}_{i+2}\boldsymbol{r}_i(1)} = \overrightarrow{\frac{1}{6}\boldsymbol{V}_{i+2}\boldsymbol{V}_{i+1}} \tag{4-15}$$

曲率 $k = 0$。

4)三顶点重合

为了构造含有尖点的三次均匀 B 样条曲线，可以取三个顶点重合或把一个顶点重复取三次。若把 $\boldsymbol{V}_{i+2}$ 重复取三次，由七个控制顶点 $\boldsymbol{V}_i$、$\boldsymbol{V}_{i+1}$、$\boldsymbol{V}_{i+2}$、$\boldsymbol{V}_{i+2}$、$\boldsymbol{V}_{i+2}$、$\boldsymbol{V}_{i+3}$、$\boldsymbol{V}_{i+4}$ 可构造四段三次均匀 B 样条曲线，如图 4-14 所示。在三重顶点处，两段直线会形成尖点。曲线在尖点处切矢是不连续的。然而对于参数曲线，的确是达到了 C^2 连续的。在三重顶点处，曲线的一阶和二阶导矢都退化为零。

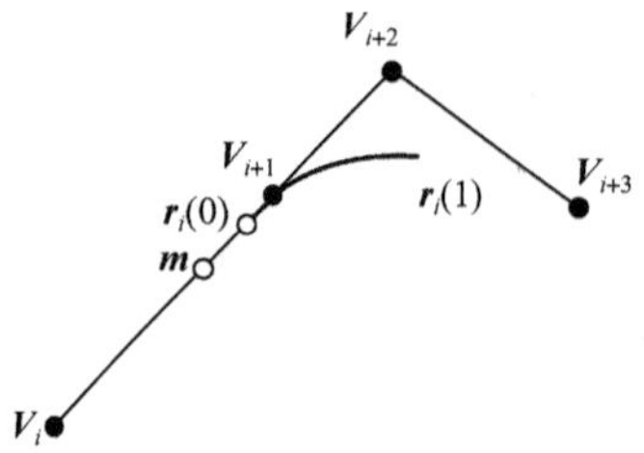

图 4-11　三顶点共线

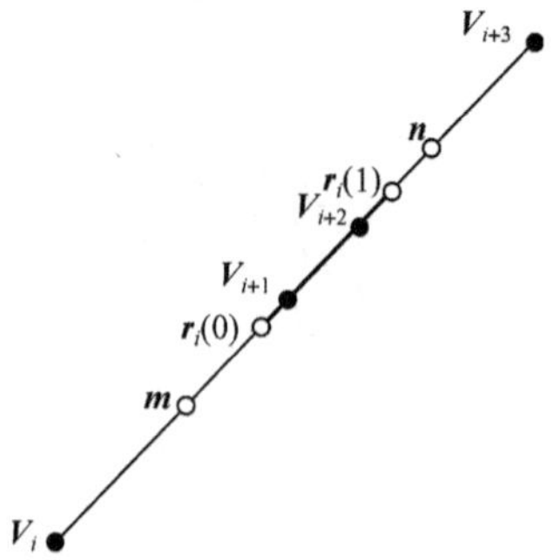

图 4-12　四顶点共线

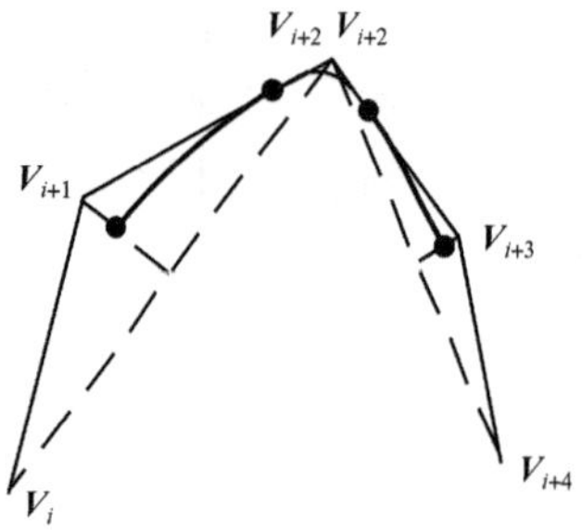

图 4-13　两顶点重合

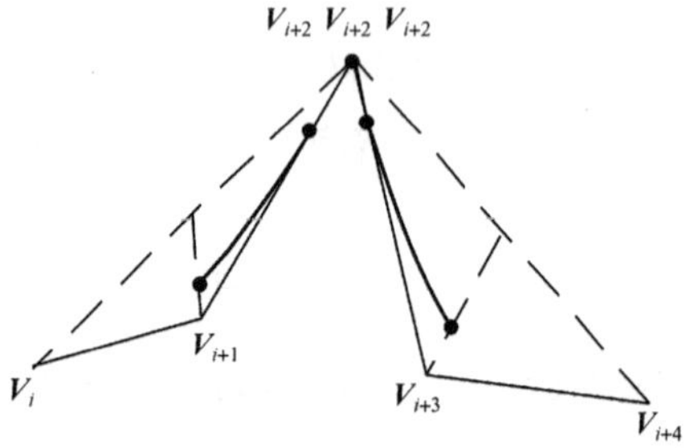

图 4-14　三顶点重点

三次均匀 B 样条曲线的几何形状是由控制顶点来控制的。调整控制顶点可得出不同形态的曲线,大致可归纳为以下三点。

(1) 如要构造一段直线时,可采用四个控制顶点共线。

(2) 为了使曲线和特征多边形相切,可采用三顶点共线或两重顶点的技巧。

(3) 要使曲线通过某一顶点,在曲线上形成一个尖点,可采用三重顶点的方法。

从三次均匀 B 样条曲线的端点性质可以看出,端点一般是不过特征多边形首、末端点的,因此可利用三顶点共线的方法构造通过首、末端点的曲线。若已知四个控制顶点 $\boldsymbol{V}_i$、$\boldsymbol{V}_{i+1}$、$\boldsymbol{V}_{i+2}$、$\boldsymbol{V}_{i+3}$,要构造过 $\boldsymbol{V}_i$ 和 $\boldsymbol{V}_{i+3}$ 两个顶点的曲线可在 $\overrightarrow{\boldsymbol{V}_i\boldsymbol{V}_{i+1}}$ 的反向延长线上取 $\boldsymbol{V}_{i-1}$,在 $\overrightarrow{\boldsymbol{V}_{i+2}\boldsymbol{V}_{i+3}}$ 的延长线上取一点 $\boldsymbol{V}_{i+4}$ 使得

$$\begin{aligned} |\boldsymbol{V}_{i+1}-\boldsymbol{V}_i| &= |\boldsymbol{V}_i-\boldsymbol{V}_{i-1}| \\ |\boldsymbol{V}_{i+3}-\boldsymbol{V}_{i+2}| &= |\boldsymbol{V}_{i+3}-\boldsymbol{V}_{i+4}| \end{aligned} \tag{4-16}$$

再依据 $\boldsymbol{V}_{i-1}$、$\boldsymbol{V}_i$、$\boldsymbol{V}_{i+1}$、$\boldsymbol{V}_{i+2}$、$\boldsymbol{V}_{i+3}$、$\boldsymbol{V}_{i+4}$ 控制顶点构造曲线,这样构造的三次均匀 B 样条曲线是经过控制顶点 $\boldsymbol{V}_i$,$\boldsymbol{V}_{i+3}$,并且不含有直线段,如图 4-15 所示。

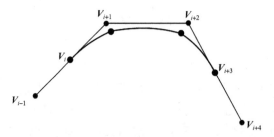

图 4-15　过特征多边形顶点的三次均匀 B 样条曲线

总之，三次均匀B样条曲线有许多优点，曲线的形状是根据控制顶点来控制的，并可相当准确地预测曲线的形状；特别是局部可修改性，给用户设计曲线和曲线的修改提供了非常方便的工具。又由于曲线的次数低，计算简单、速度快等，可构造不同形态的曲线，因而被广泛使用。

4.3.4 二次均匀B样条曲线

二次均匀B样条曲线在实际工程设计中也常常用到，高于三次的一般不多用。

1)二次均匀B样条基函数

$$[N_{0,2}(u) \quad N_{1,2}(u) \quad N_{2,2}(u)] = [1 \quad u \quad u^2]\frac{1}{2}\begin{bmatrix} 1 & 1 & 0 \\ -2 & 2 & 0 \\ 1 & -2 & 1 \end{bmatrix} \tag{4-17}$$

二次均匀B样条曲线为

$$\begin{aligned} \boldsymbol{r}_i(u) &= [N_{0,2}(u) \quad N_{1,2}(u) \quad N_{2,2}(u)]\begin{bmatrix} \boldsymbol{V}_i \\ \boldsymbol{V}_{i+1} \\ \boldsymbol{V}_{i+2} \end{bmatrix} \\ &= [1 \quad u \quad u^2]\frac{1}{2}\begin{bmatrix} 1 & 1 & 0 \\ -2 & 2 & 0 \\ 1 & -2 & 1 \end{bmatrix}\begin{bmatrix} \boldsymbol{V}_i \\ \boldsymbol{V}_{i+1} \\ \boldsymbol{V}_{i+2} \end{bmatrix} \quad 0 \leqslant u \leqslant 1 \end{aligned} \tag{4-18}$$

2)端点性质

二次均匀B样条曲线是抛物线，它的端点具有性质

$$\boldsymbol{r}_i(0) = \frac{1}{2}(\boldsymbol{V}_i + \boldsymbol{V}_{i+1}), \qquad \boldsymbol{r}'_i(0) = \boldsymbol{V}_{i+1} - \boldsymbol{V}_i$$

$$\boldsymbol{r}_i(1) = \frac{1}{2}(\boldsymbol{V}_{i+1} + \boldsymbol{V}_{i+2}), \qquad \boldsymbol{r}'_i(1) = \boldsymbol{V}_{i+2} - \boldsymbol{V}_{i+1}$$

这些关系表明：曲线的两端点分别是二次均匀B样条曲线特征多边形两边的中点，并且以两边为其端点切矢。

一段二次均匀B样条曲线段是平面曲线，它是由顺序三个顶点定义的，如图4-16所示。二次均匀B样条曲线在相邻连接点处是C^1连续的；但顺序的四个控制顶点可以不共面，相邻两曲线段可在不同的平面内，因而整条曲线可成为空间曲线。不含重顶点时切向连续，重顶点的存在可能导致切向不连续。

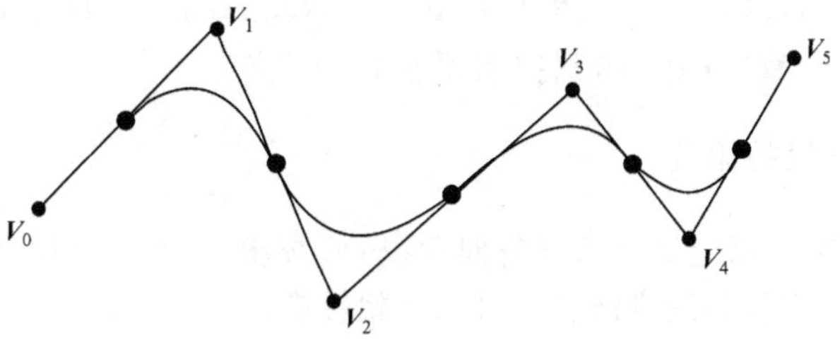

图4-16 二次均匀B样条曲线

4.3.5 B样条曲线正算与反算

由B样条曲线的控制顶点$\boldsymbol{V}_i$计算三次B样条曲线上的点$\boldsymbol{P}_i$以及曲线上的任意点，是逼近问题，称为正算。由已知型值点列$\boldsymbol{P}_i$反求控制顶点$\boldsymbol{V}_i$，是应用插值的反问题，称为反算。

1)正算

给定控制顶点 $\boldsymbol{V}_i$，构造 B 样条曲线，按式(4-10)给出 B 样条曲线的表达式。

2)反算

在工程实践中，常遇到要求构造插值曲线与插值曲面。通过给定一组插值点，反算出 B 样条曲线的控制顶点。

给定一组插值点 $\boldsymbol{P}_i(i=0,1,\cdots,n)$，利用 k 次 B 样条曲线插值于这些点。可以按如下步骤求解控制顶点 $\boldsymbol{V}_i$。

(1)为每个插值点 $\boldsymbol{P}_i$ 确定在参数曲线中对应的参数 $\bar{u}_i$，即参数化。参数化方法很多，可借助累加弦长法可得到每个插值点 $\boldsymbol{P}_p$ 对应的参数为

$$\bar{u}_0=0,\quad \bar{u}_n=1,\quad \bar{u}_p=\bar{u}_{p-1}+\frac{|\boldsymbol{P}_p-\boldsymbol{P}_{p-1}|}{d}$$

其中，$d=\sum_{p=1}^{n}|\boldsymbol{P}_p-\boldsymbol{P}_{p-1}|$，$p=1,2,\cdots,n-1$。

(2)确定 B 样条基函数的节点矢量 $[t_0,t_1,\cdots,t_{n+k+1}]$，可以采用均匀节点分布或者非均匀分布。如果采用均匀节点分布，则节点矢量满足 $t_0=t_1=\cdots=t_{n+k}=t_{n+k+1}$。如果非均匀分布，则可以采用如下方法确定。

$$t_0=\cdots=t_k=0,\quad t_{n+1}=\cdots=t_{n+k+1}=1,\quad t_{j+k}=\frac{1}{k}\sum_{i=j}^{j+k-1}\bar{u}_i$$

其中，$j=1,2,\cdots,n-k$。

(3)依据节点矢量 $[t_0,t_1,\cdots,t_{n+k+1}]$ 得到 B 样条基函数 $N_{i,k}(t)$，$i=0,1,\cdots,n$。得到如下方程组

$$\boldsymbol{P}_p=\sum_{i=0}^{n}N_{i,k}(\bar{u}_p)\cdot\boldsymbol{V}_i\quad p=0,1,\cdots,n$$

$$\boldsymbol{P}_i=\boldsymbol{M}\cdot\boldsymbol{V}_i$$

其中

$$\boldsymbol{M}=\begin{bmatrix} N_{0,k}(\bar{u}_0) & N_{1,k}(\bar{u}_0) & \cdots & N_{n-1,k}(\bar{u}_0) & N_{n,k}(\bar{u}_0)\\ N_{0,k}(\bar{u}_1) & N_{1,k}(\bar{u}_1) & \cdots & N_{n-1,k}(\bar{u}_1) & N_{n,k}(\bar{u}_1)\\ \vdots & \vdots & \ddots & \vdots & \vdots\\ N_{0,k}(\bar{u}_{n-1}) & N_{1,k}(\bar{u}_{n-1}) & \cdots & N_{n-1,k}(\bar{u}_{n-1}) & N_{n,k}(\bar{u}_{n-1})\\ N_{0,k}(\bar{u}_n) & N_{1,k}(\bar{u}_n) & \cdots & N_{n-1,k}(\bar{u}_n) & N_{n,k}(\bar{u}_n) \end{bmatrix}$$

(4)解方程组 $\boldsymbol{V}_i=\boldsymbol{M}^{-1}\cdot\boldsymbol{P}_i$，得到控制顶点 $\boldsymbol{V}_i$。

4.3.6 三次参数曲线段的比较

可以用不同的方法构造一段三次参数曲线段，通常用 Ferguson 曲线、贝塞尔曲线和三次均匀 B 样条曲线表示，三种构造方法之间可以互相转换。

从几何上分析，如图 4-17 所示，$\boldsymbol{B}_0$ 和 $\boldsymbol{B}_3$ 是曲线段 $\boldsymbol{r}(u)$ 的起点 $\boldsymbol{r}(0)$ 和终点 $\boldsymbol{r}(1)$，$\boldsymbol{r}'(0)$ 和 $\boldsymbol{r}'(1)$ 是曲线起点和终点的切矢。根据贝塞尔曲线的端点性质可知，从 $\boldsymbol{B}_0$ 开始，沿 $\boldsymbol{r}'(0)$ 的方向截取其模长的 1/3，得 $\boldsymbol{B}_1$ 点；从 $\boldsymbol{B}_3$ 开始，沿 $\boldsymbol{r}'(1)$ 的反方向截取其模长的 1/3，得 $\boldsymbol{B}_2$ 点，则 $\boldsymbol{B}_0\boldsymbol{B}_1\boldsymbol{B}_2\boldsymbol{B}_3$ 即为曲线段 $\boldsymbol{r}(u)$ 的贝塞尔特征多边形。再根据 B 样条的端点性质，将线段 $\overrightarrow{\boldsymbol{B}_1\boldsymbol{B}_2}$ 向两侧各延长自身的长度，分别得 $\boldsymbol{V}_1$ 和 $\boldsymbol{V}_2$。用线段连接 $\overrightarrow{\boldsymbol{V}_1\boldsymbol{B}_0}$，并延长两倍到 $\boldsymbol{d}_0$，再用线段连

接 $\overrightarrow{V_2 d_0}$，并延长自身的长度到点 V_0，在 V_2 和 B_3 方向作对称的操作，得到 V_3。则 $V_0V_1V_2V_3$ 即为 $r(u)$ 曲线段的控制顶点。

依据三种曲线的端点性质，不同的曲线几何表示方法是可以相互转换的。由一种几何表示方法很容易用作图法找出另外两种等价的几何表示。从上述等价表示中可以看出，贝塞尔方法和B样条方法用控制顶点调整曲线，比一般参数曲线更直观。

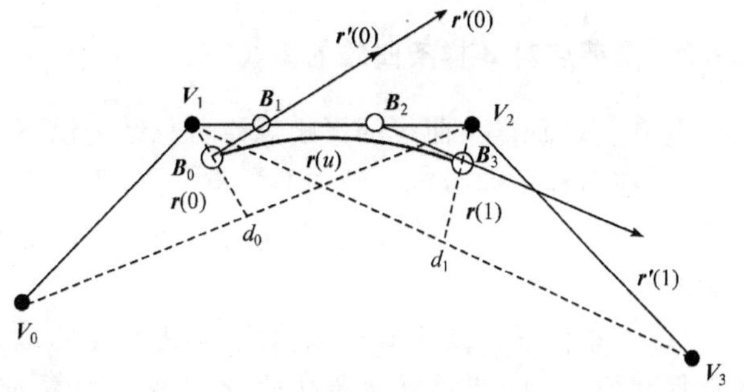

图 4-17　三次参数曲线的三种构造方法

4.4　非均匀B样条曲线(长学时)

非均匀B样条曲线的定义在4.2.3小节已经介绍，但对于曲线控制顶点、定义基函数节点、样条基函数的个数和曲线定义域之间的关系还需进一步说明。

4.4.1　重节点对B样条基的影响

重节点对B样条基是有影响的。重节点的定义：在节点序列中顺序 r 个节点相重合(或在节点矢量中 t_i 重复出现 r 次)，称为该节点具有重复度 r。重节点的特点如下。

(1)节点重复度每增加1，B样条基的支承区间中减少一个非零节点区间，B样条在该重节点处的可微性降一次。

(2)当非零节点区间长度相同时，在 k 重节点处的 k 次B样条基具有相同的形状。重节点对B样条基的影响如图4-18所示。

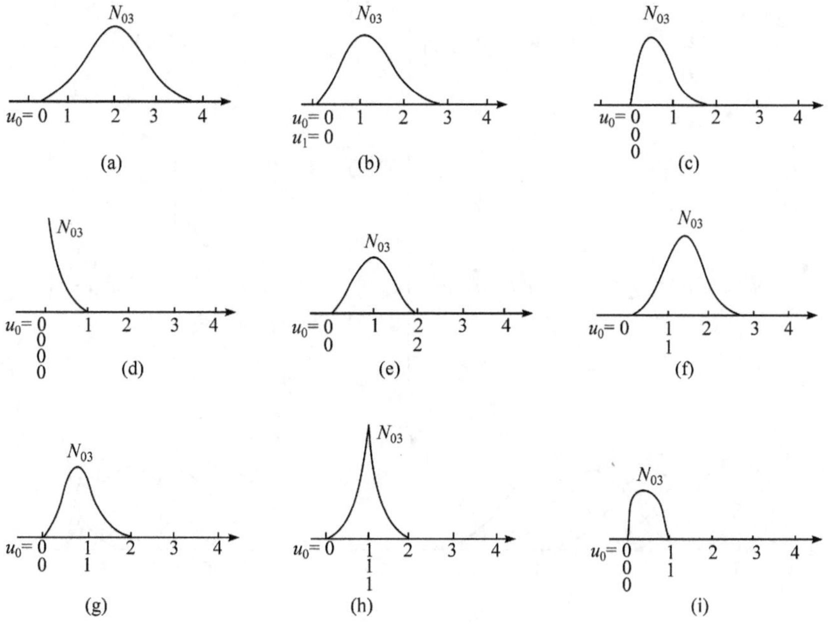

图 4-18　重节点对基函数的影响

4.4.2 重节点对 B 样条曲线的影响

重节点对 B 样条曲线的影响规律可总结为以下三点。

(1)在 B 样条曲线定义域内的内重节点，重复度每增加 1，曲线段数就减 1。样条曲线在该重节点处的可微性或参数连续阶降低 1。因此 k 次 B 样条曲线在重复度为 r 的节点处是 C^{k-r} 连续的。

(2)一条位置连续的 B 样条曲线，其内节点的最大重复度等于曲线的次数 k，端节点的最大重复度为 $k+1$。当重复度超过时，不能保证位置连续。利用这一性质，可在 B 样条曲线内部构造尖点与尖角(注意与重顶点构造尖角的区别)。甚至两条或多条分离的 B 样条曲线可以采用统一的方程表示。

(3)当端节点重复度为 $k+1$ 时，k 次 B 样条曲线就具有和 k 次贝塞尔曲线相同的端点几何性质。这时如果 B 样条曲线的定义域仅有一个非零节点区间，则所定义的 k 次 B 样条曲线就是 k 次贝塞尔曲线。由此可知，贝塞尔曲线是 B 样条曲线的特例，B 样条方法是贝塞尔方法合适的推广。

1. 两端具有重节点的 B 样条曲线

现以两端具有 $k+1$ 重节点的 B 样条曲线为例，说明重节点对 B 样条曲线的影响。

若给定特征多边形顶点 $\boldsymbol{V}_0,\boldsymbol{V}_1,\cdots,\boldsymbol{V}_n$，构造一条两端取四重节点，中间取均匀节点的三次 B 样条曲线。由这 $n+1$ 个顶点决定的三次 B 样条曲线所需节点为 $\boldsymbol{T}=[0,1,2,\cdots,n+1,n+2,n+3,n+4]$，为了方便，取所需节点为 $\boldsymbol{T}=[-3,-2,-1,0,1,2,3,\cdots,n-2,n-1,n,n+1]$；则曲线的定义域为 $[0,n-2]$，曲线的段数为 $n-2$ 段，所需的基函数个数为 $n-2$。如图 4-19 所示，根据递推公式计算并把每个区间参数化，使 u 在 $0\leqslant u\leqslant 1$ 变化，则有 $n-2$ 个基函数为

$$N_{-3,3}(u)=\begin{bmatrix}1 & u & u^2 & u^3\end{bmatrix}\frac{1}{3!}\begin{bmatrix}0 & 0 & 0 & 6\\0 & 0 & 0 & -18\\0 & 0 & 0 & 18\\0 & 0 & 0 & -6\end{bmatrix}\quad 0\leqslant u\leqslant 1$$

$$N_{-2,3}(u)=\begin{bmatrix}1 & u & u^2 & u^3\end{bmatrix}\frac{1}{3!}\begin{bmatrix}0 & 0 & 0 & \frac{3}{2}\\0 & 0 & 18 & -\frac{9}{2}\\0 & 0 & -27 & \frac{9}{2}\\0 & 0 & \frac{21}{2} & -\frac{3}{2}\end{bmatrix}\quad 0\leqslant u\leqslant 1$$

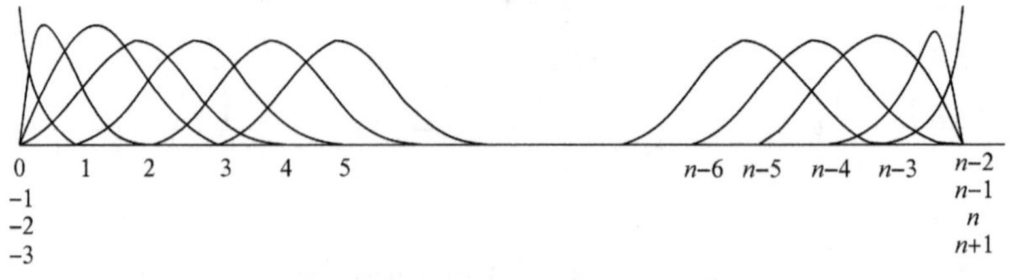

图 4-19　两端取四重节点的三次 B 样条基

$$N_{-1,3}(u)=[1 \quad u \quad u^2 \quad u^3]\frac{1}{3!}\begin{bmatrix} 0 & 0 & \frac{7}{2} & 1 \\ 0 & 0 & \frac{3}{2} & -3 \\ 0 & 9 & -\frac{15}{2} & 3 \\ 0 & -\frac{11}{2} & \frac{7}{2} & -1 \end{bmatrix} \quad 0\leqslant u\leqslant 1$$

$$N_{i,3}(u)=[1 \quad u \quad u^2 \quad u^3]\frac{1}{3!}\begin{bmatrix} 0 & 1 & 4 & 1 \\ 0 & 3 & 0 & -3 \\ 0 & 3 & -6 & 3 \\ 1 & -3 & 3 & -1 \end{bmatrix}$$

$$i=0,1,2,3,\cdots,n-6; \quad 0\leqslant u\leqslant 1$$

$$N_{n-5,3}(u)=[1 \quad u \quad u^2 \quad u^3]\frac{1}{3!}\begin{bmatrix} 0 & 1 & \frac{7}{2} & 0 \\ 0 & 3 & -\frac{3}{2} & 0 \\ 0 & 3 & -\frac{15}{2} & 0 \\ 1 & -\frac{7}{2} & \frac{11}{2} & 0 \end{bmatrix} \quad 0\leqslant u\leqslant 1$$

$$N_{n-4,3}(u)=[1 \quad u \quad u^2 \quad u^3]\frac{1}{3!}\begin{bmatrix} 0 & \frac{3}{2} & 0 & 0 \\ 0 & \frac{9}{2} & 0 & 0 \\ 0 & \frac{9}{2} & 0 & 0 \\ \frac{3}{2} & -\frac{21}{2} & 0 & 0 \end{bmatrix} \quad 0\leqslant u\leqslant 1$$

$$N_{n-3,3}(u)=[1 \quad u \quad u^2 \quad u^3]\frac{1}{3!}\begin{bmatrix} 0 & 0 & 0 & 0 \\ 0 & 0 & 0 & 0 \\ 0 & 0 & 0 & 0 \\ 6 & 0 & 0 & 0 \end{bmatrix} \quad 0\leqslant u\leqslant 1$$

由这些基函数和控制顶点 $\boldsymbol{V}_0,\boldsymbol{V}_1,\cdots,\boldsymbol{V}_n$，构造的三次 B 样条曲线段分别如下。

(1)第一段曲线为

$$\boldsymbol{r}_0(u)=[1 \quad u \quad u^2 \quad u^3]\frac{1}{3!}\begin{bmatrix} 6 & 0 & 0 & 0 \\ -18 & 18 & 0 & 0 \\ 18 & -27 & 9 & 0 \\ -6 & \frac{21}{2} & -\frac{11}{2} & 1 \end{bmatrix}\begin{bmatrix} \boldsymbol{V}_0 \\ \boldsymbol{V}_1 \\ \boldsymbol{V}_2 \\ \boldsymbol{V}_3 \end{bmatrix} \quad 0\leqslant u\leqslant 1$$

(2) 第二段曲线为

$$\boldsymbol{r}_1(u)=[1\quad u\quad u^2\quad u^3]\frac{1}{3!}\begin{bmatrix}\frac{3}{2} & \frac{7}{2} & 1 & 0\\ -\frac{9}{2} & \frac{3}{2} & 3 & 0\\ \frac{9}{2} & -\frac{15}{2} & 3 & 0\\ -\frac{3}{2} & \frac{7}{2} & -3 & 1\end{bmatrix}\begin{bmatrix}\boldsymbol{V}_1\\ \boldsymbol{V}_2\\ \boldsymbol{V}_3\\ \boldsymbol{V}_4\end{bmatrix}\quad 0\leqslant u\leqslant 1$$

(3) 第三段曲线为

$$\boldsymbol{r}_2(u)=[1\quad u\quad u^2\quad u^3]\frac{1}{3!}\begin{bmatrix}1 & 4 & 1 & 0\\ -3 & 0 & 3 & 0\\ 3 & -6 & 3 & 0\\ -1 & 3 & -3 & 1\end{bmatrix}\begin{bmatrix}\boldsymbol{V}_2\\ \boldsymbol{V}_3\\ \boldsymbol{V}_4\\ \boldsymbol{V}_5\end{bmatrix}\quad 0\leqslant u\leqslant 1$$

(4) 第四到第 $n-6$ 段曲线为

$$\boldsymbol{r}_i(u)=[1\quad u\quad u^2\quad u^3]\frac{1}{6}\begin{bmatrix}1 & 4 & 1 & 0\\ -3 & 0 & 3 & 0\\ 3 & -6 & 3 & 0\\ -1 & 3 & -3 & 1\end{bmatrix}\begin{bmatrix}\boldsymbol{V}_i\\ \boldsymbol{V}_{i+1}\\ \boldsymbol{V}_{i+2}\\ \boldsymbol{V}_{i+3}\end{bmatrix}\quad 0\leqslant u\leqslant 1$$

(5) 最后一段第 $n-2$ 段曲线为

$$\boldsymbol{r}_{n-3}(u)=[1\quad u\quad u^2\quad u^3]\frac{1}{6}\begin{bmatrix}1 & \frac{7}{2} & \frac{3}{2} & 0\\ -3 & -\frac{3}{2} & \frac{9}{2} & 0\\ 3 & -\frac{15}{2} & \frac{9}{2} & 0\\ -1 & \frac{11}{2} & -\frac{21}{2} & 6\end{bmatrix}\begin{bmatrix}\boldsymbol{V}_{n-3}\\ \boldsymbol{V}_{n-2}\\ \boldsymbol{V}_{n-1}\\ \boldsymbol{V}_n\end{bmatrix}\quad 0\leqslant u\leqslant 1$$

四重节点构造的三次 B 样条曲线如图 4-20 所示。

以上可以看出两端具有重节点($k+1$ 重)的三次 B 样条曲线与两端取三重顶点的三次 B 样条曲线尽管都通过首末两顶点,但后者在始末各有一段退化的直线段。

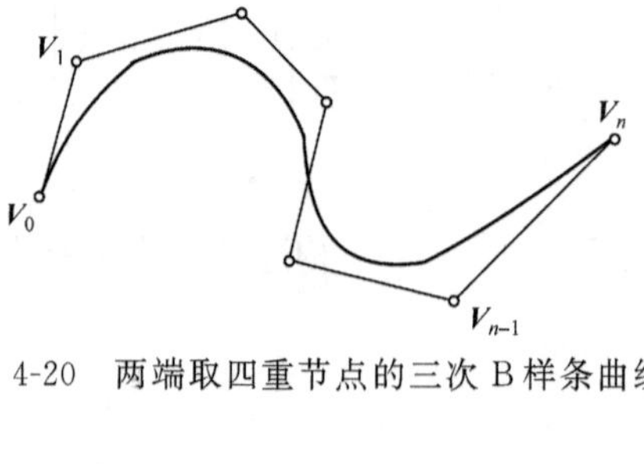

图 4-20 两端取四重节点的三次 B 样条曲线

2. 中间具有重节点的 B 样条曲线

利用基函数在节点处可微性的降低,可以使 B 样条曲线在曲线段连续处的可微性也相应降低。

例如，对于三次非均匀 B 样条曲线可以在曲率不连续处(如直线与曲线段连接点)，取节点重复度 $r=2$，使曲线连续性为 $C^{k-r}=C^1$，当曲线需要出现尖点时，取节点重复度 $r=3$，使曲线连续性为 $C^{k-r}=C^0$。当曲线需要断开时，取节点重复度 $r=4$，使曲线连续性为 $C^{k-r}=C^{-1}$，即曲线出现间断。

使用"重节点"和"重顶点"技巧可以达到相近的实际效果，但在概念上不应混淆。重顶点技巧是为了加强某些顶点对曲线形态的影响程度；而重节点技巧则用来控制 B 样条基函数以达到控制整条曲线在节点处连续性的目的。是否采用重节点技巧，这是 B 样条系统开发者所要考虑的问题。对于使用系统的设计者而言，一般只关心如何确定控制顶点。

4.4.3 准均匀 B 样条曲线的拼接

B 样条曲线拼接与贝塞尔曲线拼接类似，都需要保证拼接处的位置连续、切矢连续和曲率连续。以两条三次准均匀 B 样条曲线 C_a 和 C_b 为例，控制顶点分别为 $\boldsymbol{V}_1^a$、$\boldsymbol{V}_2^a$、$\boldsymbol{V}_3^a$、$\boldsymbol{V}_4^a$ 和 $\boldsymbol{V}_1^b$、$\boldsymbol{V}_2^b$、$\boldsymbol{V}_3^b$、$\boldsymbol{V}_4^b$。因为准均匀 B 样条曲线的端点与首末控制顶点重合，所以如果要满足位置连续，则需要满足

$$\boldsymbol{V}_1^b=\boldsymbol{V}_4^a$$

当曲线 C_a 确定时，构建曲线 C_b 的首控制顶点 $\boldsymbol{V}_1^b$ 就确定了。

因为准均匀 B 样条曲线端点处的切矢分别为 $C'_a(1)=3\cdot(\boldsymbol{V}_4^a-\boldsymbol{V}_3^a)$，$C'_b(0)=3\cdot(\boldsymbol{V}_1^b-\boldsymbol{V}_2^b)$。为满足切矢的几何连续性，则需要满足

$$3\alpha\cdot(\boldsymbol{V}_4^a-\boldsymbol{V}_3^a)=3\cdot(\boldsymbol{V}_1^b-\boldsymbol{V}_2^b)$$

当曲线 C_a 末端点的切矢确定时，曲线 C_b 的第二个控制顶点 $\boldsymbol{V}_2^b=(1-\alpha)\boldsymbol{V}_4^a+\boldsymbol{V}_3^a$。

因为准均匀 B 样条端点处的二阶导数分别为 $C''_a(1)=6\cdot[(\boldsymbol{V}_4^a-\boldsymbol{V}_3^a)-(\boldsymbol{V}_3^a-\boldsymbol{V}_2^a)]$ 和 $C''_b(0)=6\cdot[(\boldsymbol{V}_3^b-\boldsymbol{V}_2^b)-(\boldsymbol{V}_2^b-\boldsymbol{V}_1^b)]$。为满足曲率几何连续性，则需要满足

$$6\cdot[(\boldsymbol{V}_3^b-\boldsymbol{V}_2^b)-(\boldsymbol{V}_2^b-\boldsymbol{V}_1^b)]=6\cdot\alpha^2\cdot[(\boldsymbol{V}_4^a-\boldsymbol{V}_3^a)-(\boldsymbol{V}_3^a-\boldsymbol{V}_2^a)]+3\cdot2\cdot\lambda\cdot(\boldsymbol{V}_4^a-\boldsymbol{V}_3^a)$$

即

$$\boldsymbol{V}_3^b=(\alpha^2-2\alpha+\lambda+1)\boldsymbol{V}_4^a-(2\alpha^2+\lambda-2)\boldsymbol{V}_3^a+\alpha^2\boldsymbol{V}_2^a$$

综上所述，两条准均匀 B 样条曲线拼接时，已知第一条曲线的控制顶点 $\boldsymbol{V}_4^a$，通过位置连续的约束，可以确定第二条曲线的第一个控制顶点 $\boldsymbol{V}_1^b$。进一步已知控制顶点 $\boldsymbol{V}_3^a$，通过切矢几何连续约束，可以确定第二条曲线的第二个控制顶点 $\boldsymbol{V}_2^b$。还能已知控制顶点 $\boldsymbol{V}_2^a$，通过曲率连续的约束，可以确定第二条曲线的第三个控制顶点 $\boldsymbol{V}_3^b$。第二条曲线的最后一个控制顶点 $\boldsymbol{V}_4^b$ 可以自由选择，如图 4-21 所示。

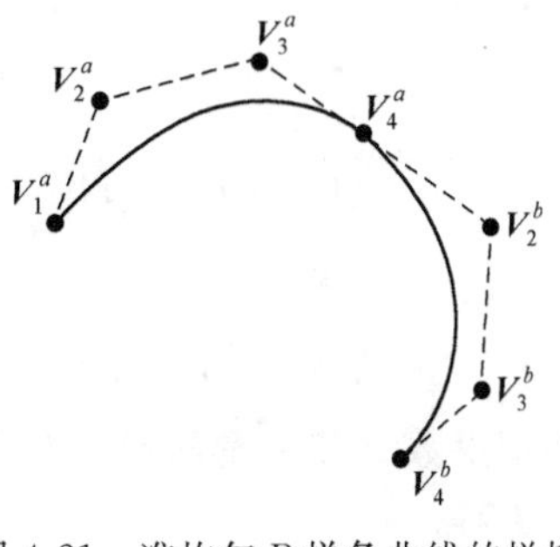

图 4-21 准均匀 B 样条曲线的拼接

在叶片自适应加工前后缘时需要重构与叶盆叶背区域光顺连接的前后缘模型。具体内容可在"前后缘加工案例"中查看。

4.5 B 样条曲面

B 样条曲面与贝塞尔曲面类似，很容易把 B 样条曲线推广到 B 样条曲面。它可看作两个参数方向 B 样条曲线的张量积。

4.5.1 双三次 B 样条曲面片

若给定空间 16 个点的位置矢量 $\boldsymbol{V}_{i,j}$（$i=0,1,2,3; j=0,1,2,3$），并将它们排成一个四阶方阵为

$$\boldsymbol{V}=\begin{bmatrix}\boldsymbol{V}_{0,0} & \boldsymbol{V}_{0,1} & \boldsymbol{V}_{0,2} & \boldsymbol{V}_{0,3}\\ \boldsymbol{V}_{1,0} & \boldsymbol{V}_{1,1} & \boldsymbol{V}_{1,2} & \boldsymbol{V}_{1,3}\\ \boldsymbol{V}_{2,0} & \boldsymbol{V}_{2,1} & \boldsymbol{V}_{2,2} & \boldsymbol{V}_{2,3}\\ \boldsymbol{V}_{3,0} & \boldsymbol{V}_{3,1} & \boldsymbol{V}_{3,2} & \boldsymbol{V}_{3,3}\end{bmatrix}$$

其中每一列看作特征多边形的控制顶点，将这些顶点沿参数方向分别连成特征多边形，构成特征网格。

取方阵中的每一列元素为特征多边形的四个顶点，可构造四条三次 B 样条曲线 $\boldsymbol{Q}_j(u)$。

$$\boldsymbol{Q}_j(u)=[N_{0,3}(u)\quad N_{1,3}(u)\quad N_{2,3}(u)\quad N_{3,3}(u)]\begin{bmatrix}\boldsymbol{V}_{0,j}\\ \boldsymbol{V}_{1,j}\\ \boldsymbol{V}_{2,j}\\ \boldsymbol{V}_{3,j}\end{bmatrix}\tag{4-19}$$

$$0\leqslant u\leqslant 1;\quad j=0,1,2,3$$

可表示为

$$[\boldsymbol{Q}_0(u)\quad \boldsymbol{Q}_1(u)\quad \boldsymbol{Q}_2(u)\quad \boldsymbol{Q}_3(u)]=[N_{0,3}(u)\quad N_{1,3}(u)\quad N_{2,3}(u)\quad N_{3,3}(u)]\boldsymbol{V}$$

对于[0,1]区间上的每一个 u 值，再把 $\boldsymbol{Q}_0(u)$、$\boldsymbol{Q}_1(u)$、$\boldsymbol{Q}_2(u)$、$\boldsymbol{Q}_3(u)$ 看成一个特征多边形的四个控制顶点，构造一条关于参数 ω 的 B 样条曲线。

$$\boldsymbol{r}(u,w)=[\boldsymbol{Q}_0(u)\quad \boldsymbol{Q}_1(u)\quad \boldsymbol{Q}_2(u)\quad \boldsymbol{Q}_3(u)]\begin{bmatrix}N_{0,3}(w)\\ N_{1,3}(w)\\ N_{2,3}(w)\\ N_{3,3}(w)\end{bmatrix}$$

代入式(4-19)，得

$$\boldsymbol{r}(u,w)=[N_{0,3}(u)\quad N_{1,3}(u)\quad N_{2,3}(u)\quad N_{3,3}(u)]\boldsymbol{V}\begin{bmatrix}N_{0,3}(w)\\ N_{1,3}(w)\\ N_{2,3}(w)\\ N_{3,3}(w)\end{bmatrix}\tag{4-20}$$

$$0\leqslant u\leqslant 1;\quad 0\leqslant w\leqslant 1;\quad j=0,1,2,3$$

如果把参数 u 和 ω 都看成相互独立地在 [0,1] 中变化，那么式(4-20)就是双三次 B 样条曲面片的方程。

式(4-20)还可以写成

$$\boldsymbol{r}(u,w)=\boldsymbol{UBVB}^{\mathrm{T}}\boldsymbol{W}^{\mathrm{T}}\tag{4-21}$$

其中

$$\boldsymbol{U}=[1\quad u\quad u^2\quad u^3],\quad \boldsymbol{W}=[1\quad w\quad w^2\quad w^3]$$

$$\boldsymbol{B}=\frac{1}{6}\begin{bmatrix}1 & 4 & 1 & 0\\ -3 & 0 & 3 & 0\\ 3 & -6 & 3 & 0\\ -1 & 3 & -3 & 1\end{bmatrix},\quad \boldsymbol{V}=\begin{bmatrix}\boldsymbol{V}_{0,0} & \boldsymbol{V}_{0,1} & \boldsymbol{V}_{0,2} & \boldsymbol{V}_{0,3}\\ \boldsymbol{V}_{1,0} & \boldsymbol{V}_{1,1} & \boldsymbol{V}_{1,2} & \boldsymbol{V}_{1,3}\\ \boldsymbol{V}_{2,0} & \boldsymbol{V}_{2,1} & \boldsymbol{V}_{2,2} & \boldsymbol{V}_{2,3}\\ \boldsymbol{V}_{3,0} & \boldsymbol{V}_{3,1} & \boldsymbol{V}_{3,2} & \boldsymbol{V}_{3,3}\end{bmatrix}$$

和式形式为

$$\boldsymbol{r}(u,w)=\sum_{i=0}^{3}\sum_{j=0}^{3}N_{i,3}(u)\cdot N_{j,3}(w)\cdot \boldsymbol{V}_{i,j} \qquad (4\text{-}22)$$

如图 4-22 所示，可以看出曲面片一般不通过控制顶点，曲面片的四个角点接近控制顶点 $\boldsymbol{V}_{1,1}$、$\boldsymbol{V}_{1,2}$、$\boldsymbol{V}_{2,1}$、$\boldsymbol{V}_{2,2}$。

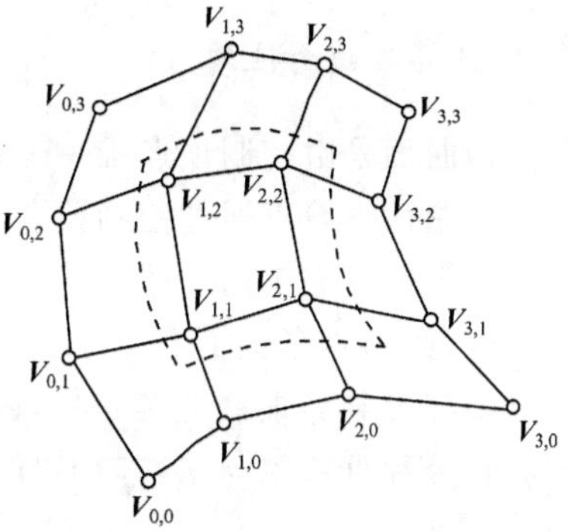

图 4-22 双三次 B 样条曲面片

4.5.2 双三次 B 样条曲面的方程

给定 $(m+1)\times(n+1)$ 个特征顶点 $\boldsymbol{V}_{i,j}$ $(i=0,1,\cdots,m;j=0,1,\cdots,n)$，排成 $(m+1)\times(n+1)$ 阶矩阵，构成一张特征网格。相应的双三次 B 样条曲面方程为

$$\begin{aligned}&\boldsymbol{r}(u,w)=[1\quad u\quad u^2\quad u^3]\boldsymbol{BVB}^{\mathrm{T}}[1\quad w\quad w^2\quad w^3]^{\mathrm{T}}\\&0\leqslant u;\quad w\leqslant 1;\quad i=0,1,\cdots,m-3;\quad j=0,1,\cdots,n-3\end{aligned} \qquad (4\text{-}23)$$

这张曲面是由 $(m-2)\times(n-2)$ 块双三次 B 样条曲面片组合而成的，并且相邻两片曲面之间自然地达到 C^2 连续。因此双三次 B 样条曲面片与片之间的拼接问题很容易就解决了。

在式(4-23)中：

(1)当 B 样条基的次数 $n=m=1$ 时，B 样条曲面片为双一次曲面片。它的边界是由顶点张成的四边形。

(2)当 $n=m=2$ 时，B 样条曲面片为双二次曲面片。如果网格向外扩展，曲面片也向外延伸，相邻的片与片之间保持 C^1 连续。

(3)当 $n=m=3$ 时，为双三次 B 样条曲面片。它是由 16 个特征网格顶点唯一确定的。

(4)当 $n=3,m=1$ 时，B 样条曲面片为 3×1 次曲面片。这种曲面的方程为

$$\boldsymbol{r}(u,w)=[1\quad u\quad u^2\quad u^3]\boldsymbol{BV}\begin{bmatrix}1 & -1\\0 & 1\end{bmatrix}\begin{bmatrix}1\\w\end{bmatrix}\quad 0\leqslant u\leqslant 1,0\leqslant w\leqslant 1$$

其中

$$\boldsymbol{V}=\begin{bmatrix}\boldsymbol{V}_{i,j} & \boldsymbol{V}_{i,j+1}\\\boldsymbol{V}_{i+1,j} & \boldsymbol{V}_{i+1,j+1}\\\boldsymbol{V}_{i+2,j} & \boldsymbol{V}_{i+2,j+1}\\\boldsymbol{V}_{i+3,j} & \boldsymbol{V}_{i+3,j+1}\end{bmatrix}$$

翼面类直母线部件常采用 3×1 次 B 样条曲面，并可获得良好的效果。

4.5.3 B 样条曲面及其性质

1. B 样条曲面

定义一张 $k\times l$ 次张量积 B 样条曲面，其方程为

$$\boldsymbol{r}(u,w)=\sum_{i=0}^{m}\sum_{j=0}^{n}N_{i,k}(u)N_{j,l}(w)\cdot\boldsymbol{V}_{i,j}\quad 0\leqslant u\leqslant 1,0\leqslant w\leqslant 1 \qquad (4\text{-}24)$$

其中，$\boldsymbol{V}_{i,j}$ $(i=0,1,\cdots,m;j=0,1,\cdots,n)$是 $(m+1)\times(n+1)$ 阵列，构成一张特征网格。$N_{i,k}(u)$、$N_{j,l}(\omega)$ 分别是定义在节点矢量 $\boldsymbol{U}=[u_0,u_1,\cdots,u_{m+k+1}]$，$\boldsymbol{W}=[\omega_0,\omega_1,\cdots,\omega_{n+l+1}]$上的 B 样条基函数。

2. B样条曲面性质

(1)曲面是由控制顶点唯一确定的。

(2)曲面一般不通过控制顶点。

(3)类似贝塞尔曲线性质向贝塞尔曲面的推广。除变差减少性外，B样条曲线的其他性质都可推广到B样条曲面。

(4)与B样条曲线分类一样，由曲面沿任一参数方向所取的节点矢量不同，可分为均匀、准均匀、分片贝塞尔与非均匀B样条曲面这四种类型。

习 题

1. 已知平面上五个顶点矢量 $\boldsymbol{V}_0(0,1)$、$\boldsymbol{V}_1(1,1)$、$\boldsymbol{V}_2(1,0)$、$\boldsymbol{V}_3(1,-1)$、$\boldsymbol{V}_4(2,-1)$，要求构造一条三次均匀B样条曲线，并做出图形。

2. 根据题1的已知条件，构造一条三次B样条曲线，以顶点 $\boldsymbol{V}_0$、$\boldsymbol{V}_4$ 分别为曲线的起点和终点，试列出该曲线方程，并做出图形。

3. 要求用B样条曲线作为插值曲线，构造一条三次均匀B样条曲线，通过下列型值点 $\boldsymbol{Q}_1(-1,1)$、$\boldsymbol{Q}_2(0,0)$、$\boldsymbol{Q}_3(1,1)$。

4. 试求由特征顶点 $\boldsymbol{V}_0=[-1,1]$、$\boldsymbol{V}_1=[1,1]$、$\boldsymbol{V}_2=[1,-1]$、$\boldsymbol{V}_3=[-1,-1]$决定的闭合的三次均匀B样条曲线，并作出图形。

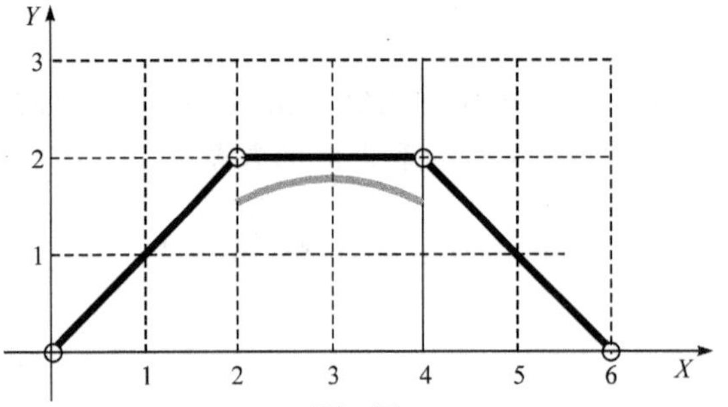

题5图

5. 已知一段三次B样条曲线如图所示，给出此段曲线的三次贝塞尔表达形式，以及Ferguson表达形式，并作出示意图。

6. B样条曲线按节点序列划分哪几种类型，它们各具有怎样的节点序列？

7. 已知特征多边形的四个顶点为 $\boldsymbol{V}_0$、$\boldsymbol{V}_1$、$\boldsymbol{V}_2$、$\boldsymbol{V}_3$，试采用重节点方法构造三次B样条曲线，使其通过特征多边形的首末两点，并与相同顶点下的贝塞尔曲线进行比较，试问说明了什么问题？

8. 已知特征网格的16个顶点位置矢量 $\boldsymbol{V}_{i,j}$，试写出双三次均匀B样条曲面方程，并求出曲面片四个角点的位置矢量和四条边界线方程。

题8表

$\boldsymbol{V}_{i,j}$ （i \ j）	0	1	2	3
0	[0,0,0]	[0,1,0]	[0,2,0]	[0,3,0]
1	[1,0,0]	[1,1,1]	[1,2,1]	[1,3,0]
2	[2,0,0]	[2,1,1]	[2,2,1]	[2,3,0]
3	[3,0,0]	[3,1,0]	[0,2,0]	[3,3,0]

第 5 章　非均匀有理 B 样条曲线与曲面

B 样条技术在自由曲线、曲面的设计和表示方面显示出了其卓越的优点，但在表示初等曲面时却遇到了麻烦。在很多应用领域，如飞机、造船、汽车等工业中，圆弧、椭圆弧、抛物线、圆柱面、圆锥面、圆环面等经常出现，这些形状都表示精确且往往要求较高的加工精度。传统的 B 样条技术只能精确地表示抛物线、抛物面，对其他的二次曲线、曲面，只能近似表示。因此，在一个造型系统内，无法用一种统一的形式表示曲面，因而使得系统的开发复杂化。非均匀有理 B 样条技术正是在这样的需求背景下逐步发展成熟起来的。

一般将非均匀有理 B 样条技术简称为 NURBS，是取其英文名称 non-uniform rational B-spline的首字母缩写。

对 NURBS 的研究起源于 20 世纪 70 年代，沃斯皮瑞(Versprille)在总结了前人研究工作的基础上，以博士论文的形式发表了第一篇有关 NURBS 的文章。随后，美国波音公司、犹他大学、结构动力研究公司等分别对 NURBS 进行了深入的理论研究和应用开发工作。1980 年，波音公司首先建议在初始图形信息交换标准(initial graphics exchange standard, IGES)中，以 NURBS 曲线、曲面作为标准；1983 年，SDRC 公司第一个将基于 NURBS 的几何造型系统——GEOMOD 系统推向市场；同年，NURBS 曲线、曲面开始成为 IGES 中的曲线、曲面定义标准。目前，越来越多的几何造型系统开始采用 NURBS 作为系统内部的主要表示形式。

NURBS 曲线曲面能够被迅速接受的主要原因如下。

(1) NURBS 技术可以精确表示规则曲线与曲面(如圆锥曲线、二次曲面、旋转曲面等)。传统的孔斯方法、贝塞尔方法、非有理 B 样条方法做不到这一点，它们往往需要进行离散化，离散后造型不便并且影响精度。

(2) 可以把规则曲面和自由曲面统一起来。因而便于用统一的算法进行处理和使用统一的数据库进行存储，程序量可明显减少。

(3) 由于增加了额外的自由度(权因子)，若应用得当，有利于曲线曲面形状的控制和修改，使设计者能更方便地实现设计意图。

(4) NURBS 技术是非有理贝塞尔和 B 样条形式的真正推广，大多数非有理形式的性质和计算技术可以容易地推广到有理形式。

本章首先直接给出 NURBS 曲线、曲面的定义，在讨论其主要性质之后，给出一些应用实例。

5.1　NURBS 曲线的定义与性质

5.1.1　曲线方程的三种等价表示

1. 有理分式表示

一条 k 次 NURBS 曲线可以表示为一分段有理多项式函数

$$\boldsymbol{r}(u)=\frac{\sum_{i=0}^{n}\omega_i\cdot\boldsymbol{V}_i\cdot N_{i,k}(u)}{\sum_{i=0}^{n}\omega_i\cdot N_{i,k}(u)}$$

这给出了 NURBS 曲线的数学定义，也是有理的由来。其中，$\omega_i(i=0,1,\cdots,n)$为依附于相应的控制多边形顶点$\boldsymbol{V}_i(i=0,1,\cdots,n)$的权因子。一般约定首末权因子$\omega_0>0,\omega_n>0$，其余$\omega_i\geqslant 0(i=0,1,\cdots,n-1)$，以防止表达式分母为零，保证曲线的凸包性质和使曲线不会因权因子的取值而退化为一点。$N_{i,k}(u)$是第 i 个 k 次规范 B 样条基函数，它定义在节点矢量$\boldsymbol{U}=\{u_0,u_1,\cdots,u_{n+k+1}\}$上。对于非周期NURBS曲线，经常将两端节点的重复度取为$k+1$，即$u_0=u_1=\cdots=u_k,u_{n+1}=u_{n+2}=\cdots=u_{n+k+1}$，以获得类似贝塞尔曲线的端点性质。在大多数实际应用中，为规范起见，两端点的值分别取为 0 与 1，因此，曲线的定义域$u\in[u_k,u_{n+1}]=[0,1]$。特殊地，当$n=k$时，这条k次 NURBS 曲线就成为k次有理贝塞尔曲线。

2. 有理基函数表示

有理分式表示的 NURBS 曲线方程可改写为如下等价形式。

$$\boldsymbol{r}(u)=\sum_{i=0}^{n}\boldsymbol{V}_i\cdot R_{i,k}(u)$$

$$R_{i,k}(u)=\frac{\omega_i\cdot N_{i,k}(u)}{\sum_{j=0}^{n}\omega_j\cdot N_{j,k}(u)}$$

其中，$R_{i,k}(u)(i=0,1,\cdots,n)$称为$k$次有理基函数。它具有$k$次规范 B 样条基函数$N_{i,k}(u)$类似的性质。

（1）局部支撑性质。$R_{i,k}(u)=0,u\notin[u_i,u_{i+k+1}]$。

（2）规范性。$\sum_i R_{i,k}(u)\equiv 1$。

（3）非负性。对于所有的i、k、u值，都有$R_{i,k}(u)\geqslant 0$。

（4）可微性。如果分母不为零，在节点区间内是无限次连续可微的，在节点处是$k-r$次连续可微的，其中r是该节点的重复度。

（5）若$\omega_i=0$，则$R_{i,k}(u)=0$。

（6）若$\omega_i\to+\infty$，则$R_{i,k}(u)=1$。

（7）若$\omega_j\to+\infty(j\neq i)$，则$R_{i,k}(u)=0$。

（8）当$\omega_i=c(i=0,1,\cdots,n,c$为常量)时，$k$次有理基函数则退化成为$k$次规范 B 样条基函数。

3. 齐次坐标表示

从四维欧几里得空间的齐次坐标(homogeneous coordinates)到三维欧几里得空间的中心投影变换为

$$H\{[X\quad Y\quad Z\quad \omega]\}=\begin{cases}[x\quad y\quad z]=\left[\dfrac{X}{\omega}\quad \dfrac{Y}{\omega}\quad \dfrac{Z}{\omega}\right] & \omega\neq 0\\ \text{在从原点通过}[X\quad Y\quad Z]\text{的直线上的无限远点} & \omega=0\end{cases}$$

这里三维空间的点[x　y　z]称为四维空间点[X　Y　Z　ω]的透视像，就是四维空间点[X　Y　Z　ω]在 $\omega=1$ 超平面上的中心投影，其投影中心是四维空间的坐标原点。因此，四维空间点[x　y　z　1]与三维空间点[x　y　z]被认为是同一点。

在 CAGD 中，描述形状的空间曲线与曲面都必须用到三维欧几里得空间。但是，由于人类思维能力的限制，无法用图形或实物模型来表达从四维空间到三维空间的投影变换关系。

为了理解这种投影变换的几何关系，可以降低一维，考察从三维到二维空间的投影变换，即

$$H\{[X \quad Y \quad \omega]\} = \begin{cases} [x \quad y] = \left[\dfrac{X}{\omega} \quad \dfrac{Y}{\omega}\right] & \omega \neq 0 \\ \text{在从原点通过}[X \quad Y] \\ \text{的直线上的无限远点} & \omega = 0 \end{cases}$$

如图 5-1 所示，以 O 为原点，X、Y、ω 表示三维空间的坐标轴。x、y 是二维空间的坐标轴，且 x 轴与 y 轴分别平行于 X 轴和 Y 轴，原点 o 位于三维空间点[X　Y　ω]=[0　0　1]处。现在投影平面上任意一点 $\boldsymbol{p}$ 决定了一条直线Op，每一条通过 O 点且不位于 XY 平面上的直线都决定了这样一点。直线Op也能由O点及该直线上的另一个任意点$\boldsymbol{P}$决定。$\boldsymbol{P}$点的坐标[X　Y　ω]就称为点的齐次坐标或称为点的带权点(weighted point)。显然，$\boldsymbol{P}$ 点沿着直线Op的位置是完全任意的，只要它不与 O 点重合即可。也就是说，如果 $\boldsymbol{P}$ 和 $\boldsymbol{Q}$ 是直线Op上的两个不同点，那么它们的坐标都是 $\boldsymbol{p}$ 点的齐次坐标，或者说 $\boldsymbol{P}$ 和 $\boldsymbol{Q}$ 在 $\omega=1$ 平面上的投影都是 $\boldsymbol{p}$ 点。当 $\boldsymbol{P}=\boldsymbol{p}$ 时，有 $\boldsymbol{P}$=[X　Y　1]，即 $\boldsymbol{p}$=[X　Y]。由于 O 点不对应于 $\omega=1$ 平面上的任一点，因此[0　0　0]不表示二维空间里的点。若不同于点 O 的 $\boldsymbol{R}$ 点在 XY 平面上，直线OR也就不会与 xy 平面相交，或者说它们相交于无限远处。因此 $\omega=0$ 的点[X　Y　0]都表示一个无限远点，它位于从二维空间原点o 通过点[X　Y]的直线上的无限远处。因此，三维空间 $\omega=0$ 的点 $\boldsymbol{R}$ 可以用二维空间具有零权因子的一个方向矢量$\boldsymbol{r}$=[X　Y]表示，以此作为 $\boldsymbol{R}$ 的“投影点”。反之，$\boldsymbol{r}$的带权点 $\boldsymbol{R}$ 就是[X　Y　0]。

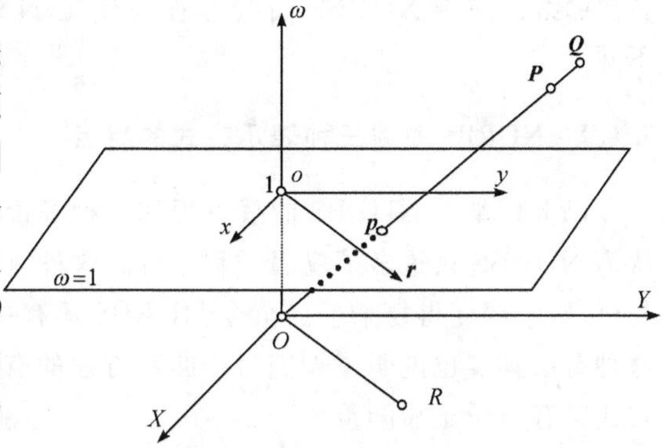

图 5-1　齐次空间投影

了解上述点之间的投影过程后，可以构造平面 NURBS 曲线的几何模型。在 $XY\omega$ 坐标系里的每个点[X　Y　ω]投影到 xy 平面上就有

$$H\{[X \quad Y \quad \omega]\} = \begin{cases} [X/\omega \quad Y/\omega] & \omega \neq 0 \\ \text{方向}[X \quad Y] & \omega = 0 \end{cases}$$

如果给定一组控制顶点 $\boldsymbol{V}_i=[x_i \quad y_i]$$(i=0,1,\cdots,n)$以及相联系的权因子 $\omega_i$$(i=0,1,\cdots,n)$，那么，就可以按照如下步骤定义 k 次 NURBS 曲线。

(1)确定所给控制顶点 $\boldsymbol{V}_i=[x_i \quad y_i]$$(i=0,1,\cdots,n)$的带权控制点

$$\boldsymbol{V}_i^\omega=[\omega_i\boldsymbol{V}_i \quad \omega_i]=[\omega_i x_i \quad \omega_i y_i \quad \omega_i] \quad i=0,1,\cdots,n$$

(2)用带权控制点 $\boldsymbol{V}_i^\omega$$(i=0,1,\cdots,n)$定义一条三维的 k 次非有理 B 样条曲线

$$\boldsymbol{R}(u) = \sum_{i=0}^{n} \boldsymbol{V}_i^\omega \cdot N_{i,k}(u)$$

(3)将它投影到 $\omega=1$ 平面上，所得透视像就是 xy 平面上的一条 k 次 NURBS 曲线

$$\boldsymbol{r}(u)=H\{\boldsymbol{R}(u)\}=\frac{\sum_{i=0}^{n}\omega_i\cdot\boldsymbol{V}_i\cdot N_{i,k}(u)}{\sum_{i=0}^{n}\omega_i\cdot N_{i,k}(u)}$$

三维空间的 NURBS 曲线可以类似地定义。即对于给定的一组控制顶点

$$\boldsymbol{V}_i=[x_i\quad y_i\quad z_i]\quad i=0,1,\cdots,n$$

以及相联系的权因子 $\omega_i(i=0,1,\cdots,n)$，则有相应的带权控制点

$$\boldsymbol{V}_i^{\omega}=[\omega_i\boldsymbol{V}_i\quad \omega_i]=[\omega_i x_i\quad \omega_i y_i\quad \omega_i z_i\quad \omega_i]\quad i=0,1,\cdots,n$$

其定义了一条四维空间中的 k 次非有理 B 样条曲线 $\boldsymbol{R}(u)$，然后，取它在第四坐标 $\omega=1$ 的那个超平面上的中心投影，即得三维空间里定义的一条 k 次 NURBS 曲线 $\boldsymbol{r}(u)$。$\boldsymbol{R}(u)$称为 $\boldsymbol{r}(u)$的齐次曲线。三维 NURBS 曲线方程与二维 NURBS 曲线方程是一致的，只是其中矢量维数不同。

5.1.2 NURBS 曲线三种表示方式的特点

以上列举了 NURBS 曲线方程的三种等价表示。与非有理 B 样条曲线比较，不能简单地认为 NURBS 只是多了权因子和分母。这种过于简单的看法是不全面的，正因为多了权因子与分母，问题变得复杂了。至今 NURBS 还有一些理论与实际问题没有得到完全解决。另外，这种看法其实也说明了人们对于曲线方程的有理分式的表示关注过多，对于另外两种等价形式还没有给予足够的重视。

三种表示形式虽然是等价的，却具有不同的作用。有理分式表示说明了有理的由来。它说明 NURBS 是非有理与有理贝塞尔曲线和非有理 B 样条曲线的推广。但从中难以了解到更多的性质。在有理基函数表示形式中，可以从有理基函数的性质清楚地推断出 NURBS 曲线的性质。但这仍然不够，NURBS 最终要为工程计算服务，需要适合计算机处理的 NURBS 配套算法。NURBS 的齐次坐标表示形式说明，在高一维空间里，由控制顶点所对应的齐次坐标点或带权控制顶点所定义的非有理 B 样条曲线，在 $\omega=1$ 的超平面上的中心投影即为相应的 NURBS 曲线。这不仅包含了明确的几何意义，而且也说明，非有理 B 样条曲线的大多数算法可以推广应用于 NURBS 曲线。

5.1.3 NURBS 曲线的几何性质

如上所述，使用 NURBS 曲线的有理基形式可以更加清楚地说明 NURBS 曲线的几何性质。所以，在讨论 NURBS 曲线的性质之前，应该首先讨论有理基函数的几何性质。

(1)局部性。基函数只有在$[u_i,u_{i+k+1}]$区间非零。

(2)非负性。对于所有的 i、k、u 值，都有 $R_{i,k}(u)\geqslant 0$。

(3)可微性。$R_{i,k}(u)$在定义域内各阶导数存在。在节点处，是 $k-m$ 次连续可微，其中 m 是该节点的重复度。

(4)规范性。

$$\sum_i R_{i,k}(u)\equiv 1$$

(5)当 $\omega_i=c$(c 为常量)时，有理 B 样条基则退化成为非均匀非有理 B 样条基。

根据上述有理非均匀 B 样条基的性质,可以容易地得到 NURBS 曲线的若干重要几何性质,它们类似于非有理 B 样条曲线的几何性质。

(1)端点条件满足

$$\boldsymbol{r}(0)=\boldsymbol{V}_0,\qquad \boldsymbol{r}(1)=\boldsymbol{V}_n$$

$$\boldsymbol{r}'(0)=[k\omega_1(\boldsymbol{V}_1-\boldsymbol{V}_0)]/(\omega_0 u_{k+1})$$

$$\boldsymbol{r}'(1)=[k\omega_{n-1}(\boldsymbol{V}_n-\boldsymbol{V}_{n-1})]/[\omega_n(1-u_{n-k-1})]$$

(2)射影不变性。对于曲线的射影变换等价于对其控制顶点的射影变换。

(3)凸包性。若 $u\in[u_i,u_{i+1}]$,那么曲线 $\boldsymbol{r}(u)$是位于三维控制顶点 $\boldsymbol{V}_{i-k},\cdots,\boldsymbol{V}_i$ 的凸包之中。

(4)曲线 $\boldsymbol{r}(u)$在分段定义区间内部无限可微,在节点重复度为 m 的节点处$k-m$次可微。

(5)无内节点的有理 B 样条曲线为有理贝塞尔曲线。

5.1.4 权因子对 NURBS 曲线形状的影响

由 NURBS 曲线的定义可知,改变权因子、移动控制顶点、改变节点矢量,都将使 NURBS 曲线的形状发生变化。实践证明,采用改变节点矢量的方法修改NURBS曲线缺乏直观的几何意义,使用者很难预料修改的结果。因此,在实际应用中,往往通过调整权因子或移动控制顶点来达到修改曲线形状的目的。

移动控制顶点所产生的效果类似于非有理 B 样条曲线,这一点可以通过NURBS基的局部性、非负性、规范性,以及 NURBS 曲线的凸包性得到证明。下面主要讨论调整权因子对曲线形状的影响,如图 5-2 所示。

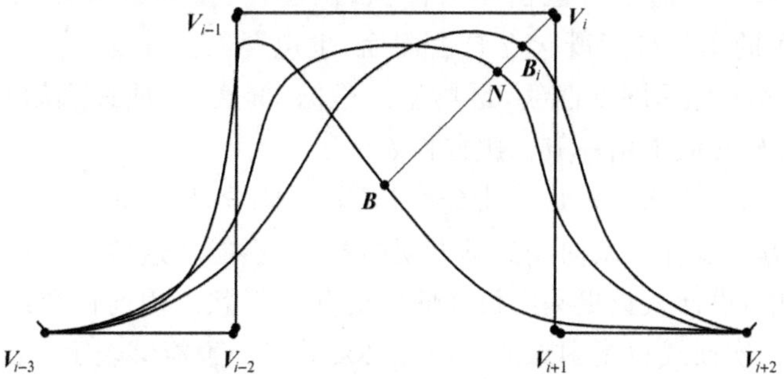

图 5-2 权因子的影响

为分析 ω_i 的几何意义,可以假设其他量均不变,只有 ω_i 变化;此外,由于 ω_i 只影响区间$[u_i,u_{i+k+1}]$内的曲线形状,可以只研究此区间内的曲线段。

设 $\boldsymbol{B}$、$\boldsymbol{N}$、$\boldsymbol{B}_i$ 分别是 $\omega_i=0,\omega_i=1,\omega_i\neq0,1$ 的对应曲线上的点,即 $\boldsymbol{B}=\boldsymbol{r}(u,\omega_i=0)$,$\boldsymbol{N}=\boldsymbol{r}(u,\omega_i=1)$,$\boldsymbol{B}_i=\boldsymbol{r}(u,\omega_i\neq0,1)$。

令

$$\alpha=R_{i,k}(u;\omega_i=1),\qquad \beta=R_{i,k}(u)$$

则有

$$\boldsymbol{N}=(1-\alpha)\cdot\boldsymbol{B}+\alpha\cdot\boldsymbol{V}_i$$

$$\boldsymbol{B}_i=(1-\beta)\cdot\boldsymbol{B}+\beta\cdot\boldsymbol{V}_i$$

且有如下恒等式成立

$$\frac{1-\alpha}{\alpha}:\frac{1-\beta}{\beta}=\frac{|\overrightarrow{\boldsymbol{V}_i\boldsymbol{N}}|}{|\overrightarrow{\boldsymbol{B}\,\boldsymbol{N}}|}:\frac{|\overrightarrow{\boldsymbol{V}_i\boldsymbol{B}_i}|}{|\overrightarrow{\boldsymbol{B}\boldsymbol{B}_i}|}=\omega_i$$

这是四个点 $\boldsymbol{V}_i$、$\boldsymbol{B}$、$\boldsymbol{N}$、$\boldsymbol{B}_i$ 的交比，或称为二重比。此时，参考以上两式可以清晰地分析 ω_i 对曲线形状的影响如下。

(1)增大(减小)ω_i，β 随之增大(减小)，导致曲线被拉向(推离)控制顶点 $\boldsymbol{V}_i$。

(2)增大(减小)ω_i，β 随之增大(减小)，导致曲线被推离(拉向)除 $\boldsymbol{V}_i$ 外的所有其他控制顶点。

(3)当 ω_i 连续变化时，$\boldsymbol{B}_i$ 点随之连续变化，且其轨迹为一直线。

(4)当 ω_i 趋于无穷大时，$\boldsymbol{B}_i$ 点趋于 $\boldsymbol{V}_i$ 点。此时，曲线将退化为一个点。

在实际应用中，当需要修改曲线形状时，往往首先移动控制顶点。在曲线形状大致确定后，再根据需要在小范围内调整权因子，使曲线从整体到局部逐步达到要求。

5.1.5 圆锥曲线的表示

如前所述，NURBS 技术是贝塞尔技术的推广。实际上，有理贝塞尔技术就可以精确地表示圆锥曲线。因此，本节首先对二次有理贝塞尔曲线进行简单介绍。之后，再进行 NURBS 圆锥曲线的更进一步的讨论。

1. 二次有理贝塞尔表示

在飞机外形设计或汽车外形设计中，经常用到许多由二次曲线与二次曲面表示的形状，例如，机身框界面外形曲线一般由多段圆弧、椭圆弧、抛物线弧等二次曲线弧组成。其他曲面零件，如汽车的车身外形既包含自由曲面，也包含二次曲面。

把二次曲线(conic)称为圆锥曲线，最典型的是圆、椭圆、双曲线和抛物线。一般来说，它们是平面曲线，在解析几何中用一般二次方程表示。

$$Ax^2+Bxy+Cy^2+Dx+Ey+F=0$$

使用上面隐式方程设计二次曲线是不方便的，因为不能从这些系数中理解明显的几何意义。而在工程设计中，设计人员更关心设计曲线的几何形状。用前面介绍的贝塞尔曲线直接精确表示出这样的二次曲线也是困难的。因此必须寻找一种能够表示二次曲线的方法。这里介绍用有理贝塞尔曲线表示二次曲线的方法。一段二次有理贝塞尔曲线的表达式为

$$\boldsymbol{r}(u)=\frac{\begin{bmatrix}1 & u & u^2\end{bmatrix}\begin{bmatrix}1 & 0 & 0\\-2 & 2 & 0\\1 & -2 & 1\end{bmatrix}\begin{bmatrix}\omega_0\boldsymbol{V}_0\\\omega_1\boldsymbol{V}_1\\\omega_2\boldsymbol{V}_2\end{bmatrix}}{\begin{bmatrix}1 & u & u^2\end{bmatrix}\begin{bmatrix}1 & 0 & 0\\-2 & 2 & 0\\1 & -2 & 1\end{bmatrix}\begin{bmatrix}\omega_0\\\omega_1\\\omega_2\end{bmatrix}}\qquad u\in[0,1]$$

可写成

$$\boldsymbol{r}(u)=\frac{\omega_0\boldsymbol{V}_0(1-u)^2+2\omega_1\boldsymbol{V}_1u(1-u)+\omega_2\boldsymbol{V}_2u^2}{\omega_0(1-u)^2+2\omega_1u(1-u)+\omega_2u^2}\tag{5-1}$$

其中，$\boldsymbol{V}_0$、$\boldsymbol{V}_1$、$\boldsymbol{V}_2$ 为特征多边形顶点；ω_0、ω_1、ω_2 为对应顶点的权因子，如图 5-3 所示。权因子的作用是给用户提供一个更灵活的调整曲线的手段。因为三个权因子中只有两个是独立的，所以不妨设 $\omega_0=\omega_2$。

由式(5-1)可推出二次有理贝塞尔曲线 $\boldsymbol{r}(u)$ 首、末点的位置矢量为

$$\boldsymbol{r}(0)=\boldsymbol{V}_0$$
$$\boldsymbol{r}(1)=\boldsymbol{V}_2$$

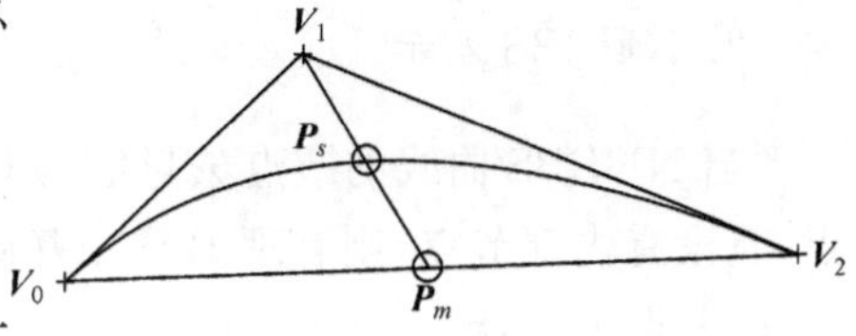

图 5-3　二次有理贝塞尔曲线

其几何意义为曲线通过特征多边形的首末顶点。进一步推出切矢为

$$\boldsymbol{r}'(0)=\frac{2\omega_1}{\omega_0}(\boldsymbol{V}_1-\boldsymbol{V}_0)$$

$$\boldsymbol{r}'(1)=\frac{2\omega_1}{\omega_2}(\boldsymbol{V}_2-\boldsymbol{V}_1)$$

其几何意义为曲线在首末点与特征多边形的两条边相切,如图 5-3 所示。

为了更方便地控制二次曲线,定义形状因子为

$$f=\frac{|\boldsymbol{P}_s\boldsymbol{P}_m|}{|\boldsymbol{V}_1\boldsymbol{P}_m|}$$

其中,$\boldsymbol{P}_m$ 为 $\boldsymbol{V}_0\boldsymbol{V}_2$ 的中点,$\boldsymbol{P}_s$ 为圆锥曲线的肩点(有理二次贝塞尔曲线上与弦线 $\boldsymbol{V}_0\boldsymbol{V}_2$ 最大距离的点),f 的值决定了二次曲线的类型。

$$\begin{cases} f<\dfrac{1}{2} & \text{椭圆} \\ f=\dfrac{1}{2} & \text{抛物线} \\ f>\dfrac{1}{2} & \text{双曲线} \end{cases}$$

要控制曲线的丰满度,可以调整形状因子 f 值的大小。如果将 f 表示成与权值的关系,则取 $\omega_0=\omega_2$,再令

$$\begin{cases} \omega_0=\omega_2=1-f \\ \omega_1=f \end{cases}$$

用形状因子 f 表示的二次贝塞尔曲线表示为

$$\boldsymbol{r}(u)=\frac{[1\quad u\quad u^2]\begin{bmatrix}1 & 0 & 0\\ -2 & 2 & 0\\ 1 & -2 & 1\end{bmatrix}\begin{bmatrix}(1-f)\boldsymbol{V}_0\\ f\boldsymbol{V}_1\\ (1-f)\boldsymbol{V}_2\end{bmatrix}}{[1\quad u\quad u^2]\begin{bmatrix}1 & 0 & 0\\ -2 & 2 & 0\\ 1 & -2 & 1\end{bmatrix}\begin{bmatrix}1-f\\ f\\ 1-f\end{bmatrix}}\qquad u\in[0,1]$$

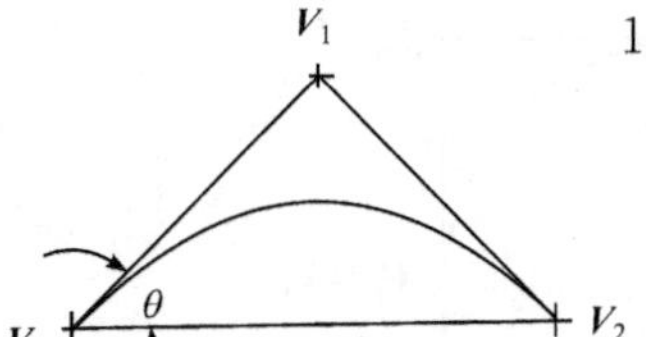

图 5-4　二次有理贝塞尔曲线表示的圆弧

如果希望用二次有理贝塞尔曲线表示一个圆弧,需要满足下列条件。

$$\boldsymbol{V}_0\boldsymbol{V}_1=\boldsymbol{V}_1\boldsymbol{V}_2$$
$$\omega_0=\omega_2=1$$
$$\omega_1=\cos\theta$$

其中,θ 为 $\boldsymbol{V}_0\boldsymbol{V}_1$ 和 $\boldsymbol{V}_0\boldsymbol{V}_2$ 的夹角,如图 5-4 所示。

2. NURBS 表示

当 NURBS 曲线的节点矢量取为 $\boldsymbol{U}=\{0,0,\cdots,0,1,1,\cdots,1\}$ 时，即两端点取为 $k+1$ 重节点，且没有内部节点，则有理 B 样条基函数与同次的贝塞尔曲线的基函数完全相同。NURBS 曲线，若取 $n=2,k=2,\boldsymbol{U}=\{0,0,0,1,1,1\}$，则二次 NURBS 曲线退化为

$$\boldsymbol{r}(u)=\frac{(1-u)^2\omega_0\boldsymbol{V}_0+2u(1-u)\omega_1\boldsymbol{V}_1+u^2\omega_2\boldsymbol{V}_2}{(1-u)^2\omega_0+2u(1-u)\omega_1+u^2\omega_2} \tag{5-2}$$

已经证明，式(5-2)是圆锥曲线的方程，其中比率 $\omega_1^2/(\omega_0\omega_2)=\text{CSF}$ 对于某一确定的圆锥曲线段为一常数，一般称此常数为圆锥曲线形状因子，此因子确定了圆锥曲线的类型。

当 CSF<1 时，式(5-2)表示椭圆；当 CSF=1 时，式(5-2)表示抛物线；当 CSF>1 时，式(5-2)表示双曲线。

圆是椭圆的特例，所以，式(5-2)表示一个小于 180°圆弧段所必须满足的条件如下。

(1)$\triangle\boldsymbol{V}_0\boldsymbol{V}_1\boldsymbol{V}_2$ 是等腰三角形，其中$\boldsymbol{V}_0\boldsymbol{V}_1$与$\boldsymbol{V}_1\boldsymbol{V}_2$是等腰三角形的两个腰。

(2)若取 $\omega_0=\omega_2=1$，则必须 $\omega_1=\dfrac{|\boldsymbol{V}_0-\boldsymbol{V}_2|}{2|\boldsymbol{V}_1-\boldsymbol{V}_0|}$，即 ω_1 是$\angle\boldsymbol{V}_1\boldsymbol{V}_0\boldsymbol{V}_2$ 的余弦值。

大于 180°的圆弧可以使用多段小圆弧拼接而成。利用重节点技术，使多段圆弧拼接起来。

重节点的一种方法是使用二重节点，在有 i 段圆弧时，其内部节点值可取为$1/i,\cdots,(i-1)/i$。权因子的取法不变。

以 180°的圆弧为例，可以使用两段 90°圆弧拼接。节点矢量可以取为

$$\boldsymbol{U}=\left\{0,0,0,\frac{1}{2},\frac{1}{2},1,1,1\right\}$$

权因子可以取为

$$\omega_1=\omega_3=\cos45^\circ=\frac{\sqrt{2}}{2},\quad \omega_0=\omega_2=\omega_4=1$$

曲线图形及其控制多边形，如图5-5所示。

图 5-6 是用四段圆弧组成一个整圆的例子。此时，节点矢量应为

$$\boldsymbol{U}=\left\{0,0,0,\frac{1}{4},\frac{1}{4},\frac{2}{4},\frac{2}{4},\frac{3}{4},\frac{3}{4},1,1,1\right\}$$

权因子取为

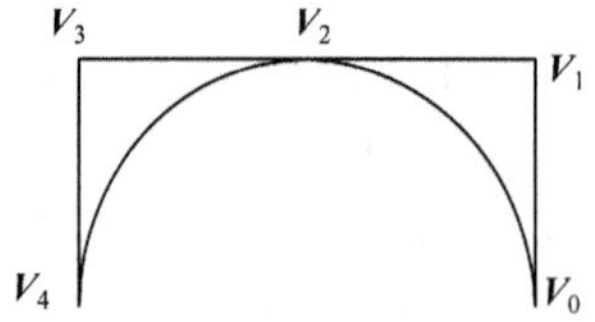

图 5-5 NURBS 生成半圆

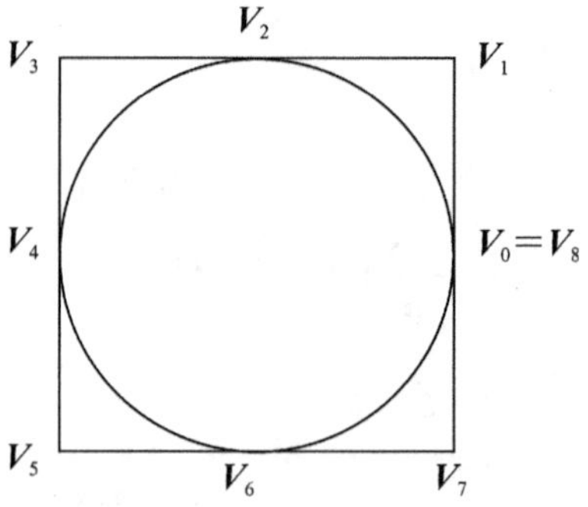

图 5-6 NURBS 生成整圆

$$\left\{1,\frac{\sqrt{2}}{2},1,\frac{\sqrt{2}}{2},1,\frac{\sqrt{2}}{2},1,\frac{\sqrt{2}}{2},1\right\}$$

注意在此例子中，控制顶点也出现了重复，即 $\boldsymbol{V}_0=\boldsymbol{V}_8$。读者可以自行思考节点矢量重复和控制顶点重复分别对曲线产生的影响。

从图 5-6 中可以明显看出曲线在二重节点处达到 C^1 连续，很容易验证，上述曲线在齐次空间中，二重节点处只能达到 C^0 连续。

5.2 NURBS 曲面的定义与性质

5.2.1 NURBS 曲面方程的三种表示方法

类似于 NURBS 曲线，NURBS 曲面也可以写成三种等价的表示形式。

1. 有理分式表示

$$\boldsymbol{r}(u,w)=\frac{\sum_{i=0}^{n_u}\sum_{j=0}^{n_w}\boldsymbol{V}_{i,j}\cdot\omega_{i,j}\cdot N_{i,k_u}(u)\cdot N_{j,k_w}(w)}{\sum_{i=0}^{n_u}\sum_{j=0}^{n_w}\omega_{i,j}\cdot N_{i,k_u}(u)\cdot N_{j,k_w}(w)}$$

其中，$\boldsymbol{V}_{i,j}$ 和 $\omega_{i,j}(i=0,\cdots,n_u;j=0,\cdots,n_w)$分别为呈拓扑矩形阵列的控制网格顶点和相应的权因子，u、w 方向上的节点矢量分别为 $\boldsymbol{U}=\{u_0,\cdots,u_{n_u+k_u+1}\}$，$\boldsymbol{W}=\{w_0,\cdots,w_{n_w+k_w+1}\}$。$N_{i,k_u}(u)$定义为在节点矢量 $\boldsymbol{U}$ 上的第 i 个 k_u 次 B 样条基函数，$N_{j,k_w}(w)$为定义在节点矢量 $\boldsymbol{W}$ 上的第 j 个 k_w 次 B 样条基函数。一般约定四角顶点用正的权因子，即 $\omega_{0,0}$、$\omega_{n_u,0}$、ω_{0,n_w}、$\omega_{n_u,n_w}>0$，其余 $\omega_{i,j}\geqslant 0$。

虽然 NURBS 曲面由推广张量积曲面形式得到，然而，一般来说，NURBS 曲面并不是张量积曲面，这可以从以下有理基函数表达形式看出。

2. 有理基函数表示

$$\boldsymbol{r}(u,w)=\sum_{i=0}^{n_u}\sum_{j=0}^{n_w}\boldsymbol{V}_{i,j}\cdot R_{i,k_u,j,k_w}(u,w)$$

其中，$R_{i,k_u,j,k_w}(u,w)$是双变量有理基函数

$$R_{i,k_u,j,k_w}(u,w)=\frac{\omega_{i,j}\cdot N_{i,k_u}(u)\cdot N_{j,k_w}(w)}{\sum_{i=0}^{n_u}\sum_{j=0}^{n_w}\omega_{i,j}\cdot N_{i,k_u}(u)\cdot N_{j,k_w}(w)}$$

从上式可以明显看出，双变量有理基函数不是两个单变量函数的乘积，所以，一般来说，NURBS 曲面不是张量积曲面。

3. 齐次坐标表示

$$\boldsymbol{r}(u,w)=H\{\boldsymbol{R}(u,w)\}=H\left\{\sum_{i=0}^{n_u}\sum_{j=0}^{n_w}\boldsymbol{V}_{i,j}^{\omega}\cdot N_{i,k_u}(u)\cdot N_{j,k_w}(w)\right\}$$

其中，$\boldsymbol{V}_{i,j}^{\omega}=[\omega_{i,j}\boldsymbol{V}_{i,j},\omega_{i,j}]$称为控制顶点 $\boldsymbol{V}_{i,j}$ 的带权控制顶点或齐次坐标。可见，带权控制顶点在高一维空间里定义了一张量积的非有理 B 样条曲面 $\boldsymbol{R}(u,w)$。$H\{\quad\}$表示中心投影变换，投影中心取

为齐次坐标的原点。$\boldsymbol{R}(u,w)$在$\omega=1$超平面的投影$H\{\boldsymbol{R}(u,w)\}$就定义了一张NURBS曲面。

由上述等价方程表示的NURBS曲面，通常在确定两个节点矢量$\boldsymbol{U}$与$\boldsymbol{W}$时，约定其定义域取在单位正方形区域$0\leqslant\boldsymbol{U},\boldsymbol{W}\leqslant1$中。该定义域被其内节点线划分成$(n_u-k_u+1)(n_w-k_w+1)$个子矩形。NURBS曲面是一种特殊形式的分片有理参数多项式曲面，其中每一片子曲面定义在单位正方形参数域中某一个具有非零面积的子矩形域上。

5.2.2 NURBS曲面的性质

双变量有理基函数$R_{i,k_u,j,k_w}(u,w)$具有与非有理B样条基函数$N_{i,k_u}(u)\cdot N_{j,k_w}(w)$相类似的函数图形与性质。

(1)局部性。

$$R_{i,k_u,j,k_w}(u,w)=0 \qquad u\notin[u_i,u_{i+k_u+1}]\text{或}\ w\notin[w_j,w_{j+k_w+1}]$$

(2)规范性。

$$\sum_{i=0}^{n_u}\sum_{j=0}^{n_w}R_{i,k_u,j,k_w}(u,w)\equiv1$$

(3)可微性。在每个子矩形域内所有偏导数存在，在重复度为r的节点处沿u向是k_u-r次可微的，在重复度为r的节点处沿w向是k_w-r次可微的。

(4)双变量B样条基函数的推广，即当所有$\omega_{i,j}=1$，$R_{i,k_u,j,k_w(u,w)}=N_{i,k_u}(u)\cdot N_{j,k_w}(w)$。

有理B样条曲面具有与非有理B样条曲面相类似的几何性质。也可以说，NURBS曲线的大多数性质都可以直接推广到NURBS曲面。

(1)局部性质是NURBS曲线局部性质的推广。

(2)与非有理B样条一样的凸包性质。

(3)仿射与透视变换下的不变性。

(4)沿u向在重复度为r的节点处是参数C^{k_u-r}连续的，沿w向在重复度为r的节点处是参数C^{k_w-r}连续的。

(5)NURBS曲面是非有理与有理贝塞尔曲面及非有理B样条曲面的合适推广。它们都是NURBS曲面的特例。NURBS曲面不具有变差减少性质。

类似于曲线情况，权因子是附加的形状参数。它们对曲面的局部推拉作用可以精确地定量确定。

NURBS曲面中，每个节点矢量的两端节点通常都取成重节点，重复度等于该方向参数次数加1。这样可以使NURBS曲面的四个角点恰恰就是控制网格的四角顶点，曲面在角点处的单向偏导矢恰好就是边界曲线在端点处偏导矢。

由NURBS曲面的方程可知，欲给出一张曲面的NURBS表示，需要确定的定义数据包括：控制顶点及其权因子$\boldsymbol{V}_{i,j}$和$\omega_{i,j}(i=0,\cdots,n_u;j=0,\cdots,n_w)$，$u$参数的次数$k_u$，$w$参数的次数$k_w$，$u$向节点矢量$\boldsymbol{U}$与$w$向节点矢量$\boldsymbol{W}$。次数$k_u$与$k_w$也分别隐含于节点矢量$\boldsymbol{U}$与$\boldsymbol{W}$中。

5.2.3 曲面权因子的几何意义

类似于NURBS曲线权因子的作用，在NURBS曲面中，权因子$\omega_{i,j}$的改变至多影响子矩形域$u_i<u<u_{i+k_u+1}$、$w_j<w<w_{j+k_w+1}$上的那部分曲面，因此就只须考查该部分。曲面权因子的意义如图5-7所示。固定两参数值$u\in(u_i,u_{i+k_u+1})$、$w\in(w_j,w_{j+k_w+1})$，当依次取$\omega_{i,j}$为0、1

和其他不同值时，分别得到如下点。

$$\boldsymbol{m}=\boldsymbol{r}(u,w,\omega_{i,j}=0)$$

$$\boldsymbol{n}=\boldsymbol{r}(u,w,\omega_{i,j}=1)$$

$$\boldsymbol{p}=\boldsymbol{r}(u,w,\omega_{i,j}\neq 0,1)$$

则 $\boldsymbol{n}$ 和 $\boldsymbol{p}$ 可由 $\boldsymbol{m}$ 与 $\boldsymbol{V}_{i,j}$ 的线性组合表示，即

$$\boldsymbol{n}=(1-\alpha)\boldsymbol{m}+\alpha\boldsymbol{V}_{i,j}$$

$$\boldsymbol{p}=(1-\beta)\boldsymbol{m}+\beta\boldsymbol{V}_{i,j}$$

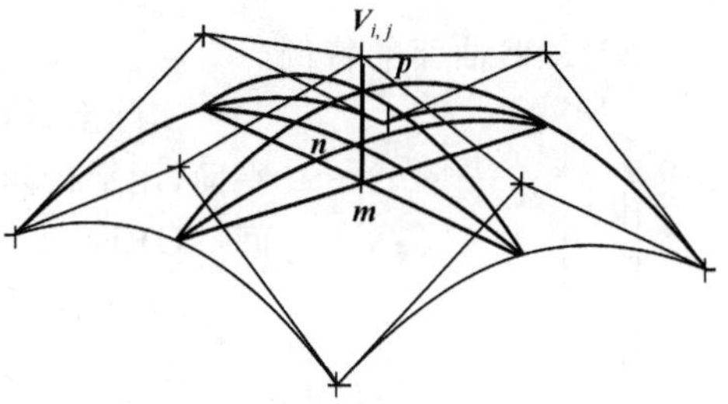

图 5-7　曲面权因子的意义

其中

$$\alpha=\frac{N_{i,k_u}(u)\cdot N_{j,k_w}(w)}{\sum\limits_{i\neq r=0}^{n_u}\sum\limits_{j\neq s=0}^{n_w}\omega_{r,s}\cdot N_{r,k_u}(u)\cdot N_{s,k_w}(w)+N_{i,k_u}(u)\cdot N_{j,k_w}(w)}$$

$$\beta=\frac{\omega_{i,j}N_{i,k_u}(u)\cdot N_{j,k_w}(w)}{\sum\limits_{r=0}^{n_u}\sum\limits_{s=0}^{n_w}\omega_{r,s}\cdot N_{r,k_u}(u)\cdot N_{s,k_w}(w)}$$

类似于 NURBS 曲线，也存在如下关系式

$$\frac{1-\alpha}{\alpha}:\frac{1-\beta}{\beta}=\frac{|\overrightarrow{\boldsymbol{V}_{i,j}\boldsymbol{n}}|}{|\overrightarrow{\boldsymbol{mn}}|}:\frac{|\overrightarrow{\boldsymbol{V}_{i,j}\boldsymbol{p}}|}{|\overrightarrow{\boldsymbol{pm}}|}=\omega_{i,j}$$

这表明权因子 $\omega_{i,j}$ 等于 $\boldsymbol{V}_{i,j}$、$\boldsymbol{n}$、$\boldsymbol{p}$、$\boldsymbol{m}$ 四个共线点的交比。且可以推断出：

(1)当 $\omega_{i,j}$ 增大时，曲面被拉向控制顶点 $\boldsymbol{V}_{i,j}$，反之则被推离 $\boldsymbol{V}_{i,j}$。

(2)当 $\omega_{i,j}$ 变化时，相应得到沿直线 $\boldsymbol{V}_{i,j}\boldsymbol{m}$ 移动的点 $\boldsymbol{p}$。

(3)当 $\omega_{i,j}$ 趋于无穷大时，$\boldsymbol{p}$ 点趋向于与控制顶点 $\boldsymbol{V}_{i,j}$ 重合。

5.2.4　常用曲面的 NURBS 表示

1. 一般柱面

一般柱面的生成可以先构造一条准线，使该准线沿一由单位矢量 $\boldsymbol{e}$ 表示的方向移动一给定距离 s 得到。设该准线为 k_u 次 NURBS 曲线，其方程用有理基函数表示为

$$\boldsymbol{r}(u)=\sum_{i=0}^{n_u}\boldsymbol{V}_{i,0}\cdot R_{i,k_u}(u)$$

其中，$\boldsymbol{V}_{i,0}$ 为该准线的控制顶点；$\omega_{i,0}$ 为相应的权因子；$R_{i,k_u}(u)$ 为定义在节点矢量上 $\boldsymbol{U}$ 的 k_u 次有理基函数。则所生成的一般柱面可以表示为

$$\boldsymbol{r}(u,w)=\sum_{i=0}^{n_u}\sum_{j=0}^{1}\boldsymbol{V}_{i,j}\cdot R_{i,k_u,j,1}(u,w)$$

其中，$\boldsymbol{V}_{i,1}=\boldsymbol{V}_{i,0}+s\boldsymbol{e}$；$\omega_{i,1}=\omega_{i,0}(i=0,1,\cdots,n_u)$；$R_{i,k_u,j,1}(u,w)$ 是由节点矢量 $\boldsymbol{U}$ 与 $\boldsymbol{W}$ 决定的有理基函数。节点矢量 $\boldsymbol{W}$ 取为[0,0,1,1]。

2. 平面、圆柱面与圆锥面

1)平面

任意一个平面四边形围成一平面片。平面片可以表示为一双线性 NURBS 曲面，其控制顶点为平面片的四个角点 $\boldsymbol{V}_{0,0}$、$\boldsymbol{V}_{1,0}$、$\boldsymbol{V}_{0,1}$、$\boldsymbol{V}_{1,1}$。相应的权因子都取为 1 即 $\omega_{0,0}=\omega_{1,0}=\omega_{0,1}=\omega_{1,1}=1$。两个节点矢量 $\boldsymbol{U}=\boldsymbol{W}=[0,0,1,1]$。因此，它实际上是非有理双一次贝塞尔曲面

片，是 NURBS 曲面的特例。

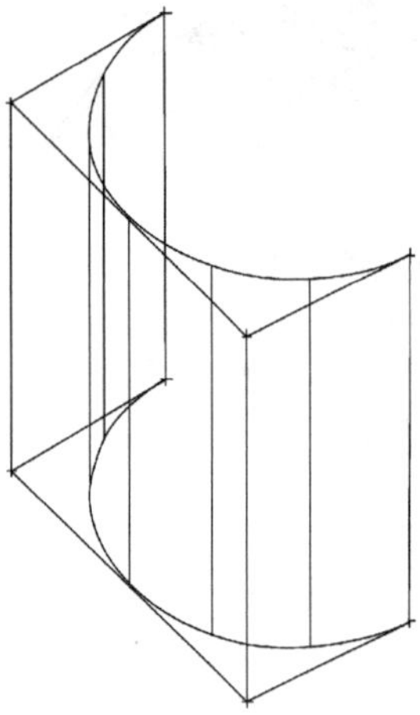

图 5-8　NURBS 圆柱面片

实际上，给定空间不共线的三点 $\boldsymbol{V}_{0,0}$、$\boldsymbol{V}_{1,0}$、$\boldsymbol{V}_{0,1}$，就决定了一个平面，用平行四边形关系就可以确定第四个点，从而确定了一个空间 NURBS 平面。

2）圆柱面

圆柱面可以由一段或整个圆弧沿某一轴线方向移动一个距离 s 得到。

先确定给定圆弧或整圆的二次 NURBS 表示，然后确定圆弧或整圆所在平面的单位法矢，以圆弧或整圆为准线，然后按照一般柱面的生成过程来构造圆柱面，如图 5-8所示。

3）圆锥面

在一般柱面中，由控制顶点 $\boldsymbol{V}_{i,0}$ 及其权因子 $\omega_{i,0}$ 定义一条原始准线。而由控制顶点 $\boldsymbol{V}_{i,1}$ 及其权因子 $\omega_{i,1}$ 定义另外一条准线。后者由前者平移得到。使圆柱面的原始准线与圆锥面的底圆相等，又令圆柱面与圆锥面等高。将定义圆柱面另一准线圆的所有控制顶点缩到所在圆心一点，权因子不变，两个节点矢量都不变，就定义了 NURBS 圆锥面。圆锥面的锥顶点实际上是一条退化边界，在锥顶处不存在公共的切平面。

5.2.5　NURBS 曲面的形状修改

NURBS 曲面的交互形状修改技术是 NURBS 曲线修改方法的推广。在 NURBS 曲面构造完成后，由于参数化引起的问题以及曲面光顺等问题依然存在，所以生成的曲面形状难以接受。因此，形状修改是必要的。

修改曲面的方式有两种，一种是修改生成曲面的原始信息，如型值点等。这种方法比较直观，也容易被工程人员接受。但当曲面形状复杂或尺寸很大，定义曲面的数据很多时，这个修改过程将会比较耗时。而且每一个微小的局部变化后，都必须将整张曲面重新进行计算，不具备局部修改性质，因此这种方式不常用。

另外一种是，可以直接修改曲面的定义信息，如控制顶点与权因子。这种方法不考虑曲面是如何生成的，而直接把对曲面定义信息的修改作为交互形状修改过程的输入信息。这种方法主要是为了满足如下工程实际的要求。

(1)为几何形状设计提供更大的灵活性。

(2)提供一套在设计过程任何阶段都有效的工具。

(3)保持参数连续性。

(4)工作方式可靠、快速、准确。

(5)为实时交互应用提供即时的系统响应。

由定义曲面的有理基函数的性质可以得知，改变某一个控制顶点的位置或改变某一个权因子的值将只会影响曲面的某一个局部范围的形状。

*5.3　NURBS 曲线曲面的配套技术

5.3.1　NURBS 曲线曲面求值、求导

在 CAD 数据处理中，曲线、曲面上点的求值、求导算法占据着非常重要的地位。算法的稳定

性与效率直接影响系统的性能。稳定性是基本要求，大部分算法都较稳定，但效率却不大相同。在某些应用中，如曲面离散显示、曲面片求交运算、曲面质量评估(需大量计算一、二阶导矢)和真实感图形显示等，求值、求导运算量巨大，此时有必要认真考虑算法的效率，做出适当的选择。

由于 NURBS 曲面是 NURBS 曲线在齐次空间中张量积形式上的推广，在下面的讨论中，都以曲线为例，并认为算法可以直接推广应用到曲面求值、求导中。

1. 常用求值求导算法

对于一般 k 次非均匀 B 样条曲线，工程中常用称为 De Boor 算法的递推公式。

$$\boldsymbol{r}(u)=\sum_{j=i-k+l}^{i}\boldsymbol{V}_j^l\cdot N_{j,k-1}(u)=\cdots=\boldsymbol{V}_i^k\qquad u_i\leqslant u<u_{i+1}$$

其中

$$\boldsymbol{V}_j^l=\begin{cases}\boldsymbol{V}_j & l=0\\(1-\alpha_j^l)\cdot\boldsymbol{V}_{j-1}^{l-1}+\alpha_j^l\cdot\boldsymbol{V}_j^{l-1} & l=1,\cdots,k;j=i-k+1,\cdots,i\end{cases}$$

$$\alpha_j^l=\frac{u-u_j}{u_{j+k+1-l}-u_j}$$

求三次 B 样条曲线上点 $\boldsymbol{r}(u)(u\in[u_3,u_4])$ 的递推过程如图 5-9 所示。

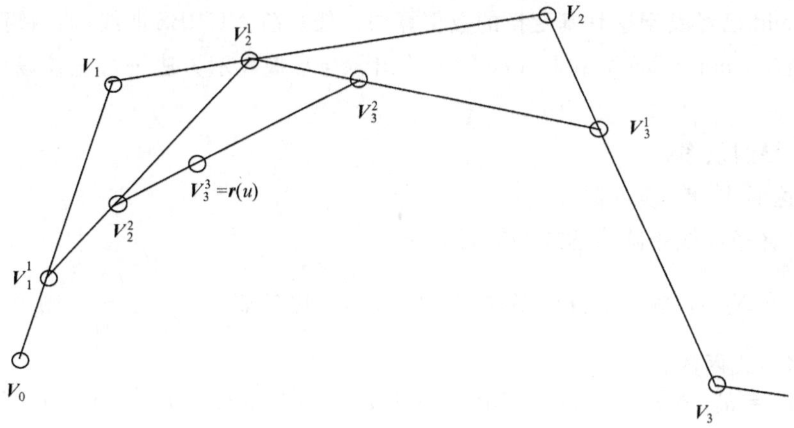

图 5-9 De Boor 算法递推过程

$\boldsymbol{r}$ 阶导数计算公式为

$$\boldsymbol{r}^{(r)}(u)=\sum_{j=i-k+r}^{i}\boldsymbol{V}_j^r\cdot N_{j,k-r}(u)\qquad u\in[u_i,u_{i+1}]$$

其中

$$\boldsymbol{V}_j^l=\begin{cases}\boldsymbol{V}_j & l=0\\(k+1-l)\cdot\dfrac{\boldsymbol{V}_j^{l-1}-\boldsymbol{V}_{j-1}^{l-1}}{u_{j+k+1-l}-u_j} & l=1,\cdots,r;j=i-k+1,\cdots,i\end{cases}$$

k 为曲线次数。

NURBS 曲线求值时，在齐次空间内计算后，投影回笛卡儿坐标系即可。

NURBS 曲线求导时，不能像求值那样简单地求出齐次空间内的导矢后投影回笛卡儿坐标系。一般采用如下方法。

因

$$r(u)=\{x(u),y(u),z(u)\}=\frac{\boldsymbol{R}(u)}{\omega(u)}$$
$$=\frac{\{\omega(u)\cdot x(u),\omega(u)\cdot y(u),\omega(u)\cdot z(u)\}}{\omega(u)}$$

上式两边求导,整理后得

$$\boldsymbol{r}'(u)=\frac{\boldsymbol{R}'(u)-\boldsymbol{r}(u)\cdot\omega'(u)}{\omega(u)}$$

其中,$\boldsymbol{r}(u)$、$\omega(u)$、$\boldsymbol{R}'(u)$、$\omega'(u)$均可在齐次坐标空间内以非有理形式使用 r 阶导数计算公式得到。同理,可以得到二阶导矢计算公式为

$$\boldsymbol{r}''(u)=\frac{\boldsymbol{R}''(u)-2\cdot\omega(u)\cdot\boldsymbol{r}'(u)-\omega''(u)\cdot\boldsymbol{r}(u)}{\omega(u)}$$

2. 高效求值、求导算法

在实际应用中,上述算法虽然较稳定,但效率不高。事实上,还有更高效、简洁的求值、求导算法。

在样条理论中,由于B样条基函数所在的多项式空间可以通过基变换转换为分段多项式表示。因此,以B样条为基础的样条曲线和曲面就一定可以转换为矩阵表示。事实上 de Boor 和 Riesenfield 已经发现这种基变换的数值算法。任意阶 NURBS 曲线、曲面矩阵表示的递推算法也已经被 Choi、W. S Y 和 C. Lee 等人给出。与常规表示方法进行比较,矩阵表示法有如下优点。

(1)求值、求导的效率高。

(2)不同表达形式间转换方便。

下面给出B样条曲线矩阵表达式的简要推导。

B样条基函数 $N_{i,k}(t)$为 k 次分段多项式。引入单位化参数 $u=\dfrac{t-t_I}{t_{I+1}-t_I}$。则 $N_{i,k}(t)$可表达为变量 u 的多项式函数。

$$N_{i,k}(u)=a_0^{i,k}+a_1^{i,k}\cdot u+a_2^{i,k}\cdot u^2+\cdots+a_{k-1}^{i,k}\cdot u^{k-1}+a_k^{i,k}\cdot u^k\qquad 0\leqslant u\leqslant 1\tag{5-3}$$

同理

$$\begin{cases}N_{i,k-1}(u)=a_0^{i,k-1}+a_1^{i,k-1}\cdot u+a_2^{i,k-1}\cdot u^2+\cdots\\ \qquad +a_{k-2}^{i,k-1}\cdot u^{k-2}+a_{k-1}^{i,k-1}\cdot u^{k-1} & 0\leqslant u\leqslant 1\\ \qquad\cdots\cdots\\ N_{i,1}(u)=a_0^{i,1}+a_1^{i,1}\cdot u & 0\leqslant u\leqslant 1\\ N_{i,0}(u)=a_0^{i,0}=\begin{cases}1 & 0\leqslant u\leqslant 1\\ 0 & \text{其他}\end{cases}\end{cases}\tag{5-4}$$

将式(5-2)代入B样条基函数的递推公式中,得到

$$N_{i,k}(u)=\begin{cases}\begin{cases}1 & 0\leqslant u<1\\ 0 & \text{其他}\end{cases} & k=0\\ \dfrac{t_I-t_i+(t_{I+1}-t_I)\cdot u}{t_{i+k}-t_i}\cdot N_{i,k-1}(u) & \\ +\dfrac{t_{i+k+1}-t_I-(t_{I+1}-t_I)\cdot u}{t_{i+k+1}-t_{i+1}}\cdot N_{i+1,k-1}(u) & k\geqslant 1\end{cases}\tag{5-5}$$

将式(5-1)和式(5-2)代入式(5-3)，得到

$$a_0^{i,k}+a_1^{i,k}\cdot u+a_2^{i,k}\cdot u^2+\cdots+a_{k-1}^{i,k}\cdot u^{k-1}+a_k^{i,k}\cdot u^k$$

$$=\begin{cases}\begin{cases}1 & 0\leqslant u<1\\ 0 & \text{其他}\end{cases} & k=0\\ \dfrac{t_I-t_i+(t_{I+1}-t_I)\cdot u}{t_{i+k}-t_i}\cdot(a_0^{i,k-1}+a_1^{i,k-1}\cdot u+\cdots+a_{k-1}^{i,k-1}\cdot u^{k-1}) & \\ +\dfrac{t_{i+k+1}-t_I-(t_{I+1}-t_I)\cdot u}{t_{i+k+1}-t_{i+1}}\cdot(a_0^{i+1,k-1}+a_1^{i+1,k-1}\cdot u+\cdots+a_{k-1}^{i+1,k-1}\cdot u^{k-1}) & k\geqslant 1\end{cases}\tag{5-6}$$

比较式(5-4)等号两边自变量 u 等幂次项的系数，得到第 i 个 k 次 B 样条基函数在区间 $[t_I,t_{I+1}]$上的幂基多项式表示为

$$N_{i,k}(u)=\sum_{j=0}^{k}a_j^{i,k}\cdot u^j,\quad u=\frac{t-t_I}{t_{I+1}-t_I}\tag{5-7}$$

其中

$$a_j^{i,k}=\begin{cases}\begin{cases}1 & 0\leqslant u<1\\ 0 & \text{其他}\end{cases} & j=0,k=0\\ \dfrac{t_I-t_i}{t_{i+k}-t_i}\cdot a_j^{i,k-1}+\dfrac{t_{i+k+1}-t_I}{t_{i+k+1}-t_{i+1}}\cdot a_j^{i+1,k-1} & j=0\\ \dfrac{t_{I+1}-t_I}{t_{i+k}-t_i}\cdot a_{j-1}^{i,k-1}-\dfrac{t_{I+1}-t_I}{t_{i+k+1}-t_{i+1}}\cdot a_{j-1}^{i+1,k-1} & j=k,k\geqslant 1\\ \dfrac{(t_I-t_i)\cdot a_j^{i,k-1}+(t_{I+1}-t_I)\cdot a_{j-1}^{i,k-1}}{t_{i+k}-t_i} & \\ +\dfrac{(t_{i+k+1}-t_I)\cdot a_j^{i+1,k-1}-(t_{I+1}-t_I)\cdot a_{j-1}^{i+1,k-1}}{t_{i+k+1}-t_{i+1}} & \text{其他}\end{cases}$$

由此，可构造出 k 次 B 样条曲线在区间$[t_I,t_{I+1}]$上的矩阵表示。

$$\begin{aligned}\boldsymbol{r}_I(u)&=\boldsymbol{u}\cdot\boldsymbol{T}_I\cdot\boldsymbol{d}_I\\ &=[1,u,u^2,\cdots,u^k]\cdot\begin{bmatrix}a_0^{I-k,k} & a_0^{I-k+1,k} & \cdots & a_0^{I,k}\\ a_1^{I-k,k} & a_1^{I-k+1,k} & \cdots & a_1^{I,k}\\ \vdots & \vdots & & \vdots\\ a_k^{I-k,k} & a_k^{I-k+1,k} & \cdots & a_k^{I,k}\end{bmatrix}\cdot\begin{bmatrix}\boldsymbol{d}_{I-k}\\ \boldsymbol{d}_{I-k+1}\\ \vdots\\ \boldsymbol{d}_I\end{bmatrix}\end{aligned}\tag{5-8}$$

$$u=\frac{t-t_I}{t_{I+1}-t_I}$$

求值时可直接应用式(5-6)。

求导时应有

$$\begin{cases}\boldsymbol{r}'(t)=\dfrac{\mathrm{d}\boldsymbol{r}}{\mathrm{d}t}=\dfrac{\mathrm{d}\boldsymbol{r}}{\mathrm{d}u}\cdot\dfrac{\mathrm{d}u}{\mathrm{d}t}=\dfrac{\boldsymbol{r}'_I(u)}{t_{I+1}-t_I}\\ \boldsymbol{r}'_I(u)=\dfrac{\mathrm{d}\boldsymbol{r}_I(u)}{\mathrm{d}u}=[0,\quad 1,\quad 2u,\quad \cdots,\quad k\cdot u^{k-1}]\cdot\boldsymbol{T}_I\cdot\boldsymbol{d}_I\end{cases}\tag{5-9}$$

使用式(5-6)，在节点矢量确定后，各段定义区间所对应的矩阵 $\boldsymbol{T}_I$ 可以预先计算。使用如下简化技巧

$$[1 \quad u \quad u^2 \quad u^3] \cdot \begin{bmatrix} a_0 \\ a_1 \\ a_2 \\ a_3 \end{bmatrix} = [(a_3 u + a_2) \cdot u + a_1] \cdot u + a_0$$

显然矩阵算法在时间效率上优于 De Boor 算法，但却要付出空间代价来存储矩阵 $\boldsymbol{T}_I$。在计算机应用中，这种以空间换时间的例子随处可见。

矩阵 $\boldsymbol{T}_I$ 定义在节点矢量 $\boldsymbol{T}=\{t_0, t_1, \cdots, t_{n+k+1}\}$ 上，且只与 $t_{I-k}, t_{I-k+1}, \cdots, t_{I+k+1}$ 等 $2k+2$ 个节点有关，而与其他节点和控制顶点无关。所以当某一节点变动时，要及时更新相应的矩阵 $\boldsymbol{T}_I$。

在所求点非常多时，如曲面求交、真实感显示等，同时可用内存空间又足够大，可采用下述方法达到更高的求值效率。

在每个节点区间 $[t_I, t_{I+1}]$ 上，预先合并矩阵 $\boldsymbol{T}_I$ 和 $\boldsymbol{d}_I$。

$$\boldsymbol{T}_{d_I} = \boldsymbol{T}_I \cdot \boldsymbol{d}_I$$

将上式代入式(5-6)，有

$$\boldsymbol{r}_I(u) = \boldsymbol{u} \cdot \boldsymbol{T}_{d_I}$$
$$u = \frac{t - t_I}{t_{I+1} - t_I} \tag{5-10}$$

应当指出，一般来讲，只有当求值点个数 n 较大时，矩阵算法才能体现其高效。对较小的 n，其高效会被预处理 $\boldsymbol{T}_I$ 或 $\boldsymbol{T}_{d_I}$ 的耗费所抵消，反而不如 De Boor 算法，另外，矩阵算法的计算精度不如 De Boor 算法。因此，在需要精确求值时，如生成数控代码时，应使用 De Boor 算法；在计算效率优先于精确度的场合，可以使用矩阵算法。

5.3.2 NURBS 曲线曲面拟合

在设计过程中，设计人员往往是指定型值点而不是控制顶点来设计曲线或曲面。通过型值点反求控制顶点和节点矢量，此过程称为拟合。拟合可分为插值和逼近。第 4 章曾经给出一个 B 样条的插值算法，本节给出一个更加通用的算法。

曲线拟合可以描述为：已知一列测量点(或型值点)$\boldsymbol{P}_i (i=0, \cdots, m)$，要求构造出一条合适的曲线 $\boldsymbol{r}_0$ 来拟合型值点列，对于插值，应有

$$\boldsymbol{r}_0(u_{p_i}) = \boldsymbol{P}_i \qquad i = 0, \cdots, m \tag{5-11}$$

其中，u_{p_i} 为型值点 $\boldsymbol{P}_i$ 对应于曲线上点的参数值。

而对于逼近问题，应有

$$\sum_i D[\boldsymbol{P}_i, \boldsymbol{r}_0(u_{p_i})] = \min_r \left\{ \sum_i D[\boldsymbol{P}_i, \boldsymbol{r}(u_{p_i})] \right\} \tag{5-12}$$

其中，D 为两点间距离函数。

从式(5-11)、式(5-12)看到，在构造目标曲线 $\boldsymbol{r}_0$ 时，有三种手段来控制曲线的生成。

(1) 控制顶点和相应权因子。

(2) 节点矢量 $\boldsymbol{U}$ 的构造。

(3) 与型值点对应的曲线上点的参数值 u_{p_i}(型值点参数化)。

不仅曲线的控制顶点 $\boldsymbol{V}_i$ 和节点矢量 $\boldsymbol{U}$ 作为构造与改变曲线形态的手段，而且型值点的参数化 u_{p_i} 也可以用来控制目标曲线的构造。

1. NURBS 曲线插值

设有 $m+1$ 个型值点 $\boldsymbol{P}_j(j=0,\cdots,m)$，要构造 k 次 NURBS 曲线，使之通过这些型值点，并且以 $\boldsymbol{P}_0$、$\boldsymbol{P}_m$ 为曲线的两端点。

一般，令节点矢量 $\boldsymbol{U}$ 在首末点处有 $k+1$ 阶重复度，即

$$\begin{cases} u_0 = u_1 = \cdots = u_{k+1} = 0.0 \\ u_n = u_{n+1} = \cdots = u_{n+k+1} = 1.0 \end{cases} \tag{5-13}$$

因为需要曲线通过型值点，一般取型值点为曲线的内部分段连接点，即有

$$u_{p_i} = u_{i+k}$$

为确定 $\boldsymbol{U}$ 的内部节点，有多种常见方法，如均匀参数化、累加弦长法等。均匀参数化适用于数据点均匀分布，只有当型值点分布较均匀时采用。而累加弦长法则是以累加弦长来模拟弦长，因而近似地反映了型值点的变化，有

$$u_{i+k} = \frac{\sum_{j=0}^{i-1} |\boldsymbol{P}_j\boldsymbol{P}_{j+1}|}{\sum_{j=0}^{m-1} |\boldsymbol{P}_j\boldsymbol{P}_{j+1}|} \qquad i = 1,\cdots,m \tag{5-14}$$

也可以使用向心参数化，有

$$u_{i+k} = \frac{\sum_{j=0}^{i-1} |\boldsymbol{P}_j\boldsymbol{P}_{j+1}|^e}{\sum_{j=0}^{m-1} |\boldsymbol{P}_j\boldsymbol{P}_{j+1}|^e} \qquad i = 1,\cdots,m;\ 0 \leqslant e \leqslant 1 \tag{5-15}$$

其中，e 常取为 0.5。

实际上，当 $e=0.0$ 时，即为均匀参数化法；$e=1.0$ 时，为累加弦长法。由插值条件得到

$$\begin{bmatrix} N_{0,k}(u_{p_0}) & \cdots & N_{k,k}(u_{p_0}) & 0 & \cdots & 0 \\ 0 & N_{1,k}(u_{p_1}) & \cdots & N_{k+1,k}(u_{p_1}) & \cdots & 0 \\ \vdots & & & & & \vdots \\ 0 & \cdots & 0 & N_{n-k,k}(u_{p_m}) & \cdots & N_{n,k}(u_{p_m}) \end{bmatrix} \cdot \begin{bmatrix} \boldsymbol{V}_0 \\ \boldsymbol{V}_1 \\ \vdots \\ \boldsymbol{V}_n \end{bmatrix} = \begin{bmatrix} \boldsymbol{P}_0 \\ \boldsymbol{P}_1 \\ \vdots \\ \boldsymbol{P}_m \end{bmatrix} \tag{5-16}$$

简记为

$$\boldsymbol{A} \cdot \boldsymbol{V} = \boldsymbol{P} \tag{5-17}$$

其中，$\boldsymbol{V}_i$ 为曲线的控制多边形顶点，且有

$$n = m + k - 1 \tag{5-18}$$

在线性系统式(5-15)中，有 $n+1$ 个未知量，$m+1$ 个约束。由式(5-16)知：当 $k>2$ 时，由于 $n+1>m+1$，此线性系统无定解，须补充约束条件。对于工程常用的三次样条($k=3$)，一般由用户给出首末点切矢。也可使用抛物线法、圆弧法或自由端点(两端点处二阶导为零，相当于力学系统中的简支梁模型)等来自动确定首末点切矢。

设首末点切矢为 $\boldsymbol{P}'_0$、$\boldsymbol{P}'_m$，则有

$$\begin{cases} \dfrac{1}{\Delta_3}(\boldsymbol{V}_1 - \boldsymbol{V}_0) = \boldsymbol{r}'(u_3) = \boldsymbol{P}'_0 \\ \dfrac{1}{\Delta_{m+2}}(\boldsymbol{V}_{m+2} - \boldsymbol{V}_{m+1}) = \boldsymbol{r}'(u_{m+2}) = \boldsymbol{P}'_m \end{cases} \tag{5-19}$$

式中，$\Delta_j = u_{i+1} - u_i$。将式(5-17)代入线性系统式(5-15)，得到

$$\begin{bmatrix} -1 & 1 & 0 & \cdots & 0 \\ & & A & & \\ 0 & \cdots & 0 & -1 & 1 \end{bmatrix} \cdot \boldsymbol{V} = \begin{bmatrix} \Delta_3 \cdot \boldsymbol{P}'_0 \\ \boldsymbol{P} \\ \Delta_{m+2} \cdot \boldsymbol{P}'_m \end{bmatrix} \tag{5-20}$$

简记为

$$\boldsymbol{A}^* \cdot \boldsymbol{V} = \boldsymbol{P}^* \tag{5-21}$$

解此线性系统，得到

$$\boldsymbol{V} = \boldsymbol{A}^{*-1} \cdot \boldsymbol{P}^* \tag{5-22}$$

至此，非有理 B 样条曲线插值已完成。

对于有理情况(NURBS)，可以把上述方法推广到齐次坐标空间中完成。因此需要为每一个型值点指定一权值 $\omega_i (i=0,\cdots,m)$。同时应用公式

$$\begin{cases} \boldsymbol{P}'^{\omega}(u) = \boldsymbol{P}'(u) \cdot \omega(u) + \boldsymbol{P}(u) \cdot \omega'(u) \\ \boldsymbol{P}(0) = \boldsymbol{P}_0, \boldsymbol{P}(1) = \boldsymbol{P}_m \\ \omega(0) = \omega_0, \omega(1) = \omega_m \end{cases} \tag{5-23}$$

其中，$\boldsymbol{P}'^{\omega}(u)$是曲线在齐次坐标系中的切矢。可以将用户给定的笛卡儿坐标系中的切矢变换为齐次坐标系中的切矢。对于有理曲线，若其齐次坐标分量 $\omega(u)$ 出现负值，会使参数曲线发散。因此要避免此情况发生。但令所有型值点的权值为非负($\omega_i > 0; i=0,\cdots,m$)并不能保证齐次坐标分量 $\omega(u) > 0$，如图 5-10 所示。

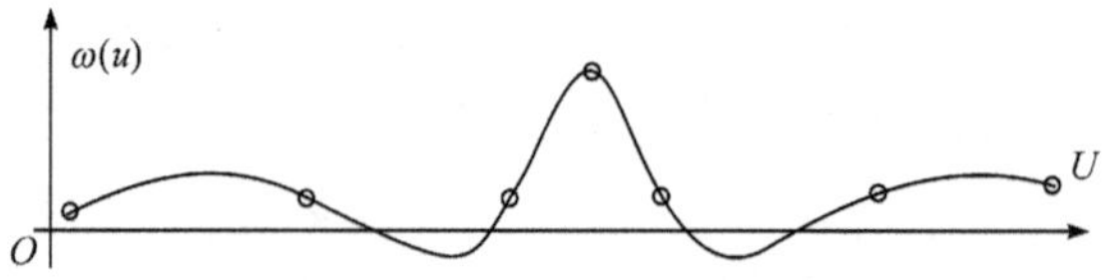

图 5-10　权因子出现负值

因此，有人提出使用二次规划避免出现负权值；有些则建议通过限制用户过分修改权因子来避免负权值。对于大部分工程应用，使用非有理 B 样条已完全能够满足要求。型值点引入权值会使问题复杂化，却没有获得太多好处。本书建议令各型值点权值都为 1。把对权值的修改保留到曲线曲面调整、光顺、拼接等过程中。

NURBS 曲面实际是 NURBS 曲线在齐次空间中张量积形式的推广。因此可模仿曲线插值构造曲面插值算法。

2. NURBS 曲线曲面拟合

在实践中，上述曲线、曲面插值算法存在一些不足之处。

首先，插值算法严格地使曲线、曲面通过型值点。型值点往往是从实物表面，通过数字化设备(三坐标测量机、激光扫描仪等)测量得到的。而实物表面会因加工或磨损等存在一些不光顺或者说“坏”的区域。而且数字化过程也会由于设备系统误差或因操作者的技术水平而引起数据失真。因此，使插值曲线、曲面严格通过型值点不仅不能保证还原被测量曲线、曲面，还可能引起插值曲线、曲面的严重不光顺。在某些应用中，光顺性是一个非常重要的指标，如船体、车体外形，翼型，航空发动机叶片外轮廓等。这要靠后续的曲线、曲面光顺手段来调整。当然，要以牺牲精度为代价。

其次，复杂的形状数据要被分块，然后拟合。在工程实践中，往往要求分片的曲面片间达到一阶或二阶几何连续，但现有成熟的曲面拼接算法都要求两拼接曲面的结构满足一定条件，即在拼接方向上次数相同、节点矢量一致、控制顶点个数相等。而在插值算法中，插值曲面的结构完全由型值点个数及分布情况决定，从而造成两拼接曲面往往不能满足上述拼接结构条件。

传统的解决方案是使用 NURBS 节点插入技术和升阶技术，使两曲面在拼接方向上达到：

(1)次数相同。

(2)节点矢量扩充到两拼接曲面在拼接方向上节点矢量的并集。

(3)相应的控制顶点网格也被扩充。

然后进行拼接操作。事实上，在实用中，若按以上方案进行拼接操作，就会发现拼接处曲面极其不光顺。并且，由于插入节点，曲面数据量变大。在最坏的情况下，即两拼接曲面在拼接方向上的节点矢量完全不一致。拼接后，两曲面的数据量均扩大近一倍，如图 5-11(a)、(b)所示。

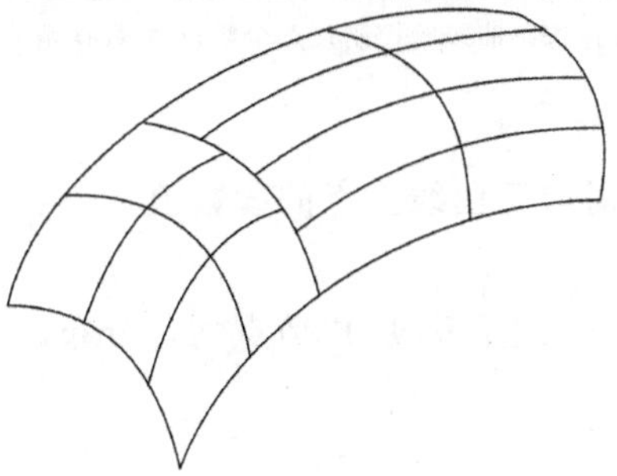

(a) 拼接前

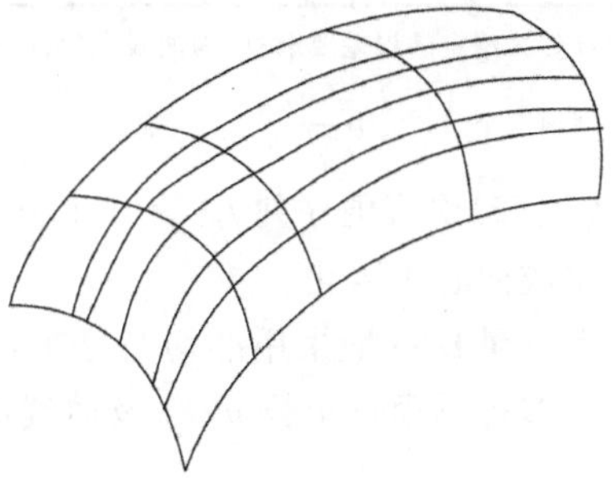

(b) 拼接后

图 5-11 拼接后数据膨胀

显然数据量的增加加大了系统的数据处理量。更为严重的是，实物表面往往由多片曲面拼接而成，如果有八片曲面拼接，在最坏的情况下，数据量会膨胀近 $2^{8-1}=128$ 倍，这是难以接受的，丧失了实用意义。

随着 NURBS 技术从理论研究逐步进入商业化的 CAD 系统，上述问题也引起了越来越多研究者的兴趣。有人注意到，数据膨胀也存在于用蒙皮方法构造 NURBS 曲面的过程中。由于用来构造 NURBS 曲面的截面线结构不一致，构造曲面前必须使用曲线兼容算法(使用升阶和节点插入，使所有的截面线结构一致)。但这导致数据量膨胀到不可接受的程度。为解决此问题，可以使用削减数据算法(使用节点消除算法，在给定的误差范围内尽可能地消除一些节点)，从而减少数据量，保持数据的简洁。实验数据(表 5-1)表明，数据压缩率与指定的误差范围成正比。若要获得较大的压缩率，必须扩大误差范围。

对于型值点的逼近可以较好地解决上述问题。

曲线逼近定义为，给定有序型值点序列 $\boldsymbol{P}_i(i=0,\cdots,m)$，要求构造一 B 样条曲线

$$\boldsymbol{r}(u)=\sum_{i=0}^{n}\boldsymbol{V}_i\cdot N_{i,k}(u) \tag{5-24}$$

其中，$\boldsymbol{V}_i(i=0,\cdots,n)$为控制多边形顶点；$N_{i,k}(u)$为定义在节点矢量 $\boldsymbol{U}=\{u_0,u_1,\cdots,u_{n+k+1}\}$上的第 i 个 k 次 B 样条基函数。使得对于实值序列 $t_i(i=0,1,\cdots,m)$有误差量

$$e(\boldsymbol{r},t)=\sum_{i=0}^{m}\left|\boldsymbol{P}_i-\boldsymbol{r}(t_i)\right| \tag{5-25}$$

达到最小。

表 5-1 实验数据

	EC	10^{-1}	10^{-2}	10^{-3}	10^{-4}	10^{-5}	10^{-6}	10^{-7}	10^{-8}	10^{-9}	10^{-10}
$K=10$ $n'=189$	$n=$	9	22	46	87	145	184	189	189	189	189
	%	95.2	88.3	75.6	53.9	23.3	2.6	0.0	0.0	0.0	0.0
$K=20$ $n'=374$	$n=$	10	24	54	113	214	316	359	371	373	374
	%	97.3	93.6	85.5	69.7	42.8	15.5	4.0	0.8	0.3	0.0
$K=30$ $n'=551$	$n=$	10	25	56	130	253	414	512	542	550	551
	%	98.2	94.5	89.8	76.4	54.1	24.8	7.1	1.6	0.2	0.0

其中，EC 为给定的误差要求；K 为曲线个数；n' 为进行兼容性处理后，每条曲线的控制顶点个数；n 为数据精简后，每条曲线的控制顶点个数；% 为 $\frac{n'-n}{n'}$。

式(5-25)中实值序列 $t_i(i=0,1,\cdots,m)$ 为型值点对应于曲线上点的参数值。一般使用弦长参数化或向心参数化。

节点矢量 $\boldsymbol{U}$ 一般采用准均匀分布，即两端点取 $k+1$ 次重复度，内节点均匀分布。由用户输入控制多边形顶点个数 $n+1$ 及曲线次数 k，则有

$$\begin{aligned} &u_0=u_1=\cdots=u_k=0.0\\ &u_{k+i}=\frac{1.0}{n-k}\cdot i \qquad i=1,\cdots,n-k\\ &u_{n+1}=u_{n+2}=\cdots=u_{n+1+k}=1.0 \end{aligned} \tag{5-26}$$

式(5-25)是一最小二乘问题，如下式所示

$$\begin{bmatrix} N_{0,k}(t_0) & \cdots & N_{n,k}(t_0)\\ N_{0,k}(t_1) & \cdots & N_{n,k}(t_1)\\ \vdots & \ddots & \vdots\\ N_{0,k}(t_m) & \cdots & N_{n,k}(t_m) \end{bmatrix}\cdot\begin{bmatrix}\boldsymbol{V}_0\\ \boldsymbol{V}_1\\ \vdots\\ \boldsymbol{V}_n\end{bmatrix}=\begin{bmatrix}\boldsymbol{P}_0\\ \boldsymbol{P}_1\\ \vdots\\ \boldsymbol{P}_m\end{bmatrix} \tag{5-27}$$

简记为

$$\boldsymbol{T}\cdot\boldsymbol{V}=\boldsymbol{P} \tag{5-28}$$

显然，当 $m>n$ 时，线性系统式(5-28)无精确解，则其最小二乘解为

$$\boldsymbol{V}=(\boldsymbol{T}^{\mathrm{T}}\cdot\boldsymbol{T})^{-1}\cdot\boldsymbol{T}^{\mathrm{T}}\cdot\boldsymbol{P} \tag{5-29}$$

其中，$\boldsymbol{T}^{\mathrm{T}}$ 为 $\boldsymbol{T}$ 的转置矩阵，$\boldsymbol{T}^{-1}$ 为 $\boldsymbol{T}$ 的逆矩阵。

事实上，式(5-29)得到的解误差较大，远不能满足工程需求。在确定型值点和目标曲线上点的对应关系时，也就是确定实值序列 $t_i(i=0,1,\cdots,m)$ 时，采用了累加弦长法或向心法。从本质上，这些方法都是用弦长模拟弧长。因此，对于变化较剧烈的型值点列，造成较大的逼近误差是不可避免的。

为减少逼近误差，常用迭代法逐次求精。

考察线性系统式(5-28)。显然，$\boldsymbol{P}_i(i=0,\cdots,m)$已确定，$\boldsymbol{V}_i(i=0,\cdots,n)$未知。出于一致性考虑，希望节点矢量有统一的结构。因此，$N_{i,k}(u)$也被确定。那么，只有实值序列 $t_i(i=0,1,\cdots,m)$可变。同时这种变动也是合理的，因为可以调整 $t_i(i=0,1,\cdots,m)$的分布，使得它们能更准确地反映型值点在目标曲线上的分布。

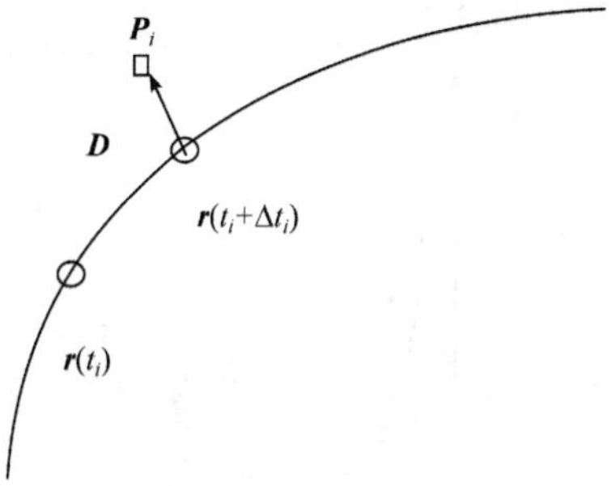

图 5-12　调整参数化

对于每个 t_i，引入调整量 Δt_i，参考图5-12，令 $\boldsymbol{D}=\boldsymbol{P}_i-\boldsymbol{r}(t_i+\Delta t_i)$为某型值点的逼近误差矢量。

将曲线 $\boldsymbol{r}$ 在 t_i 处作一阶泰勒展开

$$\boldsymbol{r}(t_i+\Delta t_i)=\boldsymbol{r}(t_i)+\Delta t_i\cdot\boldsymbol{r}'(t_i)$$

将上式代入 $\boldsymbol{D}$，则

$$\boldsymbol{D}=\boldsymbol{P}_i-[\Delta t_i\cdot\boldsymbol{r}'(t_i)+\boldsymbol{r}(t_i)]$$

欲使$|\boldsymbol{D}|$极小，只需 $\boldsymbol{D}\cdot\boldsymbol{D}$ 极小，应有

$$\frac{\mathrm{d}(\boldsymbol{D}\cdot\boldsymbol{D})}{\mathrm{d}\Delta t_i}=0$$

解得

$$\Delta t_i=\frac{|\boldsymbol{P}_i-\boldsymbol{r}(t_i)|}{|\boldsymbol{r}'(t_i)|}\tag{5-30}$$

综上，得到如下曲线逼近算法。

(1) 输入型值点 $\boldsymbol{P}_i(i=0,\cdots,m)$，逼近精度 ε。选择曲线次数 k 及型值点个数$n+1$，应有 $n\geqslant k$。

(2) 根据式(5-26)构造节点矢量$\boldsymbol{U}=\{u_0,u_1,\cdots,u_{n+k+1}\}$。

(3) 采用累加弦长或向心参数化法构造实值序列 $t_i(i=0,1,\cdots,m)$。

(4) 计算式(5-28)中矩阵 $\boldsymbol{T}$ 中各元素。

(5) 应用式(5-29)求解控制多边形顶点 $\boldsymbol{V}_i(i=0,\cdots,n)$。

(6) 应用式(5-25)计算逼近误差 $e(\boldsymbol{r},t)$。若 $e\leqslant\varepsilon$，执行第(8)步。

(7) 应用式(5-30)修正各 $t_i(i=0,1,\cdots,m)$，执行第(4)步。

(8) 输出结果，结束。

采用上述算法，逼近精度大幅度提高，基本满足工程应用要求。如图 5-13 所示，随着控制顶点个数接近型值点个数以及迭代次数的增加，误差呈递减趋势。

NURBS 曲面的逼近算法类似于上述曲线逼近算法。

在实际应用中，有几个问题需要注意，若不正确处理，可能会导致迭代不收敛、死机等现象。

(1) 在迭代的初始阶段，逼近误差呈现良好的递减趋势。但随着迭代次数的增加，有时会出现反常的误差反弹现象，如图 5-14 所示。而往往此时逼近误差$e(\boldsymbol{r},t)$还未达到逼近精度 ε。此现象是由于采用一阶泰勒展开式来模拟曲线、曲面。在曲线、曲面变化较剧烈的地方，由式(5-30)得到的调整量有可能太大，造成“过冲”，使参数值 t_i 或越过局部最优点。从而影响此点和相邻点的下一次迭代结果，造成迭代发散。为解决此问题，可以引入修改因子

$\alpha \in (0,1]$，对式(5-30)作如下修改

$$\Delta t_i = \alpha \cdot \frac{|\boldsymbol{P}_i - \boldsymbol{r}(t_i)|}{|\boldsymbol{r}'(t_i)|} \tag{5-31}$$

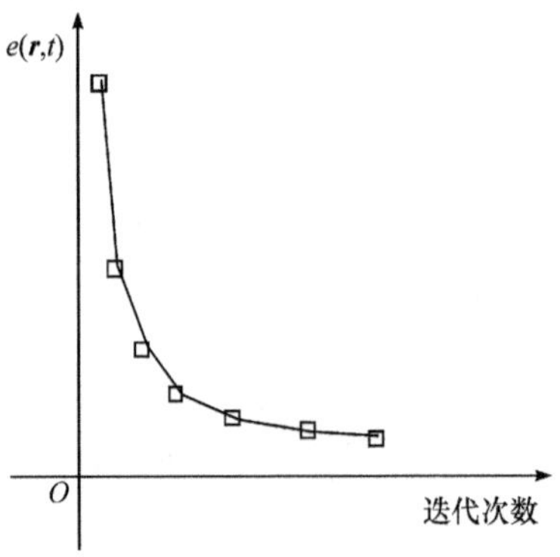

图 5-13　迭代收敛

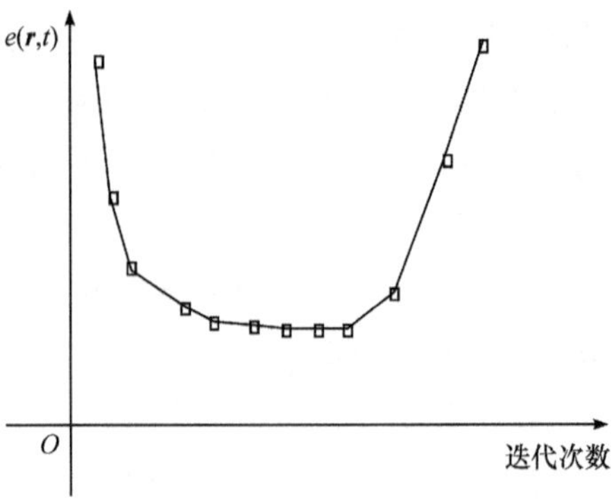

图 5-14　迭代发散

这样可以较好地解决迭代发散问题。但此时迭代效率稍有下降。关于 α 值的选取，一般采取经验值的方法。例如，采用 $\alpha \in [0.618, 0.8]$，在实用中可以取得较好效果。

(2)参数曲线、曲面是有界的。在定义域外的部分虽然可求值，但形态不确定，数值没有意义。必须保证整个迭代过程都在定义域内进行，不允许出现跨界现象。因为一旦跨界就会导致迭代发散。在迭代过程中应始终监视对参数值 t_i 的调整，一旦发现跨界现象，就放弃本次修改，并令参数值等于原值与相应边界值的中值。

(3)并非所有给定的逼近精度 ε 都能达到。但此时又不允许无限次迭代下去。为此可以引入两条迭代终止条件。

① 最大迭代次数 $I_{\max}$。当迭代次数大于 $I_{\max}$ 时，终止迭代。

② 最小迭代收敛速度 $v_{\min}$。令 $v = \dfrac{e_i - e_{i+1}}{e_i}$ 为当前的迭代收敛速度。其中 e_i 为第 i 次迭代后的逼近误差。当 $v < v_{\min}$ 时，认为迭代已不收敛，继续迭代下去对逼近误差 e 不会有明显改善。终止迭代。$I_{\max}$ 和 $v_{\min}$ 的选取主要靠经验值。

习　　题

1. 请自行构造坐标系，给出 120°圆弧的 NURBS 表示（包括节点矢量、权因子、控制顶点，并自行画图验证）。
2. 图 5-6 表示的曲线为什么在齐次空间中仅 C^0 连续，但在笛卡儿空间中却能达到 C^1 连续？
3. 参照 NURBS 曲线逼近算法，给出 NURBS 曲面逼近算法。

第 6 章　三边贝塞尔曲面片

前面所介绍的曲面都定义在双参数矩形定义域内，在值域内表现出来的曲面具有四条完整的边界。这种曲面表达形式在进行曲面拼接时具有诸多不便之处，尤其是当用多片曲面拼接表达复杂曲面时。本章介绍的三边曲面是严格定义在三边形定义域内的，在值域内表现为曲面具有三条边界。三边曲面受到较多注意的原因在于其可适应不规则散乱数据集合造型和避免退化的需要，适合有限元分析中广泛应用的三边形元素的需要。

德卡斯特里奥在 1959 年发明贝塞尔曲面时，考虑从曲线推广到曲面的第一种类型就是现在的贝塞尔三角曲面。Barnhill 在 1973 年给出了三边域中的超限插值曲面。Sabin 独立于德卡斯特里奥，在 1976 年依据伯恩斯坦多项式开展了对三边形曲面的研究。与前人工作限定在正三角剖分不同，Farin 进一步研究了定义在任意三角剖分上的分片曲面。

6.1　三边贝塞尔曲面片的表示

6.1.1　重心坐标

与双参数定义的矩形定义域不同，在三角形定义域内一个点如何表示，显然这个点应该只与三顶点的位置相关，因此直角坐标系不再适用。重心坐标是一个可行的选择。

显然，在平面内，一个矢量可以表达为另外两个线性无关的矢量的线性组合。如图 6-1 所示，在三角形 $\boldsymbol{P}_1\boldsymbol{P}_2\boldsymbol{P}_3$ 内的某点 $\boldsymbol{P}$，存在

$$\boldsymbol{P}-\boldsymbol{P}_3=u(\boldsymbol{P}_1-\boldsymbol{P}_3)+v(\boldsymbol{P}_2-\boldsymbol{P}_3) \qquad (6\text{-}1)$$

式(6-1)可以解释为，在三角形 $\boldsymbol{P}_1\boldsymbol{P}_2\boldsymbol{P}_3$ 内，$\boldsymbol{P}_3\boldsymbol{P}$ 所形成的矢量可以表示为由 $\boldsymbol{P}_3\boldsymbol{P}_1$ 形成的矢量和 $\boldsymbol{P}_3\boldsymbol{P}_2$ 形成的矢量的线性组合。

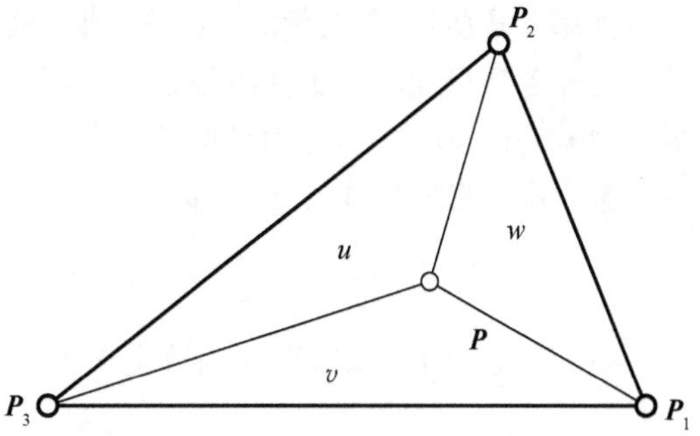

图 6-1　三角形内某点的中心坐标

式(6-1)变形可得

$$\boldsymbol{P}=u\boldsymbol{P}_1+v\boldsymbol{P}_2+(1-u-v)\boldsymbol{P}_3 \qquad (6\text{-}2)$$

若令

$$u+v+w=1 \qquad (6\text{-}3)$$

则有

$$\boldsymbol{P}=u\boldsymbol{P}_1+v\boldsymbol{P}_2+w\boldsymbol{P}_3 \qquad (6\text{-}4)$$

u、v、w 就是点 $\boldsymbol{P}$ 在三角形 $\boldsymbol{P}_1\boldsymbol{P}_2\boldsymbol{P}_3$ 内关于三个顶点的重心坐标，若将 u、v、w 分别看作三个顶点的质量，则点 $\boldsymbol{P}$ 就是此质点系的质心。

当 $\boldsymbol{P}$ 点在平行于 $\boldsymbol{P}_3\boldsymbol{P}_2$ 边的直线上移动时，它的 u 坐标不变；同理，当 $\boldsymbol{P}$ 点分别沿 $\boldsymbol{P}_3\boldsymbol{P}_1$ 边与 $\boldsymbol{P}_2\boldsymbol{P}_1$ 边方向移动时，v 坐标与 w 坐标分别保持不变。

重心坐标与面积坐标是一致的，即存在

$$u=\frac{\text{三角形 } \boldsymbol{P}\boldsymbol{P}_2\boldsymbol{P}_3 \text{ 的面积}}{\text{三角形 } \boldsymbol{P}_1\boldsymbol{P}_2\boldsymbol{P}_3 \text{ 的面积}} \tag{6-5}$$

$$v=\frac{\text{三角形 } \boldsymbol{P}\boldsymbol{P}_3\boldsymbol{P}_1 \text{ 的面积}}{\text{三角形 } \boldsymbol{P}_1\boldsymbol{P}_2\boldsymbol{P}_3 \text{ 的面积}} \tag{6-6}$$

$$w=\frac{\text{三角形 } \boldsymbol{P}\boldsymbol{P}_1\boldsymbol{P}_2 \text{ 的面积}}{\text{三角形 } \boldsymbol{P}_1\boldsymbol{P}_2\boldsymbol{P}_3 \text{ 的面积}} \tag{6-7}$$

其中,三角形的面积可利用三顶点坐标计算如下

$$\text{三角形 } abc \text{ 的面积}=\frac{1}{2}\begin{vmatrix} a_x & b_x & c_x \\ a_y & b_y & c_y \\ 1 & 1 & 1 \end{vmatrix} \tag{6-8}$$

应当说明,式(6-5)～式(6-7)中所指的三角形面积都是有向面积,按照顶点顺序,顺时针为正,逆时针为负。

在式(6-4)中,一般要求三顶点满足非退化条件,即 $\boldsymbol{P}_1\boldsymbol{P}_2\boldsymbol{P}_3$ 不共线。此时三顶点定义了一个平面,形成一个此平面上的三角形,称为域三角形或三角域。在此平面上应用式(6-4)、在三顶点的实际空间位置上应用式(6-4),分别得到两个点,此两点与三角形三顶点的相对位置关系完全由 u、v、w 三个参数决定,与三顶点的相互位置关系无关。实际上形成了从二维平面到三维空间的映射,是一个仿射映射。

6.1.2 三角域上的伯恩斯坦基

如第 3 章所述,单变量的 n 次伯恩斯坦基 $J_{n,i}(u)=C_n^i u^i(1-u)^{n-i}$ 由 $[u+(1-u)]^n$ 的二项式的展开各项组成。双变量的张量伯恩斯坦基由两个单变量的伯恩斯坦基各取其一的乘积组成。因 $u+v+w=1$,三角域中的一点的三个坐标只有两个是独立的。相应定义在三角域上的双变量 n 次伯恩斯坦基由 $[u+v+w]^n$ 的展开式各项组成,即

$$[u+v+w]^n=\sum_{i=0}^{n}\sum_{j=0}^{n}J_{i,j,k}^n(u,v,w) \tag{6-9}$$

其中,三角域上的伯恩斯坦基函数定义为

$$J_{i,j,k}^n=\frac{n!}{i!j!k!}u^i v^j w^k \tag{6-10}$$

$i+j+k=n$,且 $i,j,k\geqslant 0$。

从式(6-9)、式(6-10)可知,三角域上的 n 次伯恩斯坦基共包含了 $\frac{1}{2}(n+1)(n+2)$ 个基函数。其个数称为三角数,它等于 n 阶方阵下三角中所含元素个数。可以用三角阵列排列这些函数,如图 6-2 和图 6-3 所示。

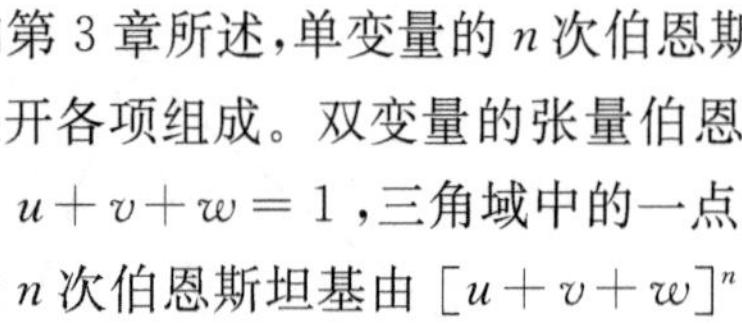

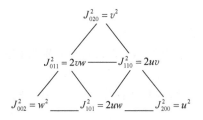

图 6-2 二次伯恩斯坦基的三角阵列

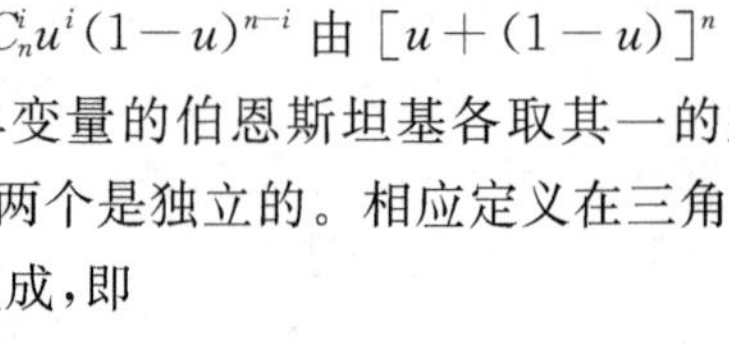

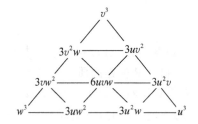

图6-3 三次伯恩斯坦基的三角阵列

三角域按照伯恩斯坦基的三角阵列相应划分为子三角形，其中各直线的交点，即子三角形的顶点，同样地称为节点。节点与基函数一一对应。每个节点也用三个指标 i、j、k 确定，并且与伯恩斯坦基函数的三参数相联系。三次伯恩斯坦基的标号如图 6-4 所示，从中可以看出，标号即相应基函数中三参数 uvw 的次数。

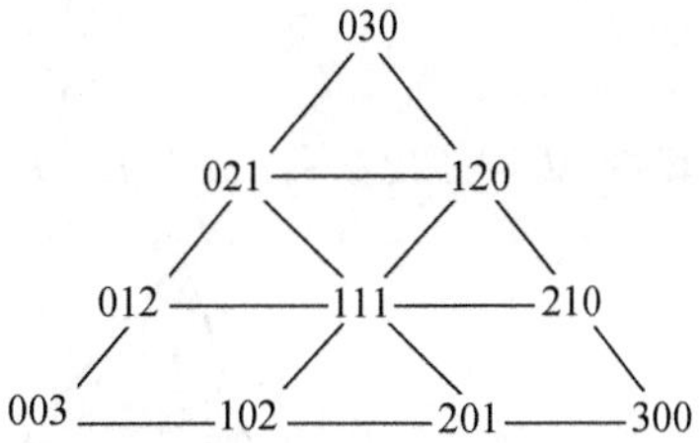

图 6-4　$n=3$ 时三角域个节点指标

三角域上的伯恩斯坦基同样具有规范性、非负性与递推性等类似性质。其递推关系为

$$J_{i,j,k}^{n}(u,v,w)=uJ_{i-1,j,k}^{n-1}(u,v,w)+vJ_{i,j-1,k}^{n-1}(u,v,w)+wJ_{i,j,k-1}^{n-1}(u,v,w) \tag{6-11}$$

6.1.3　三边贝塞尔曲面片方程

在空间中给出若干控制顶点，空间排布构成三角阵列，将这些控制顶点与相应的三角域上的伯恩斯坦基函数进行混合，则构成了三角域上的三边贝塞尔曲面片，表达式如下。

$$\boldsymbol{r}(u,v,w)=\sum_{i=0}^{n}\sum_{j=0}^{n-i}\boldsymbol{V}_{i,j,k}J_{i,j,k}^{n}(u,v,w) \qquad 0\leqslant u,\ v、w\leqslant 1 \tag{6-12}$$

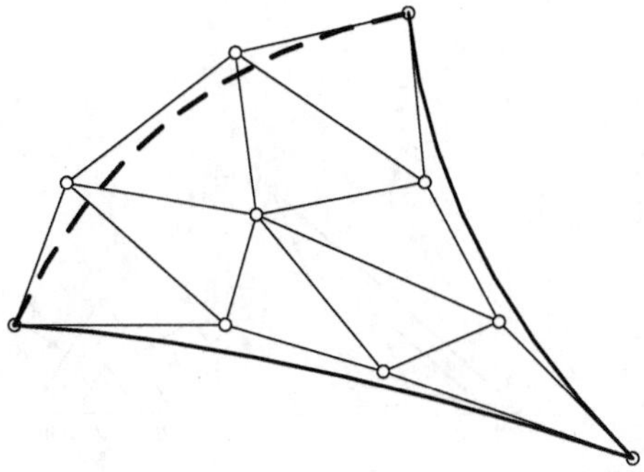
图 6-5　三边贝塞尔曲面片($n=3$)

式中，$\boldsymbol{V}_{i,j,k}$ 是控制网格的顶点，其由三角阵列的 $\frac{1}{2}(n+1)(n+2)$ 个控制顶点组成。网格顶点与三角域中的节点一一对应。图 6-5 给出了一个三边贝塞尔曲面片的例子。

当固定三参数之一时，将得到曲面片上的一条等参数线。例如，若 w 固定，u 独立变化，则得到一条 u 线；而若让 v 独立变化，则得到一条 v 线。因为存在 $u+v+w=1$ 的关系，上述两条曲线实际是同一条曲线。因此，曲面片上存在三族等参数线。当三参数之一为零时，得到曲面片的一条边界曲线，它由相应的边界顶点定义，实际上是一条 n 次贝塞尔曲线。当三参数之一等于 1 时，得到三边曲面片的一个角点，是控制网格的三顶点之一。由此可见，三边贝塞尔曲面片有着与四边贝塞尔曲面片类似的性质。

三边贝塞尔曲面片与定义在矩形域上的四边贝塞尔曲面片的差异如下。

(1)定义域不同。

(2)控制网格形态不同。

(3)同样是两个相互独立的参数，但最高次数不同。四边贝塞尔曲面中两个参数的最高次数是互相独立的，可以不同；而三边贝塞尔曲面的三个参数最高次数都是一致的。

(4)四边曲面片是张量积曲面，三边贝塞尔曲面片是非张量积曲面，这是两者的本质区别。

6.2　几何作图法

从基函数的递推公式(6-11)可以得到计算三边贝塞尔曲面片上点的递推公式

$$\begin{cases} \boldsymbol{V}_{i,j,k}^{0} = \boldsymbol{V}_{i,j,k} \\ \boldsymbol{V}_{i,j,k}^{l} = u\boldsymbol{V}_{i+1,j,k}^{l-1} + v\boldsymbol{V}_{i,j+1,k}^{l-1} + w\boldsymbol{V}_{i,j,k+1}^{l-1} \end{cases} \tag{6-13}$$

其中，$l=1,2,\cdots,n;i+j+k=n-1$，并且 $i,j,k \geqslant 0$ 。

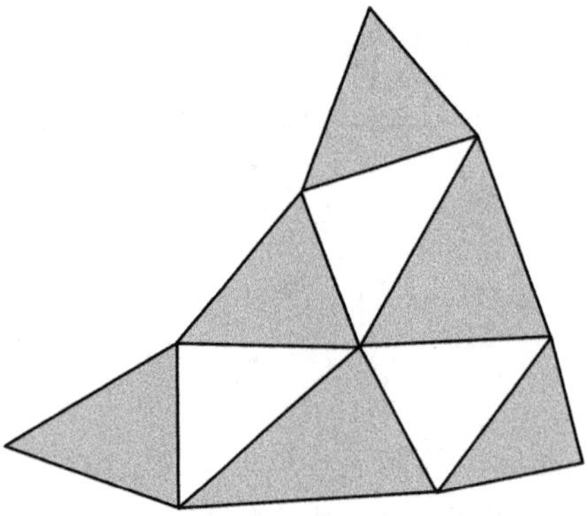

图 6-6 n 次三边贝塞尔曲面由深色三边形递推生成($n=3$)

这就是用于三边贝塞尔曲面片的德卡斯特里奥算法，是用于非有理贝塞尔曲线的德卡斯特里奥算法的推广。它首先给出了三边贝塞尔曲面片的递推定义，即一张 l 次三边贝塞尔曲面片可以由三张 $l-1$ 次三边贝塞尔曲面片递推而成；以此类推，一张 n 次三边贝塞尔曲面片可以由 $\frac{1}{2}(n+1)(n+2)$ 张一次三边贝塞尔曲面片递推而成，如图 6-6 中深色三边形，即组成控制网格的 $\frac{1}{2}(n+1)(n+2)$ 个网格三边形。同时，德卡斯特里奥算法也提供了计算三边贝塞尔曲面片上一点的算法：用所给参数 u、v、$w=1-u-v$ 对这 $\frac{1}{2}(n+1)(n+2)$ 个网格三边形执行 n 级递推计算，最后所得一点即为所求曲面上的点，即

$$\boldsymbol{r}(u,v,w) = \boldsymbol{V}_{0,0,0}^{n} \tag{6-14}$$

由于所有的递推计算都是线性插值，因此算法稳定可靠，且运算速度很快。使用德卡斯特里奥算法，也可以用几何作图方法求曲面上一点。作图过程如下。

(1)由每个网格三边形的三个顶点下标之间的关系判定其三个参数的方向。

(2)任意取其中一条边，如图 6-7 所示 $v=0$ 的下底边，将该边划分为长度比为 $u:v:w$ 的三段，过两个划分点分别作 $u=0$ 边和 $w=0$ 边的平行线，相交得一点，即为所给参数值对应该网格三边形执行德卡斯特里奥算法所求的顶点。第一级几何作图得到 $\frac{1}{2}(n+1)(n+2)$ 个中间顶点。

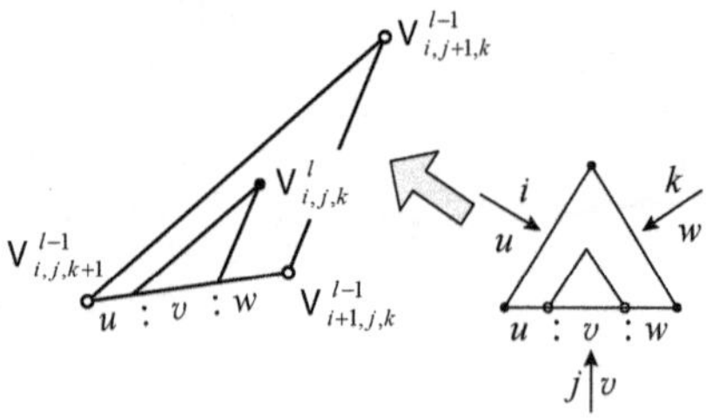

图 6-7 几何作图法执行德卡斯特里奥算法求解曲面点

(3)对第一级中间顶点构成的中间控制网格的 $\frac{1}{2}n(n-1)$ 个网格三边形再执行上述作图过程，得到第二级中间顶点。

(4)重复上述过程，经过 n 级几何作图，最终得到一个中间顶点 $\boldsymbol{V}_{0,0,0}^{n}$，即所求曲面点。还可以推断，所得到的最后一个网格三边形所在的平面就是曲面在该点的切平面。

显然，推广到三边形贝塞尔曲面片的德卡斯特里奥算法，仍然保持了几何直观性。

6.3 求方向导矢

由于三个参数相互不独立，不同于张量积曲面求偏导矢，在定义在三角域上的三边形贝塞尔曲面上，求方向导矢更加合适。

设定义三角域内两点 $\boldsymbol{T}_0=[u_0,v_0,w_0]$ 与 $\boldsymbol{T}_1=[u_1,v_1,w_1]$，连接两点所得直线表达

式为

$$\boldsymbol{T} = (1-t)\boldsymbol{T}_0 + t\boldsymbol{T}_1 \tag{6-15}$$

其中，t 是自由参数，$0 \leqslant t \leqslant 1$。则可得如式(6-12)定义的曲面片关于 t 的导矢

$$\frac{\mathrm{d}\boldsymbol{r}}{\mathrm{d}t} = n \sum_{i=0}^{n-1} \sum_{j=0}^{n-1-i} \boldsymbol{V}^1_{i,j,k} J^{n-1}_{i,j,k}(\boldsymbol{T}(t)) \qquad 0 \leqslant t \leqslant 1 \tag{6-16}$$

式中

$$\boldsymbol{V}^1_{i,j,k} = \Delta u_0 \boldsymbol{V}_{i+l,j,k} + \Delta v_0 \boldsymbol{V}_{i,j+1,k} + \Delta w_0 \boldsymbol{V}_{i,j,k+1} \tag{6-17}$$

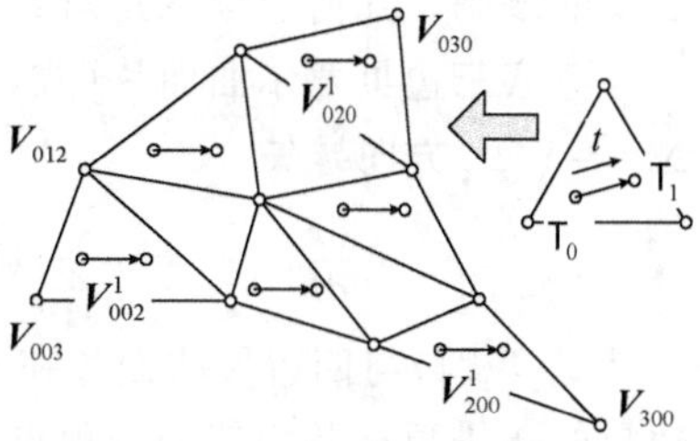

图 6-8　$V^1_{i,j,k}$ 的几何意义

由于 $u+v+w=1$，可以得到 $\Delta u_0 + \Delta v_0 + \Delta w_0 = 0$。式(6-17)中矢量 $\boldsymbol{V}^1_{i,j,k}$ 具有明显的几何含义，即在 $\boldsymbol{T}_0$ 和在 $\boldsymbol{T}_1$ 处执行德卡斯特里奥算法第一级递推所得到的相应中间点的差分，如图 6-8 所示。

按照如上思路，将一阶方向导矢推广可以得到 l 阶方向导矢量，如下

$$\frac{\mathrm{d}^l\boldsymbol{r}}{\mathrm{d}t^l} = \frac{n!}{(n-1)!}\sum_{i=0}^{n-l} \sum_{j=0}^{n-l-i} \boldsymbol{V}^l_{i,j,k} J^{n-1}_{i,j,k}(\boldsymbol{T}(t)) \quad 0 \leqslant t \leqslant 1; l=1,2,\cdots,n \tag{6-18}$$

其中

$$\begin{cases} \boldsymbol{V}^0_{i,j,k} = \boldsymbol{V}_{i,j,k} \\ \boldsymbol{V}^l_{i,j,k} = \Delta u_0 \boldsymbol{V}^{l-1}_{i+l,j,k} + \Delta v_0 \boldsymbol{V}^{l-1}_{i,j+1,k} + \Delta w_0 \boldsymbol{V}^{l-1}_{i,j,k+1} \\ i+k+j = n-1 \\ i,j,k \geqslant 0 \end{cases} \tag{6-19}$$

如果 $\boldsymbol{T}(t)$ 在域三角形中平行于任一边，此时差分矢量 $\boldsymbol{V}^l_{i,j,k}$ 退化为通常的向前差分矢量。例如，若固定参数 v，显然 $t=w$，则有 $\Delta u_0 = 1$，$\Delta v_0 = 0$，$\Delta w_0 = -1$。因此得到

$$\boldsymbol{V}^l_{i,j,k} = \boldsymbol{V}^{l-1}_{i+1,j,k} + \boldsymbol{V}^{l-1}_{i,j,k+1} \tag{6-20}$$

*6.4　组合三边贝塞尔曲面片的连续性

6.4.1　参数连续性

三边贝塞尔曲面片也能用来拼合构造复杂曲面，其中每一个曲面片对应于参数域平面内某一个三角剖分中的一个子三角形。若两相邻曲面片具有公共边界，且次数相同，则该边界就由公共控制多边形定义。此时两曲面片具有位置连续性。

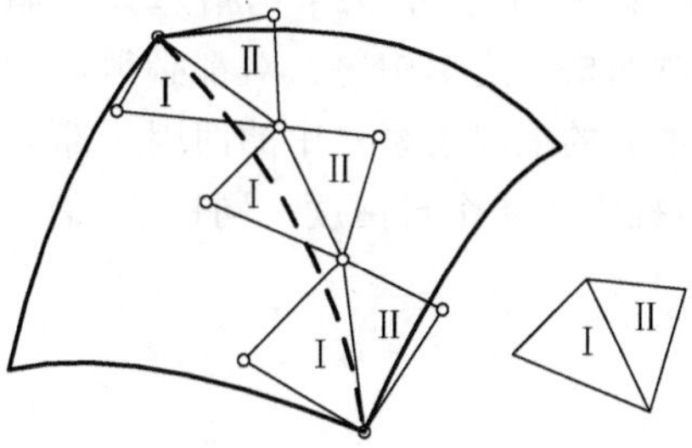

图 6-9　两相邻三边贝塞尔曲面片沿公共边界 C^1 连续

不失一般性，设公共边界参数为 w，欲使两相邻曲面片沿公共边界关于参数 u 或 v 的跨界切矢连续，则其限制条件非常严格，并且显然缺乏实用意义。因为两相邻曲面片沿公共边界 C^1 连续要求沿公共边界方向导矢连续，由此可得其充要条件为：对于两相邻三边贝塞尔曲面片，若其公共控制多边形的边为公共边，并且该公共边在三角形参数域中对应的边是公共边(图 6-9)，则它们沿该公共边界方向导矢是 C^1 连续的，并称它们沿该公共边界是 C^1 连续的。

因此，实际上这种 C^1 参数连续性是关于连接域三角形内两点的直线参数而言的，显然，连续性与参数选取有关。同时也应注意到，若仅要求每对网格三边形满足共面，则对于满足 C^1 连续性是不充分的。

6.4.2 几何连续性

因参数连续性与参数的选择有关，是对现实正则曲面片间光滑连接的过分要求，或者说不必要的限制。几何连续性是对参数连续性过分限制的松弛。

考察三边贝塞尔曲面片(式(6-12))在 $v=0$ 边界上沿 $\Delta u=0$ 方向的($t=v$, $\Delta v=1$, $\Delta w=-1$)方向导矢

$$\boldsymbol{r}_v=\left.\frac{\mathrm{d}\boldsymbol{r}}{\mathrm{d}t}\right|_{\substack{v=0\\ \Delta u=0}}=n\sum_{i=0}^{n}(\boldsymbol{V}_{i,1,n-i-1}-\boldsymbol{V}_{i,0,n-i})J_{i,n-1}(u)\qquad i=0,1,\cdots,n-1 \tag{6-21}$$

式(6-21)与四边形曲面片在 $v=0$ 边界的跨界切矢的表达有一致之处。它们都与定义该边界的一排顶点及相邻一排顶点有关。

设与三边贝塞尔曲面片(式(6-12))具有 $v=0$ 公共边界的另一 n 次三边贝塞尔曲面片为

$$\boldsymbol{s}(u,v,w)=\sum_{i=0}^{n}\sum_{j=0}^{n-i}\boldsymbol{V}^{*}_{i,j,k}J^{n}_{i,j,k}(u,v,w) \tag{6-22}$$

类似地，它在该公共边界上关于参数 v 的跨界切矢可以表示为

$$\boldsymbol{s}_v=\frac{ds}{dv}\Big|_{v=0}=n\sum_{i=0}^{n}(\boldsymbol{V}^{*}_{i,1,n-i-1}-\boldsymbol{V}^{*}_{i,0,n-i})J_{i,n-1}(u)\qquad i=0,1,\cdots,n-1 \tag{6-23}$$

公共边界的边界切矢为

$$\begin{gathered}\boldsymbol{r}_u=\frac{\mathrm{d}\boldsymbol{r}}{dt}\Big|_{v=0}=\boldsymbol{s}_u=\frac{\mathrm{d}\boldsymbol{s}}{\mathrm{d}u}\Big|_{v=0}=n\sum_{i=0}^{n}\boldsymbol{c}_iJ_{i,n-1}(u)\qquad i=0,1,\cdots,n-1\\ \boldsymbol{c}_i=\boldsymbol{V}_{n-i-1,0,i+1}-\boldsymbol{V}_{n-i,0,i}=\boldsymbol{V}^{*}_{n-i-1,0,i+1}-\boldsymbol{V}^{*}_{n-i,0,i}\end{gathered} \tag{6-24}$$

两曲面片沿 $v=0$ 公共边界处处有公共切平面，即 G^1 连续时，$\boldsymbol{r}_u$、$\boldsymbol{r}_v$ 必须满足与 $\boldsymbol{s}_v$ 共面，即有

$$(\boldsymbol{r}_u,\boldsymbol{r}_v,\boldsymbol{s}_v)=0 \tag{6-25}$$

或可表示为

$$\boldsymbol{s}_v=\alpha\boldsymbol{r}_u+\beta\boldsymbol{r}_v \tag{6-26}$$

其中，α 与 β 是两个任意的因子。将式(6-21)、式(6-23)，式(6-24)代入式(6-26)，即可得到网格边界矢量表示的连续性条件

$$(\boldsymbol{V}^{*}_{i,1,n-i-1}-\boldsymbol{V}^{*}_{i,0,n-i})=\alpha(\boldsymbol{V}_{n-i-1,0,i+1}-\boldsymbol{V}_{n-i,0,i})+\beta(\boldsymbol{V}_{i,1,n-i-1}-\boldsymbol{V}_{i,0,n-i}) \tag{6-27}$$

式(6-27)表明，从公共边界的控制多边形前 n 个顶点中每一个出发的三个网格边矢量都必须满足此条件；也表明，以邻接公共控制多边形的所有 n 对网格三边形中每一对都必须是共面的，但不必是两个域三角形的仿射像。然而，每对网格三边形的上述关系式中的两因子都必须是公共的。可见，G^1 连续松弛了参数连续性的过分限制，提供了两个自由度。同样地，α 与 β 可以看作两个形状参数。

第 7 章　细分曲面与 T 样条

7.1　细分曲面的思想与应用

7.1.1　细分曲面的概念

NURBS 的出现完成了对参数曲面的统一数学描述，但其也存在不足之处：它难以表达具有复杂拓扑结构和特征的三维模型。同时 NURBS 曲面计算效率较低，而计算机图形显示需要有高效率的曲面计算能力，因此细分曲面造型方法应运而生。

细分思想在 1974 年犹他(Utah)大学召开的 CAGD 学术会议上由 Chaikin 首次提出的。而真正促使其产生深远影响的是 Catmull-Clark 细分算法与 Doo-Sabin 细分算法的提出。这两种算法是对双三次 B 样条曲面和双二次 B 样条曲面在任意拓扑结构上的推广。其后，Loop、Dyn 等分别提出了 Loop 细分算法与蝶形细分算法，都取得了巨大成功。自此，细分曲面方法在 CAGD 学科中成为重要的研究分支。

在当今各类造型软件中，细分曲面建模相比 NURBS 建模来说更为流行，因为其具有如下优势。

(1)可以表达任意拓扑。NURBS 曲面更深入应用的最大障碍是任意拓扑问题，而细分曲面的主要优点则是可以很容易地表示任意拓扑曲面。

(2)统一的表达方式。传统的曲面表示方法，要么是多边形曲面，要么是样条曲面。而细分曲面既可以看作有控制网格定义的连续曲面，又可以看作离散网格曲面。

(3)多分辨率的显示、传输与编辑能力。细分曲面具有多分辨率性质，使得它在编辑、显示、网络传输方面具有其他造型技术和曲面表示方法所无法比拟的优势。

7.1.2　细分曲面的网格拓扑

细分曲面是多边形网格的极限状态，也可以说细分方法就是采用多边形网格表示曲面。如果忽略网格顶点的几何位置信息，只考虑网格的拓扑关系，那么可以得到一种广义单纯复形。将广义单纯复形记为三元组 $K=(V,E,F)$ ，其中 V 是网格顶点，E 是顶点之间的边，F 是由顶点与边包围的面，则其必须满足如下条件。

(1)每个面的所有边属于 E 。

(2) E 的每条边一定属于某个面。

(3) V 的每个顶点一定属于某个面。

(4)一条边最多属于两个面。

(5)对于以 $i\in V$ 为端点的任意两条边 e_1、e_2，一定存在一个以 i 为顶点的多边形序列 f_1，f_2，…，f_k ，使得 e_1 、e_2 分别为多边形 f_1 和 f_k 的边，且 f_l，$f_{l+1}(l=1,\cdots,k-1)$ 共有一条边。

(6)两个面最多共有一条边。

细分操作可分为两步：通过增加新顶点形成新的网格拓扑，成为网格分裂(splitting)；计算所有顶点的位置，这一过程称为平均(averaging)。

有两种典型的分裂方法：顶点分裂和面分裂。在常用的细分模式中，给定顶点 i，顶点分裂是把顶点 i 分裂成 $|i|_F$ 个新顶点，每个顶点与其中一个邻面对应，如果 i 为内部顶点，则把这些复制顶点一次相连形成一个 $|i|_F$ 边形，称此 $|i|_F$ 边形为新网格的 V 面。对于内部边 (i,j)，一定有两个相邻面（记为 f_1 和 f_2），假设 i 分裂为 i_1、i_2，j 分裂为 j_1、j_2，那么连接 i_1、i_2、j_1、j_2 形成的四边形成为新网格的 E 面。旧网格多边形面 f 的每个顶点都分裂出一个顶点与之对应，把分裂出来的新顶点依原来的顺序相连得到一个与 f 边数相同的面称为 F 面，如图 7-1 所示。

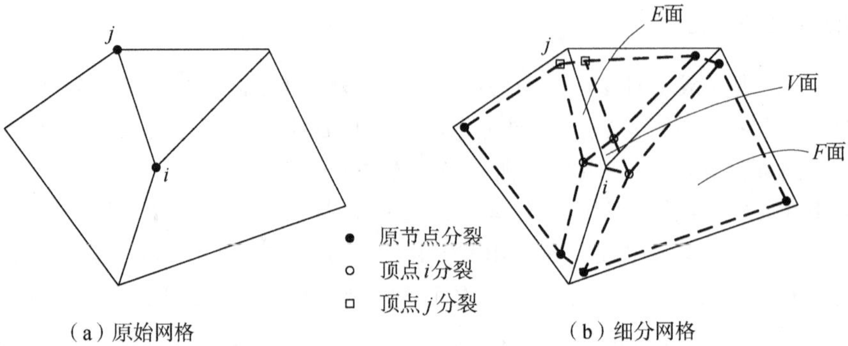

图 7-1　细分网格操作

面分裂是在网格边和面上插入适当的新顶点，然后对每个面进行剖分，从而得到新网格。常用三角网格和四边形网格面分裂如下。三角形分裂方法如图 7-2 所示。

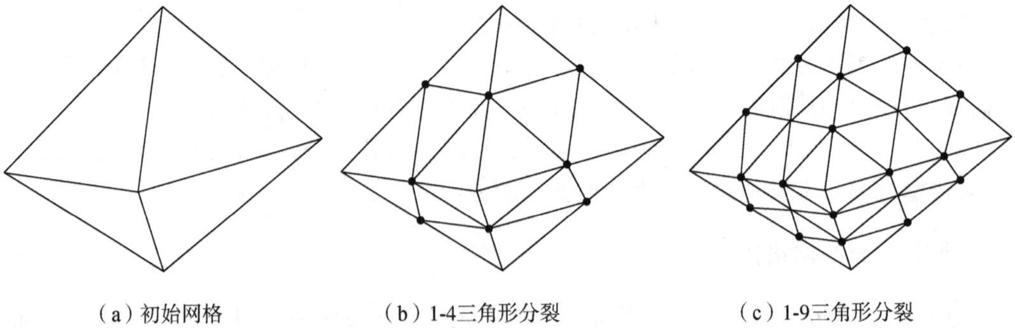

图 7-2　三角形分裂方法

(1)1-4 三角形分裂：在三角网格的每条边上插入一个新顶点，称为边顶点或奇顶点。然后把每个三角形面的三条边的 E 顶点两两相连，从而把该三角形面分裂成四个小三角形面。

(2)1-r^2 三角形分裂：在每条边上等份地插入 $r-1$ 个顶点，在每个面上则相应地插入 $(r-1)(r-2)/2$ 个 F 顶点，把网格的每个三角形分裂成 r^2 个三角形。

(3)1-4 四边形分裂：与三角形分裂类似，只是把一个四边形分裂成四个四边形面，因此除边顶点外还要在面的中心插入一个新顶点，称为面顶点，如图 7-3 所示。

从给定网格出发，采用某种分裂算子，重复操作而得到网格序列，这一过程称为细分规则，网格序列的极限称为细分曲面。

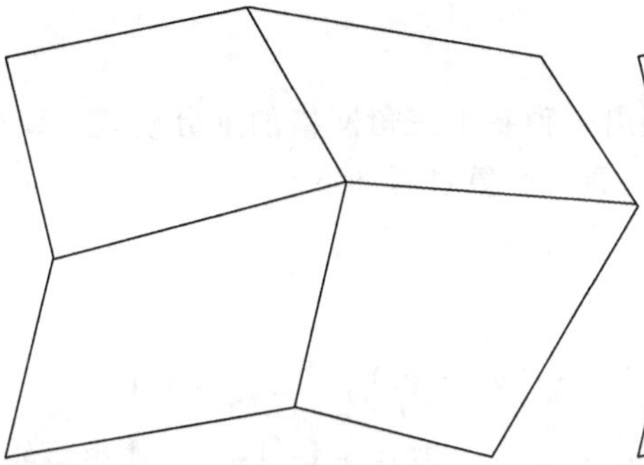

(a) 初始网格

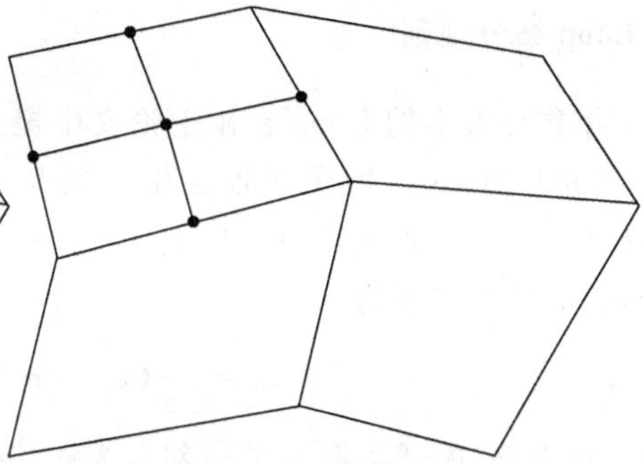

(b) 1-4四边形分裂

图 7-3　1-4 四边形分裂方法

7.1.3　Catmull-Clark 细分规则

Catmull-Clark 规则是由犹他大学的 Catmull 和 Clark 于 1978 年提出的。该模式的初始控制网格为四边形网，采用 1-4 四边形分裂算子生成新网格的拓扑，计算新顶点的几何规则如下。

(1)F 顶点：设面的四个顶点为 $\boldsymbol{v}_0$、$\boldsymbol{v}_1$、$\boldsymbol{v}_2$、$\boldsymbol{v}_3$，则相应的 F 顶点的位置取为

$$\boldsymbol{v}_F=(\boldsymbol{v}_0+\boldsymbol{v}_1+\boldsymbol{v}_2+\boldsymbol{v}_3)/4$$

(2)E 顶点：设内部边的端点为 $\boldsymbol{v}_0$、$\boldsymbol{v}_1$，共享此边的两个四边形面分别为$(\boldsymbol{v}_0,\boldsymbol{v}_1,\boldsymbol{v}_2,\boldsymbol{v}_3)$和$(\boldsymbol{v}_0,\boldsymbol{v}_1,\boldsymbol{v}_4,\boldsymbol{v}_5)$，那么与此内部边相对应的 E 顶点为

$$\boldsymbol{v}_E=\frac{3}{8}(\boldsymbol{v}_0+\boldsymbol{v}_1)+\frac{1}{16}(\boldsymbol{v}_2+\boldsymbol{v}_3+\boldsymbol{v}_4+\boldsymbol{v}_5)$$

(3)V 顶点：若内部顶点依次为 $\boldsymbol{v}_0,\boldsymbol{v}_1,\cdots,\boldsymbol{v}_{2n-1}$，其中 $n=|\boldsymbol{v}|_E$，偶数下标的顶点为邻点，奇数下标的顶点为其四边形面上的对角顶点，相应的 V 顶点为

$$\boldsymbol{v}_V=\alpha_n\boldsymbol{v}+\frac{\beta_n}{n}\sum_{i=0}^{n-1}\boldsymbol{v}_{2i}+\frac{\gamma_n}{n}\sum_{n}^{n-1}\boldsymbol{v}_{2i+1}$$

其中，权值为 $\beta_n=3/(2n)$，$\gamma_n=1/(4n)$，$\alpha_n=1-\beta_n-\gamma_n$。

边界边$(\boldsymbol{v}_0,\boldsymbol{v}_1)$上的 E 顶点：$\boldsymbol{v}_E=\frac{1}{2}(\boldsymbol{v}_0+\boldsymbol{v}_1)$。

边界顶点 $\boldsymbol{v}$ 在边界上的两个相邻点为 $\boldsymbol{v}_0$、$\boldsymbol{v}_1$，则 $\boldsymbol{v}$ 的 V 顶点为

$$\boldsymbol{v}_V=\frac{1}{8}(\boldsymbol{v}_0+\boldsymbol{v}_1)+\frac{3}{4}\boldsymbol{v}$$

Catmull-Clark 细分过程如图 7-4 所示。

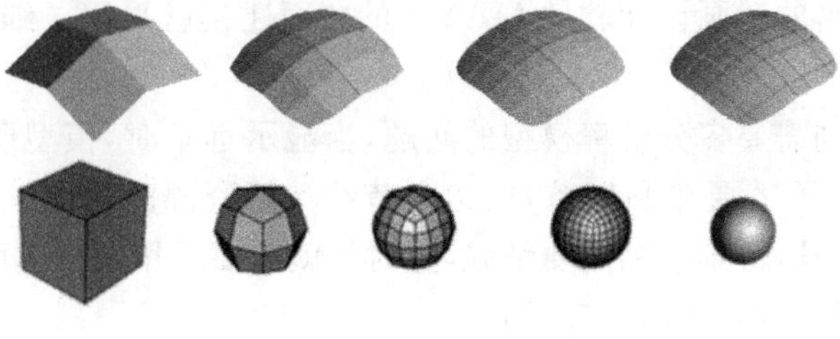

图 7-4　Catmull-Clark 细分过程

7.1.4 Loop 细分规则

1987 年犹他大学的 Loop 在硕士论文中提出一种基于三角网格的细分模式。Loop 模式采用 1-4 三角形分裂，只生成 E 顶点和 V 顶点。顶点计算过程如下。

(1)E 顶点：设内部边的两个顶点为 $\boldsymbol{v}_0$、$\boldsymbol{v}_1$，共享此边的两个三角形面为 $(\boldsymbol{v}_0, \boldsymbol{v}_1, \boldsymbol{v}_2)$ 和 $(\boldsymbol{v}_0, \boldsymbol{v}_1, \boldsymbol{v}_3)$，则 E 顶点为

$$\boldsymbol{v}_E = \frac{3}{8}(\boldsymbol{v}_0 + \boldsymbol{v}_1) + \frac{1}{8}(\boldsymbol{v}_2 + \boldsymbol{v}_3)$$

(2)V 顶点：若内部顶点 $\boldsymbol{v}$ 的边邻点为 $\boldsymbol{v}_0, \boldsymbol{v}_1, \cdots, \boldsymbol{v}_{n-1}$，其中 $n = |\boldsymbol{v}|_E$，则相应的 V 顶点为 $\boldsymbol{v}_V = (1 - n\beta_n)\boldsymbol{v} + \beta_n \sum_{i=0}^{n-1} \boldsymbol{v}_i$，即顶点本身与其所有相邻顶点的加权和，它本身的权值为 $1 - n\beta_n$。而邻点权值为 $\beta_n = \frac{1}{n}\left[\frac{5}{8} - \left(\frac{3}{8} + \frac{1}{4}\cos\frac{2\pi}{n}\right)^2\right]$，即 $n = 3$ 时 $\beta_3 = \frac{3}{16}$，而 $n > 3$ 时 $\beta_n = \frac{3}{8n}$。

(3)边界顶点的处理与 Catmull-Clark 模式相同。

Loop 细分过程如图 7-5 所示。

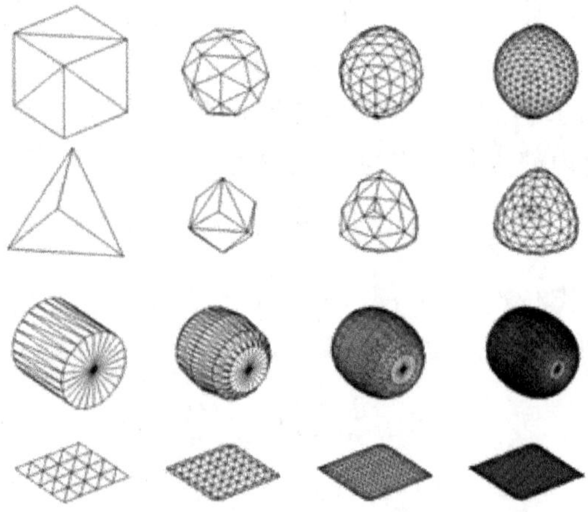

图 7-5　Loop 细分过程

7.1.5 细分曲面的工程应用

细分曲面技术广泛应用于三维图形显示领域，特别在游戏工业界有着重要的应用前景。细分曲面能够表达任意拓扑的复杂几何形体，并且计算效率高，成为计算机图形学中具有广泛应用价值的技术。著名的动画设计软件 MAYA 的曲面建模就采用了细分曲面技术建立动画模型，如图 7-6 所示。

在游戏中经常遇到需要多分辨率模型的问题，当显示远景时，模型质量要求低，可以采用较为模糊的表现方法，不需要刻画细节，以达到节约计算资源的目的。而当近距离观察模型时，需要较高的模型质量，对细节刻画要细腻，这时候就需要采用细分曲面技术，能够高效地建立任意拓扑的复杂几何外形，如图 7-7 所示。

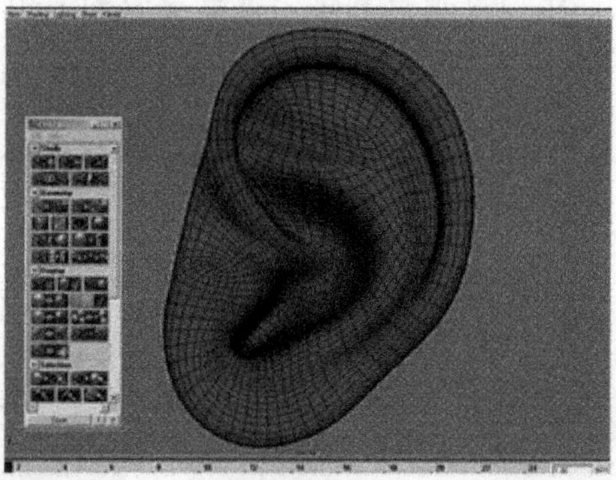

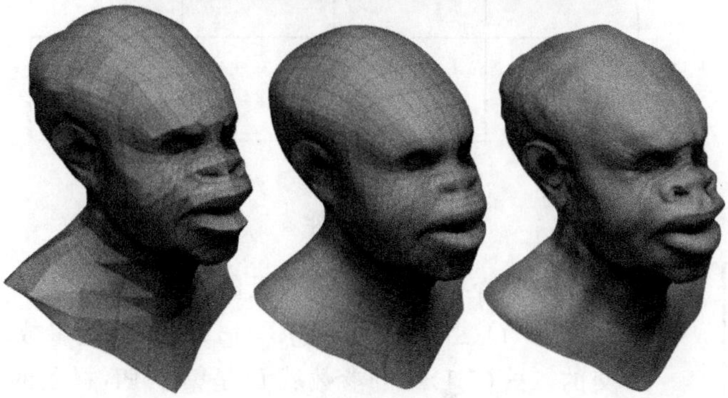

图 7-6　MAYA 软件中的曲面细分设计

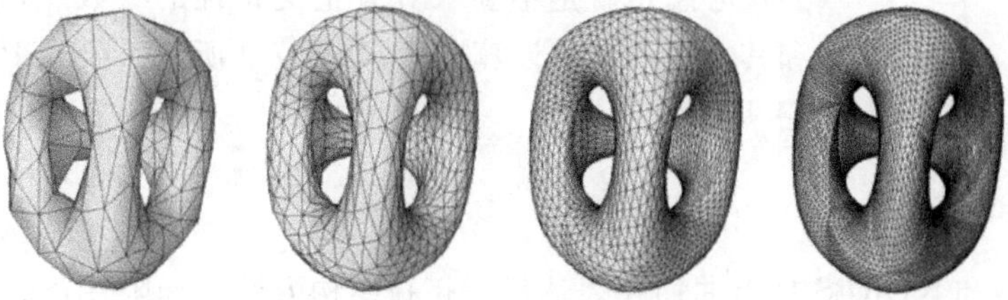

图 7-7　多分辨率模型

7.2　T 样条的概念与方法

7.2.1　PB 样条

张量 B 样条曲面采用的是正交的控制顶点网格，而如果要用非正交的控制顶点表达一张曲面则需要另一种方法，即 PB 样条。其原理是基于点而不是网格表达曲面，PB 样条的方程为

$$\boldsymbol{P}(s,t)=\frac{\sum_{i=1}^{n}\boldsymbol{P}_i B_i(s,t)}{\sum_{i=1}^{n}B_i(s,t)}\qquad (s,t)\in D \tag{7-1}$$

其中，$\boldsymbol{P}_i$ 是控制点，$B_i(s,t)$是基函数。$B_i(s,t)=N_{i0}^3(s)N_{i0}^3(t)$，其中 $N_{i0}^3(s)$ 是三次 B 样条基函数，其节点向量有两个方向，分别是 $\boldsymbol{s}_i=[s_{i0},s_{i1},s_{i2},s_{i3},s_{i4}]$和 $\boldsymbol{t}_i=[t_{i0},t_{i1},t_{i2},t_{i3},t_{i4}]$。为了确

定一个 PB 样条，必须提供一组控制顶点和每个顶点对应的两个方向的节点向量，如图 7-8 所示。

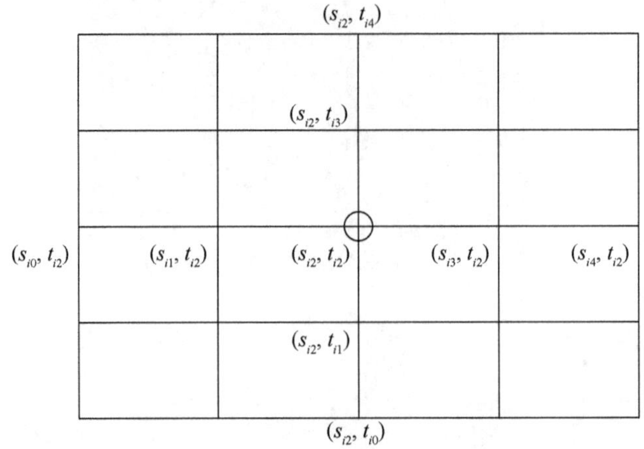

图 7-8 PB 样条

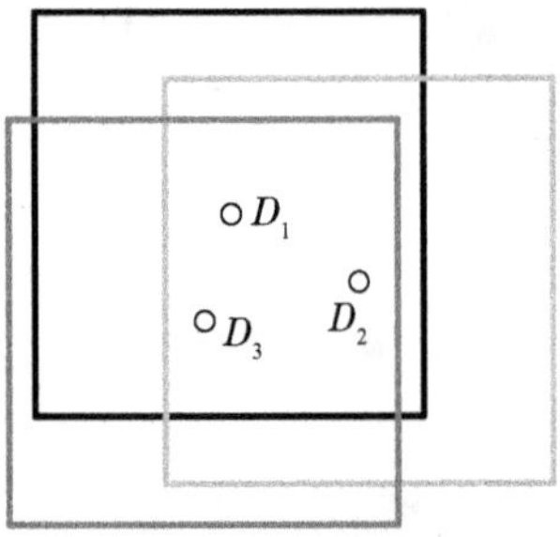

图 7-9 PB 样条参数域

每个控制顶点 $\boldsymbol{P}_i$ 有自己的参数域，记为 D_i，$D_i = (s_{i0}, s_{i4}) \times (t_{i0}, t_{i4})$ $D \subset \{D_1 \cup D_2 \cup \cdots \cup D_n\}$，但是参数域 D 并不要求是正交的。式(7-1)中的参数域 D 是整个 PB 样条的参数域。对区域 D 的唯一约束是对于所有的(s,t)，$\sum_{i=1}^{n} B_i(s,t) > 0$。因此 PB 样条的核心思想就是不要求具有正交特性的参数域，而是用控制顶点和其叠加参数域计算曲面，如图 7-9 所示。研究 PB 样条是为了研究 T 样条。

7.2.2 T 样条的概念

由于 B 样条和 NURBS 样条曲面在表达任意拓扑结构方面的局限性，Sederberg 等提出了具有局部细化能力和可以合并多张 B 样条曲面之间缝隙的 T 样条理论。T 样条的控制网格允许有孤立的 T 节点。通过增加局部的控制点数目，增强局部表现力，避免在整个模型区域上增加控制点数据，如图 7-10 所示。

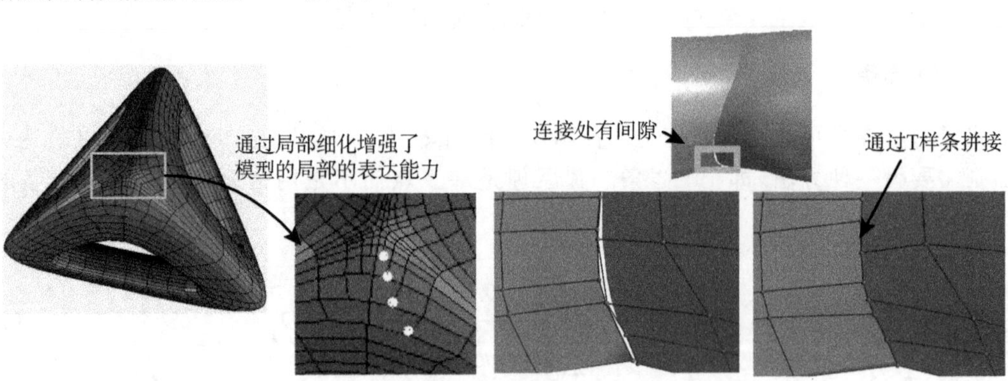

图 7-10 T 样条曲面的局部细化能力

T 样条的参数域与 B 样条的参数域不同，它不是一个规则的正交参数域，而是允许有 T 节点的不规则参数域，本书称该不规则参数域为 T 网格。T 样条通过在参数域节点之间增加节点实现局部细化。这种参数域有两个目的：第一，它提供了一种方便用户调整曲面的方法，通过调整控制顶点更直观地控制曲面的变化；第二，相比较 B 样条的细化方法，T 样条避免了全局增加节点，而是通过局部增加少量节点更有效地实现局部细化。

但是 T 样条的节点细化方法必须遵从如下规则。

规则 1 在相对的节点间隔上所增加的节点数目必须相等。

规则 2 如果相对的两个节点间隔边上都有孤立 T 节点，那么在不违反规则 1 的条件下两个 T 节点必须用边连接起来。

如图 7-11 所示，s_i 标识节点 s 方向坐标，t_i 标识节点 t 方向坐标，d_i 与 e_i 标识的是 s、t 方向的节点间隔。则可以得到 $\boldsymbol{P}_1$ 的节点坐标为(s_2+d_4,t_2)，$\boldsymbol{P}_2$ 的节点坐标为(s_3+d_6,t_2+e_4)。

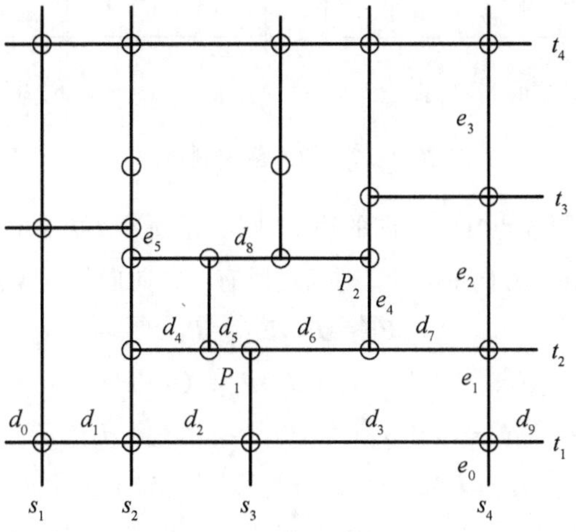

图 7-11 T 网格

T 网格是一个由各个矩形组成的网格，其中包含了 T 节点。其中一条边是常量 s 组成的线性片段（节点间隔），可称为 s 边界。另一条是常量 t 组成的线性片段（节点间隔），可称为 t 边界。每个边界都是由节点间隔组成的。

对于控制顶点 $\boldsymbol{P}_i$，相应有一个基函数 $B_i(s,t)$，该基函数计算根据 s 方向节点向量 $\boldsymbol{s}_i=[s_{i0},s_{i1},s_{i2},s_{i3},s_{i4}]$，$t$ 方向节点向量 $\boldsymbol{t}_i=[t_{i0},t_{i1},t_{i2},t_{i3},t_{i4}]$定义。对于 $\boldsymbol{P}_1$，s 方向节点向量为 $\boldsymbol{s}_i=[s_1,s_2,s_2+d_4,s_3,s_4-d_7]$，$t$ 方向节点向量为 $\boldsymbol{t}_i=[t_1-e_0,t_1,t_2,t_2+e_4,t_2+e_4+e_5]$。同理，对于 $\boldsymbol{P}_2$，s 方向节点向量为 $\boldsymbol{s}_i=[s_3,s_2+d_4+d_8,s_3+d_6,s_4,s_4+d_9]$，$t$ 方向节点向量为 $\boldsymbol{t}_i=[t_1,t_2,t_2+e_4,t_3,t_4]$。一旦确定了基函数的节点向量，那么就可以用 PB 样条的式(7-1)计算获得 T 样条曲面。

7.2.3 T 样条的基本方法

1. 插入控制顶点

插入控制顶点是指在已存在的 T 网格中插入新的控制顶点。如果增加控制顶点的目的仅仅是增强控制能力，那么可以简单地在 T 网格中增加控制顶点，并且保持笛卡儿坐标系下其他控制顶点不变。当然，插入控制顶点将改变 T 样条的形状（至少改变新控制顶点影响的部分）。在更多情况下需要在 T 网格中插入控制顶点但不改变 T 样条的曲面，这种在不改变几何形状的条件下增加控制顶点的方法称为局部节点插入。

如图 7-12 所示，在 $\boldsymbol{P}_2$ 与 $\boldsymbol{P}_4$ 控制顶点之间插入顶点 $\boldsymbol{P}_3{}'$，则强制使用规则 3。

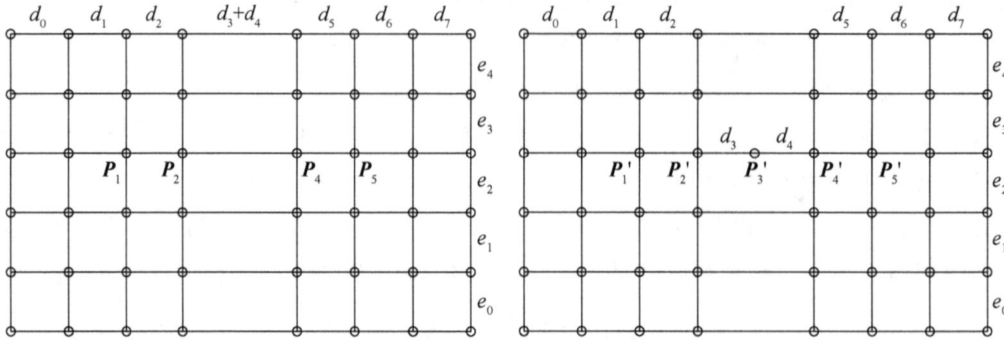

（a）插入之前　　　　（b）插入之后

图 7-12　插入新控制顶点

规则 3　若所插入控制顶点在 s 方向的边上，则满足所有 t 方向向量为 $\boldsymbol{t}_i$，且满足 $t_1=t_2=t_4=t_5$。若所插入控制顶点在 t 方向的边上，则满足所有 s 方向向量为 $\boldsymbol{s}_i$，且满足 $s_1=s_2=s_4=s_5$。

$$\boldsymbol{P}_1{}'=\boldsymbol{P}_1,\boldsymbol{P}_5{}'=\boldsymbol{P}_5$$

$$\boldsymbol{P}_2{}'=[d_4\boldsymbol{P}_1+(d_1+d_2+d_3)\boldsymbol{P}_2]/(d_1+d_2+d_3+d_4)$$

$$\boldsymbol{P}_4{}'=[(d_6+d_5+d_4)\boldsymbol{P}_4+d_3\boldsymbol{P}_5]/(d_3+d_4+d_5+d_6)$$

$$\boldsymbol{P}_3{}'=[(d_4+d_5)\boldsymbol{P}_2+(d_2+d_3)\boldsymbol{P}_4]/(d_2+d_3+d_4+d_5)$$

由于规则 3 的约束，控制顶点并不能随意插入。如图 7-13(a)所示，规则 3 不允许 **A** 点插入，因为 t_2 与 t_1，t_4 和 t_5 不同。然而如图 7-13(b)所示，则 **A** 点就可以插入了。

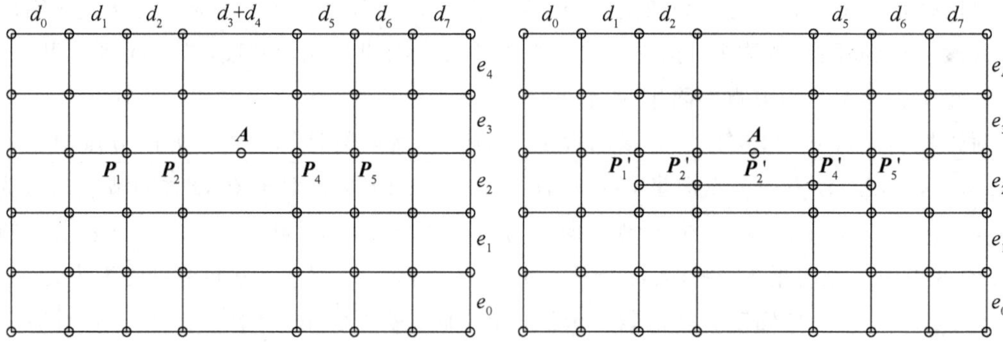

（a）不能插入***A***点　　　　（b）可以插入***A***点

图 7-13　插入新控制顶点 **A**

2. T 样条局部细化

对 T 样条而言，T 样条空间是用于描述一组具有相同 T 网格拓扑、节点间隔和节点坐标的方法。一个 T 样条空间 $\boldsymbol{S}_1$ 可以看成是 $\boldsymbol{S}_2$ 的子空间，由 $\boldsymbol{S}_1$ 经过局部细化可以得到 $\boldsymbol{S}_2$。如果 $\boldsymbol{T}_1$ 是一个 T 样条曲面，$\boldsymbol{T}_1 \in \boldsymbol{S}_1$ 意味着 $\boldsymbol{T}_1$ 的控制网格的拓扑和节点间隔是由 $\boldsymbol{S}_1$ 确定的，如图 7-14所示，则有 $\boldsymbol{S}_1 \subset \boldsymbol{S}_2 \subset \boldsymbol{S}_3 \subset \cdots \subset \boldsymbol{S}_n$ 。

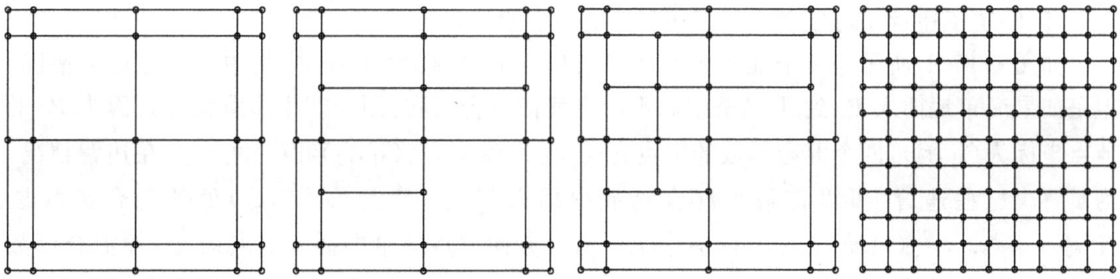

(a) $\boldsymbol{S}_1$　　(b) $\boldsymbol{S}_2$　　(c) $\boldsymbol{S}_3$　　(d) $\boldsymbol{S}_n$

图 7-14　T 样条局部细化

给定一个 T 样条 $\boldsymbol{P}(s,t) \in \boldsymbol{S}_1$，使用 $\boldsymbol{P}$ 表示 $\boldsymbol{P}(s,t)$ 控制顶点的列向量。给定另一个 T 样条 $\widetilde{\boldsymbol{P}}(s,t) \in \boldsymbol{S}_2$。使用 $\widetilde{\boldsymbol{P}}$ 表示 $\widetilde{\boldsymbol{P}}(s,t)$ 控制顶点的列向量。则 $\boldsymbol{P}$ 与 $\widetilde{\boldsymbol{P}}$ 之间存在一个线性转化，记为

$$\boldsymbol{M}_{1,2}\boldsymbol{P} = \widetilde{\boldsymbol{P}}$$

矩阵 $\boldsymbol{M}_{1,2}$ 是 $\boldsymbol{P}$ 与 $\widetilde{\boldsymbol{P}}$ 之间的线性转化矩阵。

$$\boldsymbol{P}(s,t) = \sum_{i=1}^{n} \boldsymbol{P}_i B_i(s,t), \quad \widetilde{\boldsymbol{P}}(s,t) = \sum_{j=1}^{\tilde{n}} \widetilde{\boldsymbol{P}}_j \widetilde{B}_j(s,t)$$

由于 $\boldsymbol{S}_1 \subset \boldsymbol{S}_2$ ，每个 $B_i(s,t)$ 可以表示为 $\widetilde{B}_j(s,t)$ 的线性组合。

$$B_i(s,t) = \sum_{j=1}^{\tilde{n}} c_i^j \widetilde{B}_j(s,t)$$

如果满足 $\widetilde{\boldsymbol{P}}_j = \sum_{i=1}^{n} c_i^j \boldsymbol{P}_i$ ，则可得到 $\boldsymbol{P}(s,t) \equiv \widetilde{\boldsymbol{P}}(s,t)$ 。

因此假设 $\boldsymbol{S}_i \subset \boldsymbol{S}_j$ ，同样可以找到转换矩阵 $\boldsymbol{M}_{i,j}$ 建立 T 样条 $\boldsymbol{S}_i$ 和 $\boldsymbol{S}_j$ 之间的映射关系。但是并不是随意增加控制顶点就可以实现 T 样条的局部细化，需要遵从一定的规则。

规则 4　对于控制顶点 $\boldsymbol{P}_i$ 的混合函数，节点矢量 $\boldsymbol{s}_i$ 和 $\boldsymbol{t}_i$ 用如下方法确定。(s_{i2}, t_{i2}) 是 $\boldsymbol{P}_i$ 的节点坐标。假设在参数空间 $R(\alpha) = (s_{i2} + \alpha, t_{i2})$ 引出一条射线。s_{i3} 和 s_{i4} 是最先与 s 边相交交点的 s 方向坐标（不包括初始值 (s_{i2}, t_{i2})）。同理，其他的 s_i 与 t_i 都按此方法找到。

局部细化算法确定应该加入哪些控制顶点。一旦确定所需新的控制顶点，T 网格就可以被计算出来。T 样条、混合函数和 T 网格之间是紧密相连的，每个控制顶点对应一个混合函数，每个混合函数的节点向量采用规则 4 定义。接下来，暂时假设允许违反规则 4 的混合函数，控制顶点与混合函数没有对应关系。

违背 1　当前 T 网格中混合函数缺失满足规则 4 的节点。

违背 2　当前 T 网格中混合函数有不满足规则 4 的节点。

违背 3　一个控制顶点缺少与其关联的混合函数。

如果不存在上述违背情况，则 T 样条是有效的。如果有违背存在，则可以逐个解决违背直到不存在违背。局部细化的步骤如下。

(1)在 T 网格中插入所需的控制顶点。

(2)如果 T 网格的任何混合函数符合违背 1,则在混合函数中执行节点插入操作。

(3)如果 T 网格的任何混合函数符合违背 2,则增加合适的控制顶点。

(4)重复步骤(2)和(3)直到消除所有的违背情况。

(5)解决了违背 1 与违背 2 后则违背 3 的情况自动消除。

如图 7-15(a)所示是一个准备插入新控制顶点 $\boldsymbol{P}_2$ 的初始 T 网格,其中不存在违背情况。但是如果简单地插入 $\boldsymbol{P}_2$ 到 T 网格中而不改变任何混合函数,则会产生违背情况。因为 $\boldsymbol{P}_2$ 的节点坐标为(s_3,t_2),四个混合函数的中点在(s_1,t_2)、(s_2,t_2)、(s_4,t_2)和(s_5,t_2),存在违背情况。为了解决这些违背,可以在每个混合函数中插入节点 s_3。原在(s_2,t_2)处的混合函数是 $N[s_0,s_1,s_2,s_4,s_5](s)N[t_0,t_1,t_2,t_3,t_4](t)$。在 s 方向节点向量中插入节点 s_3 后,原混合函数被分为两个混合函数:$c_2N[s_0,s_1,s_2,s_3,s_4](s)N[t_0,t_1,t_2,t_3,t_4](t)$ 和 $d_2N[s_1,s_2,s_3,s_4,s_5](s)N[t_0,t_1,t_2,t_3,t_4](t)$ 。

混合函数 $c_2N[s_0,s_1,s_2,s_3,s_4](s)N[t_0,t_1,t_2,t_3,t_4](t)$ 满足规则 1。同样,局部细化的混合函数(s_1,t_2),(s_4,t_2)和(s_5,t_2)都满足规则 1。然而,t 方向节点向量的混合函数 $d_2N[s_1,s_2,s_3,s_4,s_5](s)N[t_0,t_1,t_2,t_3,t_4](t)$ 出现了违背 2,因为 t 方向向量为$[t_0,t_1,t_2,t_3,t_4]$。没有对应于 t_3 的控制顶点,因此必须加入新的控制顶点。

加入新控制顶点 $\boldsymbol{P}_3$ 到图 7-15(e)中,插入的节点可以修正违背 2,但是又产生了违背 1,如图 7-15(f)所示。中心为(s_2,t_3)的混合函数在 s 方向节点向量不包含 s_3,违反了规则 1。在节点向量中插入 s_3 可以修正这个问题。

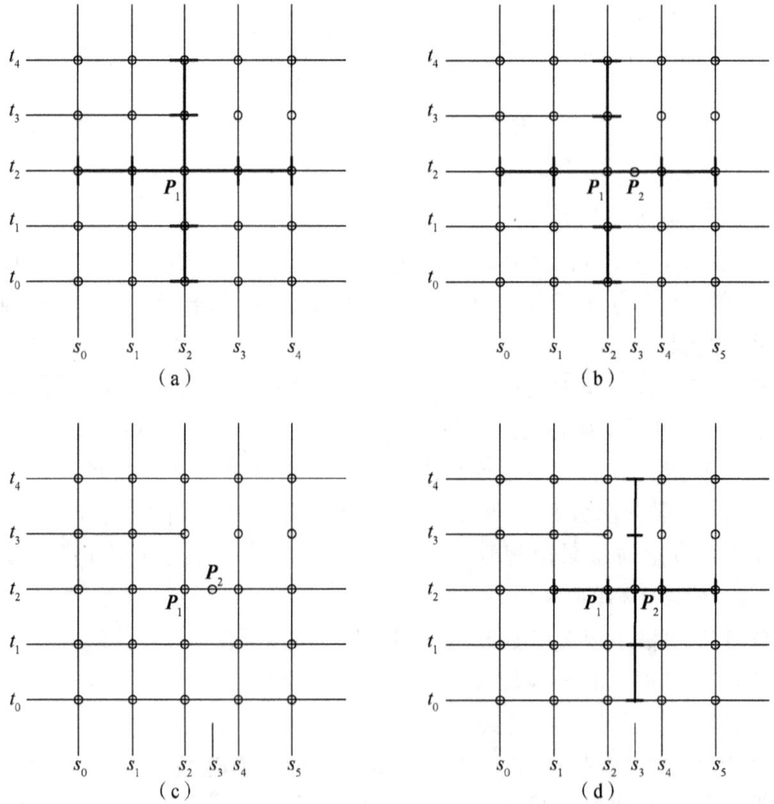

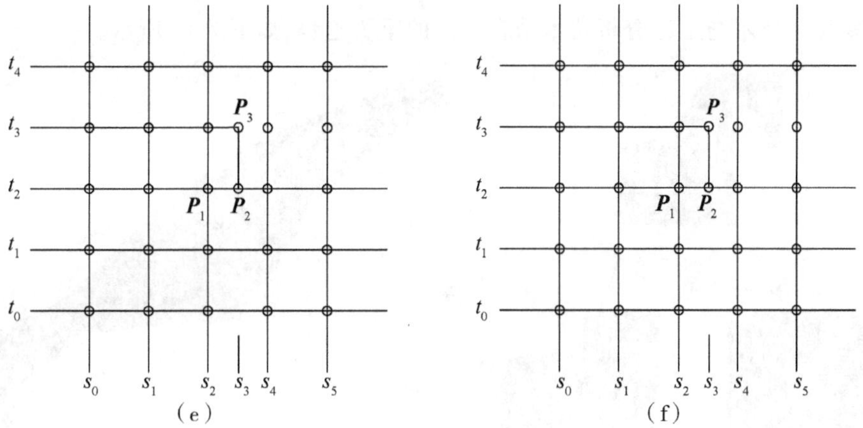

图 7-15　T 样条局部细化案例

7.2.4　T 样条的应用

T 样条兼容 NURBS 样条技术，以其良好的柔性、可编辑性和易操作性在工业界特别是工业设计行业得到了应用。如图 7-16 所示，T 样条可用于强调外观设计的产品设计。在曲面细节处的表现能力受到了工业设计软件厂商的注意。T-Splines 公司开发了基于工业设计软件 Rhino 的 T 样条建模插件。

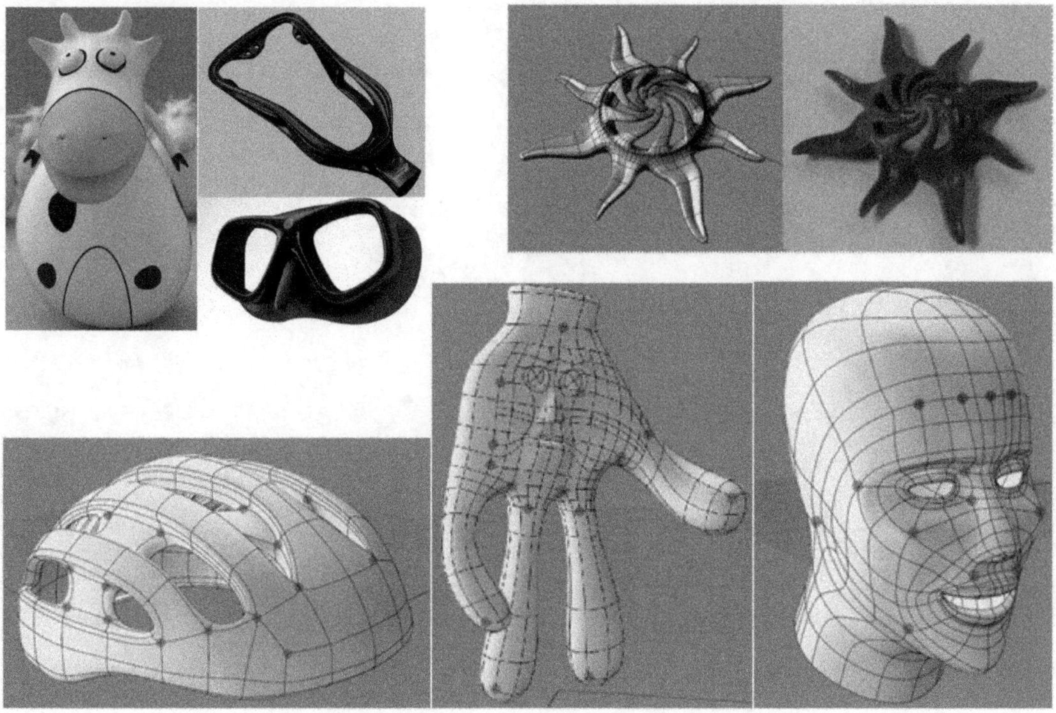

图 7-16　T 样条应用案例

在建立结构设计与工程分析的统一模型方面，T 样条的作用也受到关注。直接基于 T 样条进行二维和三维的产品建模，同时直接基于T样条的参数域进行分析，取得了不错的效果。这也是将来样条技术与工程分析技术结合应用的重要趋势，如图7-17所示。

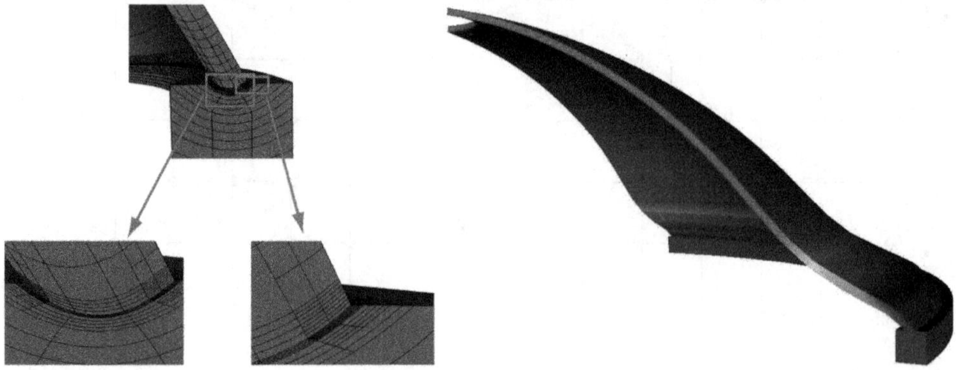

图 7-17　T样条在工程分析中的应用

第 8 章　曲线曲面光顺

8.1　基 本 概 念

目前光顺问题的研究大多集中在曲线光顺上，有关曲面光顺的认识和研究远不如曲线光顺广泛。本章主要讨论曲线光顺。

8.1.1　光顺的基本概念

光顺性(smoothness or fairness)是一个在 CAGD 中，尤其是在测量造型中应用非常普遍，同时又很重要的概念。光顺，顾名思义就是光滑、顺眼。关于光顺的准则，存在不同的提法，一直未能很好地统一起来。可以说至今仍是一个比较模糊的概念。正如 Frain 教授指出的，一条经过某种数学光顺处理优化过的曲线，并不能使每个人都满意。贝塞尔也曾认为从工业的角度看，一条曲线或一张曲面的好与坏，只取决于董事会主席、销售经理、首席设计师以及产品将来的用户。换句话说，并不存在某种确定性的光顺性准则，它因人、因时、因地而异。但这并不说明应放弃光顺处理。在 CAD/CAM 系统中，必须为用户提供某种工具，用来完成光顺性检查，以及在必要时自动进行光顺。

目前在 CAGD 系统中，曲线的设计与表示几乎都是通过屏幕显示曲线的形状。由于显示器屏幕尺寸及分辨率的限制，从图形显示结果往往难以判断形状是否可接受。两条在屏幕上看起来完全一致的曲线，当在大型绘图仪上以全尺寸绘出时，就有可能揭示出两者的形状差别。设备的使用使得设计价格昂贵，但是完全手工的交互式光顺过程已被认为是不可取的，因为效率太低。设计成本包括人工费和机时费，目前的趋势是人工费越来越高，计算机的价格却在不断下降。因此，必须提供某种分析工具来使设计者能更直观地把握曲线内蕴的形状变化。

有些学者认为，参数曲线之所以出现不光顺现象，是因为人们在参数曲线的分段连接点处，加入了过分苛刻的参数连续性(如 C^1，C^2 等)要求。而参数化并非曲线内蕴的几何信息，同一条曲线可以有着完全不同的参数化。他们认为参数连续要求过分苛刻完全没有必要，并且发展了几何连续样条，如 Nu 样条、Beta 样条等。目前这些几何连续样条技术还不成熟，同时，参数样条和 B 样条方法已为众多的商业 CAD 系统所采用，对参数样条和 B 样条曲线、曲面光顺方法的研究还是十分必要的。

在 CAD 技术发展初期，参数样条方法被广泛使用，人们在观察手工绘制样条的过程发现：如果把曲线看作受型值点约束的弹性细梁，则应把其内蕴的弹性应变内能作为判断其光顺性的准则和光顺目标。内能越小则曲线越光顺。并据此发展了参数样条节点重插入、全局能量法等光顺方法。随着 NURBS 技术在 CAD 领域中的推广应用，对光顺性的理论及应用研究又转向了以 B 样条为基础的方法，并且相应的光顺性准则也发生了变化。很多学者曾经给出了不同的光顺性准则。

8.1.2 光顺性准则

国外有学者曾经提出如下的光顺准则。

(1)若一条曲线的曲率图由相对较少的单调段组成,则称为光顺的。

(2)将对于曲率半径随弧长变化图的频度分析作为光顺性的某个度量,即占支配地位的频率越低,曲线就越光顺。

国内的学者,如苏步青教授、刘鼎元教授、施法中教授等认为应有如下准则。

(1)二阶几何连续。

(2)不存在奇点和多余拐点。

(3)曲率变化较小。

(4)应变能较小。

依据原始曲线的修改范围划分,可以将光顺方法分为局部光顺和全局光顺。

由于目前对光顺的理论研究并不统一,本章将主要介绍一些比较成熟的、应用在不同场合的光顺算法。

8.2 能量法光顺

能量法光顺主要针对样条曲线。样条可以理解为一根受载荷变形的弹性梁。曲线型值点相当于作用于弹性梁上的压铁,同时可以理解为梁上的集中载荷,迫使梁变形。实践表明,在一定的约束条件下,梁的弯曲弹性势能越小,曲线就越趋于光顺。改变压铁的位置,就是为了寻求梁的弯曲变形能趋于最小的状态。能量法光顺的基本原理即在于此,即移动型值点,使得过型值点的曲线所代表的弹性梁的变形能最小。

应当指出,使用能量法进行光顺是一个反复过程,一次调整一般不可能达到要求,需要反复进行迭代。但也不可能无限修改。计算表明,若以弯曲弹性势能最小为判别准则,一直修改,则最终相当于把端点以外的所有压铁全部剔除。此时,曲线将偏离型值点过远,背离了设计要求。因此应该给出一个合适的判别准则,以中止迭代过程。

8.2.1 能量法的构造过程

设 $\boldsymbol{P}_i(i=0,1,\cdots,n)$是曲线的型值点序列。$\boldsymbol{P}'_i(i=0,1,\cdots,n)$表示各型值点处的切矢,如图 8-1 所示。

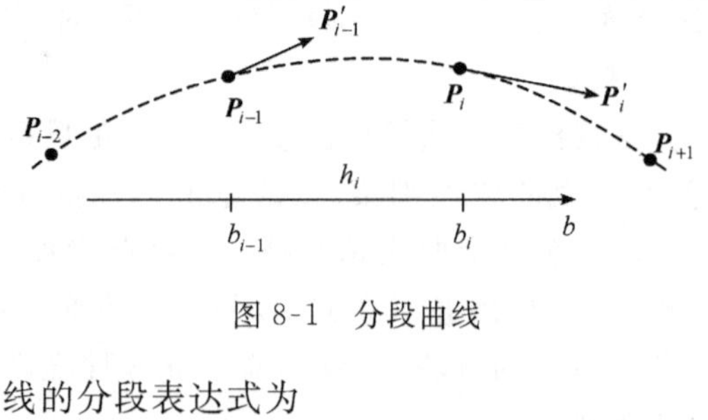

图 8-1 分段曲线

根据式(2-11),则曲线的分段表达式为

$$\boldsymbol{R}_i(u)=\boldsymbol{P}_{i-1}F_0(u)+\boldsymbol{P}_iF_1(u)+h_i[\boldsymbol{P}'_{i-1}G_0(u)+\boldsymbol{P}'_iG_1(u)] \tag{8-1}$$

$$0\leqslant u\leqslant 1,\quad 1\leqslant i\leqslant n$$

其中，$\boldsymbol{P}'_{i-1}$ 和 $\boldsymbol{P}'_i$ 是相对于累加弦长的切矢量；$h_i=b_i-b_{i-1}$，$b=b_{i-1}+uh_i$；F_i 和 G_i 是适当的混合函数。

根据分段曲线的首末点的位置和切矢连续条件，以及混合函数的性质，得到如下联立方程

$$\boldsymbol{Q}_{i,0}=\boldsymbol{P}_{i-1}$$

$$\boldsymbol{Q}_{i,1}=\boldsymbol{B}_i$$

$$\boldsymbol{Q}_{i,2}=3\boldsymbol{A}_i-2\boldsymbol{B}_i-k_i\boldsymbol{B}_{i+1}$$

$$\boldsymbol{Q}_{i,3}=-2\boldsymbol{A}_i+\boldsymbol{B}_i+k_i\boldsymbol{B}_{i+1}$$

式中，$k_i=h_i/h_{i+1}$；$\boldsymbol{A}_i=\boldsymbol{P}_i-\boldsymbol{P}_{i-1}$；$\boldsymbol{B}_i=\boldsymbol{P}'_{i-1}h_i$。且令 $k_n=1$。

根据弹性力学的理论，弯曲弹性能可以表示为

$$U=\frac{EJ}{2}\int_0^l k^2(s)\mathrm{d}s$$

其中，l 为样条长度；s 为弧长；$k(s)$ 为弧长处的曲率；EJ 为弯曲刚度常数。

小挠度曲线的曲率矢量可以近似地表示为

$$\boldsymbol{K}(s)\approx\frac{1}{h_i^2}\boldsymbol{R}''_i(u)$$

则第 i 段曲线的弯曲弹性势能可以表示为

$$U_i=\frac{EJ}{2h_i^3}\int_0^1\boldsymbol{R}''^2_i(u)\mathrm{d}u$$

得到

$$U_i=\frac{2EJ}{h_i^3}(\boldsymbol{Q}_{i,2}^2+3\boldsymbol{Q}_{i,2}\boldsymbol{Q}_{i,3}+3\boldsymbol{Q}_{i,3}^2) \tag{8-2}$$

则整条样条曲线的总弹性势能为

$$U=U_1+U_2+\cdots+U_n$$

为使此总弹性势能最小，可以调整 $\boldsymbol{P}_i$、$\boldsymbol{B}_i$，即

$$\frac{\partial U}{\partial \boldsymbol{B}_i}=0,\quad \frac{\partial U}{\partial \boldsymbol{P}_i}=0$$

求解并整理上式，得到方程组

$$\boldsymbol{B}_i+2k_i(1+k_i)\boldsymbol{B}_{i+1}+k_i^2k_{i+1}\boldsymbol{B}_{i+2}=3(\boldsymbol{A}_i+k_i^2\boldsymbol{A}_{i+1}) \tag{8-3}$$

$$i=1,2,\cdots,n-1$$

$$-2\boldsymbol{P}_{i-1}+2(1+k_i^3)\boldsymbol{P}_i-2k_i^3\boldsymbol{P}_{i+1}=\boldsymbol{B}_i+(1-k_i^2)k_i\boldsymbol{B}_{i+1}-k_i^3k_{i+1}\boldsymbol{B}_{i+2} \tag{8-4}$$

$$i=1,2,\cdots,n-1$$

很明显，式(8-3)就是利用二阶连续条件导出的三次样条的节点关系式。这说明，用能量法光顺的曲线是二阶连续的。

解式(8-3)得到一组 $\boldsymbol{B}_i$，相当于压曲线。继而，解式(8-4)得到一组修正的 $\boldsymbol{P}_i$，再按照修正后的 $\boldsymbol{P}_i$ 解式(8-3)，又得到一组修正后的 $\boldsymbol{B}_i$，这相当于搬动压铁修正曲线。交替求解式(8-3)和式(8-4)，则可迭代计算 $\boldsymbol{B}_i$ 及 $\boldsymbol{P}_i$，从而得到光顺后曲线的型值点和节点切矢。

在式(8-3)和式(8-4)中，都是只有 $n-1$ 个方程，求解变量有 $n+1$ 个。因此需要引入边界条件。实际应用中，可以假设样条曲线的边界不变，即 $\boldsymbol{P}_0$、$\boldsymbol{P}_n$、$\boldsymbol{B}_1$、$\boldsymbol{B}_{n+1}$ 不变，则未知变量为 $n-1$ 个。求解过程实际为一矩阵求逆过程，可以证明系数矩阵都是三对角阵，且为强对角占优矩阵，故解存在且唯一，可以使用追赶法求解。

8.2.2　能量法的迭代停止准则及方法

在光顺的迭代过程中，应给出适当的迭代停止准则。可考虑使用如下几种方式。

(1)始终监视曲线各分段连接点处的曲率值，在迭代过程中，这些连接点处的曲率值的符号在发生变化。当迭代达到一定程度时，这些曲率符号将停止变化。这时，曲线已经比较光顺，并且持续迭代也不会对曲线形态产生太大影响，则可以停止迭代，输出结果。

(2)监视曲线各节点的修改量，若发现超出了用于预先给定的修改容差，则停止迭代，输出结果。

(3)监视曲线各节点处的平均修改百分比，若发现此值的变化率非常小，则说明曲线已经基本不发生变化，则可以停止迭代，输出结果。

上述算法对型值点的修改量不能控制。为解决此问题，可以使用穗板卫算法，即使用加权法控制型值点位置的修改量。

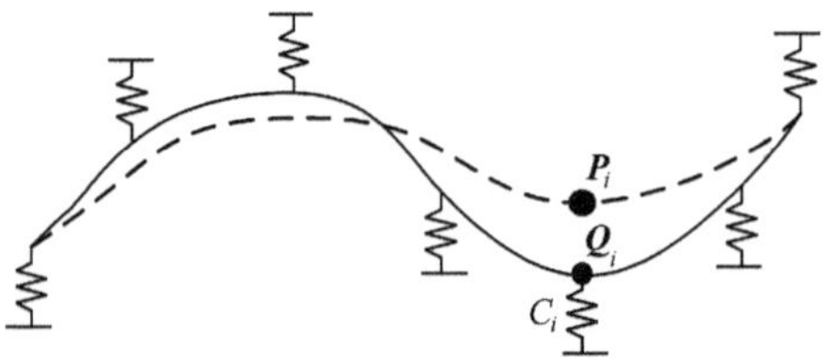

图 8-2　穗板卫能量法模型

此方法将每一个节点位置看成是吊在一个弹性系数为 C_i 的小弹簧上，如图8-2所示。设弹簧的初始长度为零，当去除外力(相当于搬去压铁)，梁发生变形拉伸每一根弹簧。这时产生两种势能，一种是梁的弯曲弹性势能，另一种是小弹簧的势能。这两种能量的总和为

$$U=\frac{1}{2}\sum_{i=0}^{n}C_i\mid \boldsymbol{P}_i-\boldsymbol{Q}_i\mid+\frac{EJ}{2}\int_0^l K^2(s)\mathrm{d}s$$

式中，$\boldsymbol{P}_i$ 为修改后的型值点的位置矢量；$\boldsymbol{Q}_i$ 为初始型值点的位置矢量。

具体的推导和求解过程同 8.2.1 节，以 U 为评价函数，调整 $\boldsymbol{P}_i$、$\boldsymbol{B}_i$ 使 U 达到最小。

此时 C_i 可以作为权系数调整型值点的修改量。不难看出，当 $C_i=0$ 时，相当于没有弹簧的物理模型。

8.3　参数样条选点光顺

在以弹性梁内能为基础的光顺方法中，Kjellander 方法是最典型的局部选点光顺法。

8.3.1　三次参数曲线选点光顺算法

如图 8-3 所示的 C^2 连续的三次参数样条 $\boldsymbol{r}(t)$，其分段连接点为 $\boldsymbol{p}_i=\boldsymbol{r}(t_i)$。

设 $\boldsymbol{p}_i$ 为要在此进行光顺的分段连接点，算法的基本思想是在 $\boldsymbol{p}_i$ 点附近找出另一点 $\boldsymbol{p}_i^*$ 来代替 $\boldsymbol{p}_i$，重新拟合曲线得 $\boldsymbol{r}^*(t)$，认为 $\boldsymbol{r}^*(t)$比 $\boldsymbol{r}(t)$更光顺。

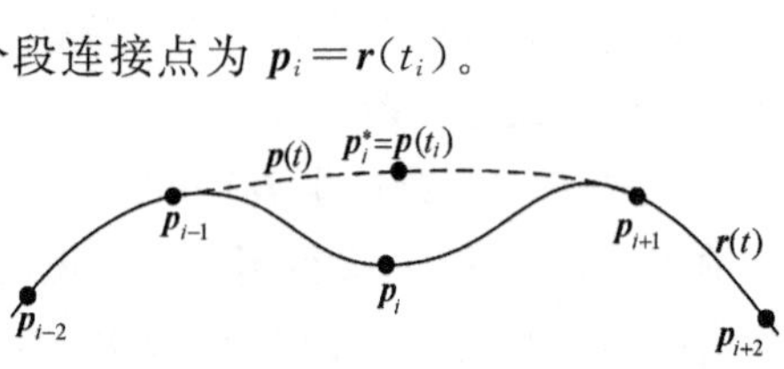

图 8-3　三次参数样条的光顺

三次参数曲线选点光顺算法如下。

(1)输入三次参数曲线 $\boldsymbol{r}(t)$及光顺位置 i。

(2)以边界信息 $\boldsymbol{p}_{i-1}$、$\boldsymbol{p}_{i+1}$及 $\boldsymbol{p}'_{i-1}$、$\boldsymbol{p}'_{i+1}$构造一段三次样条曲线 $\boldsymbol{p}(t)$，令$\boldsymbol{p}_i^*=\boldsymbol{p}(t_i)$。

(3)由于 $\boldsymbol{p}(t)$与 $\boldsymbol{r}(t)$在点 $\boldsymbol{p}_{i-1}$和 $\boldsymbol{p}_{i+1}$处只达到 C^1 连续，所以重新插值点列 $\boldsymbol{p}_0,\boldsymbol{p}_1,\cdots,$

$\boldsymbol{p}_{i-1}, \boldsymbol{p}_i^*, \boldsymbol{p}_{i+1}, \cdots, \boldsymbol{p}_m$，生成新的更光顺的曲线 $\boldsymbol{r}^*(t)$。

(4)输出曲线 $\boldsymbol{r}^*(t)$，结束。

8.3.2 选点光顺算法的说明

首先，选点光顺算法虽然是局部选点修改，但实际上却是全局光顺算法。每次光顺都要影响整条曲线。因为在上述算法的步骤(3)，为达到 C^2 连续而重新进行了曲线拟合，造成对点 $\boldsymbol{p}_i$ 的修改影响了整条曲线。

其次，在大部分情况下，此算法能取得较好的效果，但偶尔也会出现一些失败的例子。其实这种现象的发生并不是偶然的。1990 年，美国波音公司的 Lee 在深入研究后提出了对上述算法的质疑。并给出了一个反例，如图 8-4 所示，原曲线$\boldsymbol{r}(t)$为一凸曲线，而光顺后的曲线 $\boldsymbol{r}^*(t)$ 却含有两个拐点。

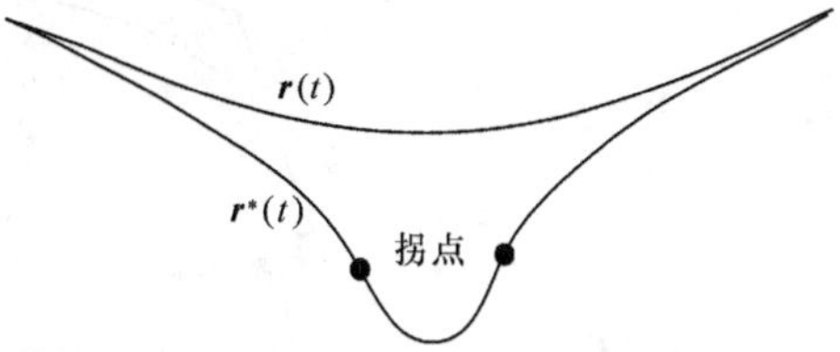

图 8-4 光顺后的曲线 $\boldsymbol{r}^*(t)$含有两个拐点

从应变能看，Kjellander 采用应变能近似公式

$$E = \int [\boldsymbol{r}''(t)]^2 \cdot \mathrm{d}t$$

计算出图 8-2 中 $\boldsymbol{r}^*(t)$比 $\boldsymbol{r}(t)$有着更小的应变能，而若用精确的应变能公式

$$E = \int \left(\frac{\boldsymbol{r}'(t) \times \boldsymbol{r}''(t)}{|\boldsymbol{r}'(t)|^3} \right)^2 \cdot |\boldsymbol{r}'(t)| \cdot \mathrm{d}t$$

计算出的结果却恰好相反。因此，对此算法的应用要慎重选择。

8.4 NURBS 曲线选点光顺

随着 B 样条技术以及 NURBS 方法在现代造型系统中的推广应用，人们逐渐认识到：在参数样条形式下选点修改，然后重新拟合这种算法并不能称为完全意义上的曲线光顺。其只是对曲线上离散点的修正，并且在本质上都是全局修改算法。这些算法的诸多缺陷妨碍了光顺方法在造型系统中的应用。有许多学者在 B 样条光顺这一领域做了艰苦而卓有成效的工作，并且逐步形成这样一种共识，即曲线光顺不应只在曲线构造后才进行，而应该在构造曲线时，就尽量考虑光顺性问题，从而构造出较光顺的曲线。不少学者提出了带光顺准则的曲线构造方法。本节主要介绍在使用 NURBS 曲线构造完成后的局部选点光顺法。

8.4.1 NURBS 曲线选点修改的基本原理

NURBS 曲线选点修改基本原理简述如下。

如图 8-5(a)所示，设有曲线 $\boldsymbol{r}(t)$，$\{t_i\}$为其节点序列。不失一般性，假设其内节点重复度都为 1。此曲线在 $\boldsymbol{r}(t_i)$处最不光顺。为消除这种不光顺，采用 NURBS 节点消去算法，消去节点 t_i，形成一新曲线 $\boldsymbol{r}^*(t)$，如图 8-5(b)所示。为保持光顺后曲线结构不变，在 $\boldsymbol{r}^*(t)$的区间$[t_{i-1}, t_{i+1}]$中，重新插入节点 t_i，形成曲线 $\boldsymbol{r}^{**}(t)$，如图 8-5(c)所示。以 $\boldsymbol{r}^{**}(t)$替换 $\boldsymbol{r}(t)$，则光顺后的曲线在 t_i 处达到C^∞ 连续。

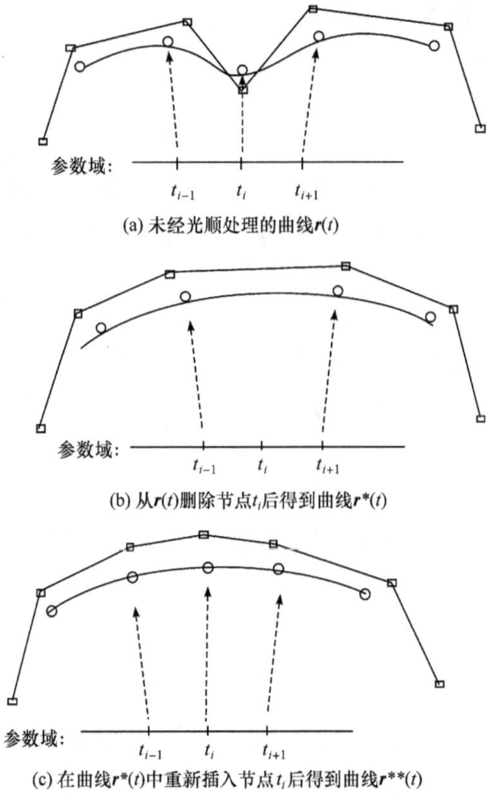

图 8-5　NURBS 曲线选点修改基本原理

8.4.2　光顺性准则

首先需要处理的问题是如何选择光顺性准则，即光顺性的定量衡量。一般采用 Farin 给出的准则。因 NURBS 曲线是分段有理多项式，在曲线的定义区间内，只有在分段连接处，即节点矢量中的节点值处，具有 C^{k-r} 连续。其中 k 为曲线次数，r 为节点重复度。其余处均有 C^{∞} 连续。从曲线的曲率图中反映出，曲率的 C^1 不连续只能发生在节点矢量的内节点处。据此，给出曲线光顺性的定量描述为

$$S = \sum_{i=k+1}^{n-1} Z_i \tag{8-5}$$

$$Z_i = \left| k'(t_i^-) - k'(t_i^+) \right| \tag{8-6}$$

其中，n 为控制顶点数；$k'(t_i^-)$和 $k'(t_i^+)$分别为曲率图中曲率值在 t_i 处的左导数和右导数。

以 S 作为衡量整条曲线光顺性的准则。S 越小则曲线越光顺。对于圆弧段和直线段，S 为零，说明此定义符合人们对光顺性的直观感觉。

在选点修改的过程中，可取 Z_i 为最大时的节点 t_i 作为最不光顺点，进行光顺处理。

8.4.3　节点删除方法

算法中涉及节点的插入和删除。节点插入在 NURBS 配套技术中已有成熟的方法。由于节点删除是一非确定性问题，有必要作一简要讨论。

如图 8-6 所示，设有一非有理 B 样条曲线 $\boldsymbol{r}(t)$，节点矢量和控制顶点分别为

$$T = \{t_0, t_1, \cdots, t_{i+k}, t_d, t_{i+k+1}, \cdots, t_{n+k+1}\}$$

$$V = \{V_0, V_1, \cdots, V_i, V_{i+1}, V_d, V_{i+2}, V_{i+3}, \cdots, V_n\}$$

若 $r(t)$ 是由另一曲线 $r'(t)$ 在节点 t_d 处插入节点而来。其节点矢量和控制顶点分别为

$$T' = \{t_0, t_1, \cdots, t_{i+k}, t_{i+k+1}, \cdots, t_{n+k+1}\} = T + t_d$$

$$V' = \{V_0, V_1, \cdots, V_i, V'_{i+1}, V'_{i+2}, V_{i+3}, \cdots, V_n\}$$

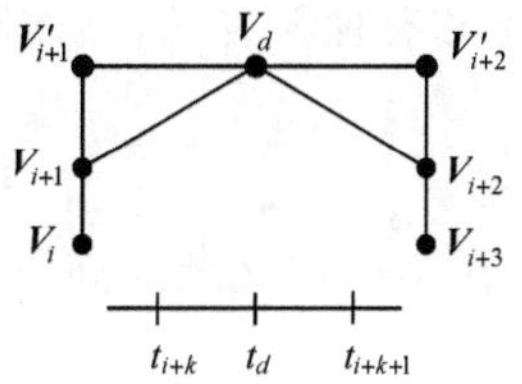

图 8-6　非有理 B 样条曲线 $r(t)$ 的节点和控制顶点

那么应有下式成立

$$\begin{cases} V_{i+1} = (1-\alpha_{i+1}) \cdot V_i + \alpha_{i+1} \cdot V'_{i+1} \\ V_d = (1-\alpha_{i+2}) \cdot V'_{i+1} + \alpha_{i+2} \cdot V'_{i+2} \\ V_{i+2} = (1-\alpha_{i+3}) \cdot V'_{i+2} + \alpha_{i+3} \cdot V_{i+3} \end{cases} \tag{8-7}$$

其中，$\alpha_i = \dfrac{t_d - t_i}{t_{i+k} - t_i}$，记为矩阵形式

$$\begin{bmatrix} \alpha_{i+1} & 0 \\ 1-\alpha_{i+2} & \alpha_{i+2} \\ 0 & 1-\alpha_{i+3} \end{bmatrix} \cdot \begin{bmatrix} V'_{i+1} \\ V'_{i+2} \end{bmatrix} = \begin{bmatrix} V_{i+1} - (1-\alpha_{i+1}) \cdot V_i \\ V_d \\ V_{i+2} - \alpha_{i+3} \cdot V_{i+3} \end{bmatrix}$$

简记为

$$T \cdot V' = V \tag{8-8}$$

此时可安全地在 $r(t)$ 中消去节点 t_d 得到 $r'(t)$，使得 $r(t)$ 与 $r'(t)$ 完全重合。

线性系统式(8-8)为过约束，无精确解。常见的解法运用最小二乘法来解，即

$$V' = (T^{\mathrm{T}} \cdot T)^{-1} \cdot T^{\mathrm{T}} \cdot V$$

得到的曲线 $r'(t)$ 与原曲线不重合。把节点 t_d 重新插入 $r'(t)$ 得到光顺后的曲线。显然原曲线的控制顶点 V_{i+1}、V_d、V_{i+2} 被改动。

还可以采用另外一种解法。从式(8-7)中删去第二式，得到

$$\begin{cases} V_{i+1} = (1-\alpha_{i+1}) \cdot V_i + \alpha_{i+1} \cdot V'_{i+1} \\ V_{i+2} = (1-\alpha_{i+3}) \cdot V'_{i+2} + \alpha_{i+3} \cdot V_{i+3} \end{cases}$$

解上述线性方程组

$$\begin{cases} V'_{i+1} = \dfrac{V_{i+1} - (1-\alpha_{i+1}) \cdot V_i}{\alpha_{i+1}} \\ V'_{i+2} = \dfrac{V_{i+2} - \alpha_{i+3} \cdot V_{i+3}}{1-\alpha_{i+3}} \end{cases} \tag{8-9}$$

得到曲线 $r'(t)$。把节点 t_d 重新插入 $r'(t)$ 得到光顺后的曲线。显然只有原曲线的控制顶点 V_d 被改动，且改动量为

$$\boldsymbol{\delta}_d = V_d - [(1-\alpha_{i+2}) \cdot V'_{i+2} + \alpha_{i+3} \cdot V'_{i+3}] \tag{8-10}$$

比较上述节点消除的两种算法，显然后者影响的控制顶点较少，且误差容易控制。在实践应用中，采用后者取得了良好效果。

针对 NURBS 曲线，只需在齐次坐标空间内完成上述算法后，投影回笛卡儿坐标空间即可。

8.4.4　光顺中的误差控制

由于光顺是一个修改过程，因此在上述光顺过程中，必须考虑误差控制。

对于非有理 B 样条，其改动量可表示为

$$[\boldsymbol{r}(t)-\boldsymbol{r}'(t)]=\sum_{j=0}^{n}N_{j,k}(t)\cdot\boldsymbol{\delta}_j$$

事实上，在某个定义域区间$[t_{i+k},t_{i+k+1}]$中，只有 $k+1$ 个基函数非零，改写上式为

$$[\boldsymbol{r}(t)-\boldsymbol{r}'(t)]=\sum_{j=i}^{i+k}N_{j,k}(t)\cdot\boldsymbol{\delta}_j$$

由于 B 样条基函数的权性($\sum_{j=0}^{n}N_{j,k}(t)\equiv 1$)，有

$$[\boldsymbol{r}(t)-\boldsymbol{r}'(t)]\leqslant\sum_{j=i}^{i+k}\boldsymbol{\delta}_j$$

因此，对于给定的允许误差 ε，只需保证下式成立即可

$$\left|\sum_{j=i}^{i+k}\boldsymbol{\delta}_j\right|\leqslant\varepsilon \tag{8-11}$$

有关有理 B 样条曲线的误差分析，过程比较复杂，在此只给出下面的结果。

设 $\boldsymbol{R}(t)=\{\boldsymbol{r}(t)\cdot\omega(t),\omega(t)\}$为有理 B 样条曲线的齐次坐标形式。对于给定的允许误差 ε，在定义域区间$[t_{i+k},t_{i+k+1}]$中，只需保证下式成立即可

$$\left|\sum_{j=i}^{i+k}\boldsymbol{\delta}_j\right|\leqslant\frac{\varepsilon\cdot\omega_{\min}}{1+|\boldsymbol{r}(t)|_{\max}} \tag{8-12}$$

其中，$\boldsymbol{\delta}_i$ 为式(8-10)的齐次坐标形式；$\omega_{\min}=\min[\omega(t)]$；$|\boldsymbol{r}(t)|_{\max}=\max|\boldsymbol{r}(t)|$。

8.4.5 NURBS 曲线选点迭代光顺算法

NURBS 曲线选点迭代光顺算法如下。

(1)输入曲线 $\boldsymbol{r}(t)$及允许误差 ε。

(2)应用式(8-5)和式(8-6)计算 Z_i 和 S。并根据 Z_i 选出最不光顺节点 t_d，其中 $Z_d=\max(Z_i)$。

(3)应用式(8-9)和式(8-7)对节点 t_d 进行删除和重新插入操作，更新控制顶点 $\boldsymbol{V}_d$。

(4)对每段曲线，应用式(8-11)或式(8-12)，检查光顺是否超差。若否，则进行步骤(2)。

(5)放弃本次光顺，输出结果，结束。

在上述算法中，有几个问题需注意。

(1)光顺性 S 是整体的衡量指标。应用式(8-9)和式(8-7)虽然使曲线在节点 t_d 处更光顺(Z_d 递减)，但并不能保证整条曲线更光顺(S 递减)。因此在迭代过程中，应监视 S 的变化趋势。一旦发现 S 变大。则放弃修改，终止迭代。

(2)在应用中发现如图 8-7(b)所示的情况，图 8-7(a)是未光顺曲线。曲率图在节点的 t_d 两侧发生符号改变，t_d 应为不光顺节点，但应用式(8-6)却不能将 t_d 标记为不光顺节点。

为解决此问题，应附加另一条光顺性准则：当曲率图在节点 t_d 两侧区间$[t_{i+k},t_d]$和$[t_d,t_{i+k+1}]$内同时发生符号改变时，将 t_d 标记为最不光顺节点，即令 $Z_d=\text{MaxValue}$，MaxValue 为一足够大的正值。

(3)此算法是真正的局部光顺算法。每次光顺只修改一个控制顶点，并且只影响相应的 $k+1$段曲线，误差容易控制。

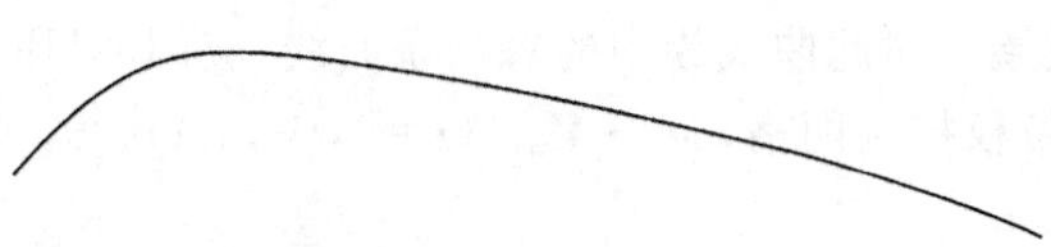

(a) 待光顺的曲线外形

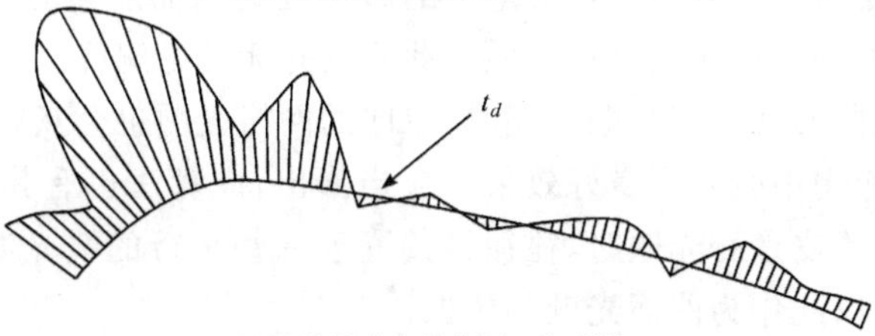

(b) 曲线的曲率分布图，未光顺

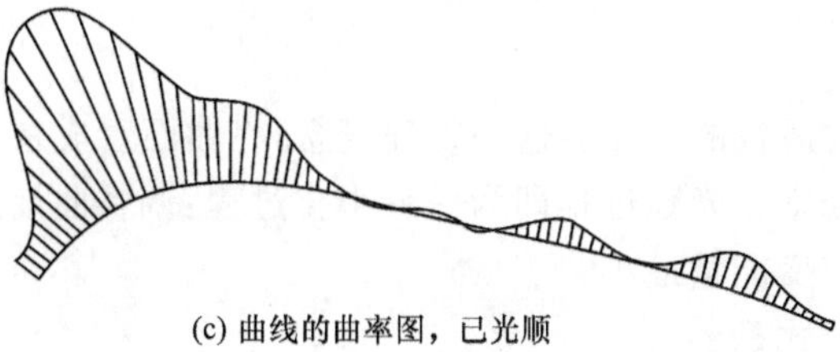

(c) 曲线的曲率图，已光顺

图 8-7　曲线图

8.5 曲面光顺

曲面光顺是几何造型中重要而又难解决的问题，此问题一直引起人们的广泛注意和兴趣。对于曲面光顺，其光顺准则很难精确给出。早期的一种做法是用任意平面族与曲面的相交曲面族的光顺性作为曲面的光顺性判据。或者使用曲面上的等参数线的光顺性作为曲面的光顺性判据。这些方法可以归类为网格法光顺，即利用曲面上的网格修改来代替对曲面的修改。

网格法有其固有的缺点：网格的光顺不一定说明曲面的光顺；双向的网格光顺存在约束协调问题。对此，1983 年 Nowacki 和 Reese 提出以薄板应变能作为曲面光顺准则，此准则有明显的物理意义，也是当今公认的一个比较合理的准则。但由此准则构造算法比较困难。

本节即针对上述两种典型方法，分别介绍工程实用的曲面光顺算法。

8.5.1　网格法光顺算法

以 NURBS 曲面为例，由于 NURBS 曲面是 NURBS 曲线在齐次空间中的张量积扩展，许多学者在讨论曲线光顺算法时，都不加证明地认为曲线光顺算法可扩展应用到曲面光顺中。下面针对 NURBS 曲面，给出通过曲线光顺算法扩展的曲面光顺算法。

(1)输入 NURBS 曲面，包括带权控制网格$\{\omega_{i,j}\cdot \boldsymbol{V}_{i,j}\}(i=0,\cdots,n_u;j=0,\cdots,n_w)$、节点矢量 $\boldsymbol{U}$ 和 $\boldsymbol{W}$，以及允许误差 ε。

(2)以节点矢量 $\boldsymbol{U}$ 和带权控制顶点。

$\boldsymbol{V}_j=\{\omega_{0,j}\cdot \boldsymbol{V}_{0,j},\omega_{1,j}\cdot \boldsymbol{V}_{1,j},\cdots,\omega_{n_u,j}\cdot \boldsymbol{V}_{n_u,j}\}(j=0,\cdots,n_w)$构成一 NURBS 曲线族。对此曲线族中的每一条曲线，应用 NURBS 曲线选点迭代光顺算法进行光顺处理。更新带权控制网格$\{\omega_{i,j}\cdot \boldsymbol{V}_{i,j}\}(i=0,\cdots,n_u;j=0,\cdots,n_w)$。

(3)以节点矢量 $\boldsymbol{W}$ 和带权控制顶点 $\boldsymbol{V}_i=\{\omega_{i,0}\cdot \boldsymbol{V}_{i,0},\omega_{i,1}\cdot \boldsymbol{V}_{i,1},\cdots,\omega_{i,n_v}\cdot \boldsymbol{V}_{i,n_w}\}(i=0,\cdots,$

n_u)构成一 NURBS 曲线族。对此曲线族中的每一条曲线，应用 NURBS 曲线选点迭代光顺算法进行光顺处理。更新带权控制网格$\{\omega_{i,j}\cdot \boldsymbol{V}_{i,j}\}(i=0,\cdots,n_u;j=0,\cdots,n_w)$。

(4)输出结果，结束。

上述算法实际上是对位于双向节点矢量中的节点处的曲面双向等参数曲线进行光顺，也可以理解为对构成曲面的插值曲线进行光顺。此算法并无理论解释。因为即使构成了曲面的曲线光顺，并不能保证曲面就一定光顺。同时，双向的网格光顺也会互有影响。

但此算法在实际应用中收到了良好效果。应当指出，此算法也有其存在的实用依据。例如，当设计师检查汽车蒙皮是否光顺时，往往将其置于一些平行的线光源照射下，目测蒙皮上的反射光线是否光顺，以此作为曲面光顺的依据。

8.5.2 能量法光顺

Nowacki 等根据弹性薄板的应变能这一物理概念，将曲面看成是一个薄板面，其应变能量就作为判断曲面好坏的准则。光顺过程即为一最小化过程：调整曲面的定义参数(一般调整控制网格顶点)，使得薄板应变能量最小。

薄板应变能量计算公式是

$$E=C\iint\left\{\left(\frac{\partial^2 F}{\partial x^2}+\frac{\partial^2 F}{\partial y^2}\right)^2-2(1-\gamma)\left[\frac{\partial^2 F}{\partial x^2}\cdot\frac{\partial^2 F}{\partial y^2}-\left(\frac{\partial^2 F}{\partial x\partial y}\right)^2\right]\right\}\mathrm{d}x\mathrm{d}y$$

其中，$F(x,y)$是曲面的笛卡儿表达式；C 是常量；γ 是泊松系数。这里可取$C=1$。

如果 $\gamma=0$，即假设曲面是小变形的，则可得

$$E=C\iint\left\{\left(\frac{\partial^2 F}{\partial x^2}\right)^2+2\left(\frac{\partial^2 F}{\partial x\partial y}\right)^2+\left(\frac{\partial^2 F}{\partial y^2}\right)^2\right\}\mathrm{d}x\mathrm{d}y \tag{8-13}$$

由几何学知，式(8-13)具有旋转不变性。实际上，式(8-13)可以写成以下形式

$$E=C\iint(K_1^2+K_2^2)\mathrm{d}x\mathrm{d}y \tag{8-14}$$

其中，K_1、K_2 是主曲率。

式(8-14)主要针对非参数曲面，而对于参数曲面，求解此式的最小值将非常困难，而这也正是参数曲面光顺的难点之一。很多学者在研究曲线、曲面光顺中，尝试使用曲线的二阶导数的平方代替曲率的平方，当曲线一阶导数比较小时，这种逼近比较精确；也尝试使用曲面的二阶偏导的二次型逼近曲率的平方；这些尝试均得到了满意的效果。

可以使用下式作为应变能的度量

$$E=C\iint\left\{\alpha\left(\frac{\partial^2 \boldsymbol{r}}{\partial u^2}\right)^2+2\beta\left(\frac{\partial^2 \boldsymbol{r}}{\partial u\partial w}\right)^2+\gamma\left(\frac{\partial^2 \boldsymbol{r}}{\partial w^2}\right)^2\right\}\mathrm{d}u\mathrm{d}w$$

其中，$\alpha\geqslant 0,\beta\geqslant 0,\gamma\geqslant 0,\alpha+\beta+\gamma>0$，$\boldsymbol{r}(u,w)$是参数曲面的表达式。此处的 E 称为广义能量积分。

下面给出一个 B 样条曲面的能量光顺算法。

容易验证，能量可以表达为控制网格顶点的函数

$$\boldsymbol{E}=\boldsymbol{B}^{\mathrm{T}}\boldsymbol{F}\boldsymbol{B}$$

其中，$\boldsymbol{B}=(\boldsymbol{b}_0,\cdots,\boldsymbol{b}_{(n+1)m+n})^{\mathrm{T}}$，$\boldsymbol{b}_{(n+1)i+j}=\boldsymbol{V}_{i,j}$，$\boldsymbol{V}_{i,j}(i=0,1,\cdots,m;j=0,1,\cdots,n)$是 B 样条曲面的控制网格顶点；$\boldsymbol{F}$ 为$(m+1)(n+1)$阶对称方阵。

若曲面控制网格中有多个坏点 $\boldsymbol{b}_{i_1},\boldsymbol{b}_{i_2},\cdots,\boldsymbol{b}_{i_k}$，对其引入控制顶点修改量 $\boldsymbol{T}=(\boldsymbol{t}_{i_1},\cdots,\boldsymbol{t}_{i_k})^{\mathrm{T}}$，则能量函数可以改写为

$$\boldsymbol{E} = \boldsymbol{B}^{\mathrm{T}}\boldsymbol{F}\boldsymbol{B} + \boldsymbol{C}^{\mathrm{T}}\boldsymbol{T} + \frac{1}{2}\boldsymbol{T}^{\mathrm{T}}\boldsymbol{Q}\boldsymbol{T} \tag{8-15}$$

其中，$\boldsymbol{C}^{\mathrm{T}} = 2\left(\sum_{j=0}^{(n+1)m+n} \boldsymbol{b}_j F_{j,i_1},\ \sum_{j=0}^{(n+1)m+n} \boldsymbol{b}_j F_{j,i_2},\cdots,\ \sum_{j=0}^{(n+1)m+n} \boldsymbol{b}_j F_{j,i_k}\right)$

$$\boldsymbol{Q} = 2\begin{bmatrix} F_{i_1 i_1} & F_{i_1 i_2} & \cdots & F_{i_1 i_k} \\ \vdots & \vdots & & \vdots \\ F_{i_k i_1} & F_{i_k i_2} & \cdots & F_{i_k i_k} \end{bmatrix}$$

可以证明 $\boldsymbol{Q}$ 是正定矩阵，根据优化理论可知，光顺过程是一个二次规划问题，使得式(8-15)最小的解为

$$\boldsymbol{T} = -\boldsymbol{Q}^{-1}\boldsymbol{C} \tag{8-16}$$

则控制顶点 $\boldsymbol{b}_0,\cdots,\boldsymbol{b}_{i_1}+\boldsymbol{t}_{i_1},\cdots,\boldsymbol{b}_{i_k}+\boldsymbol{t}_{i_k},\cdots,\boldsymbol{b}_{(n+1)m+n}$ 网格所形成的曲面将比原曲面更光顺。

上述光顺过程可以迭代进行，直到得到满意的结果。

习　题

1. 结合自己的工程经验，讨论光顺的准则。
2. 国内外学者给出的不同光顺准则间有什么内在的联系和区别？
3. 比较参数样条选点光顺和 NURBS 曲线选点光顺算法各自的优缺点。

第 9 章　几何建模与实体造型

在 CAD/CAM 系统中，建模技术是将现实世界中物体及其属性转化为计算机内部数字化模型的原理和方法，是定义产品数字模型、数字信息以及图形信息的工具，是产品信息化的源头。它为产品设计、制造、装配、工程分析以及生产过程管理等提供有关产品信息的描述与表达方法，是实现计算机辅助设计与制造的前提条件，也是计算机辅助造型技术的核心内容。

本章将围绕几何建模与产品建模，重点介绍几何建模、实体造型、特征建模、参数化和变量化造型等知识。

9.1　几何建模的基础知识

几何建模(geometry modeling)技术用于研究如何采用数学方法在计算机中表示物体的形状、大小、位置、结构、相互关系等属性，以便于建立产品对象的几何模型。几何造型技术随着计算机硬件性能的大幅度提高而迅速发展，已经形成了众多以几何造型作为核心的实用化系统，并在航空航天、汽车、造船、机械、建筑和电子等行业得到了广泛的应用。

在几何建模技术中，对一个形体的表达和描述是建立在对其几何信息和拓扑信息处理的基础上的。其中，几何信息一般是指一个形体在欧氏空间中的形状、大小和位置等信息，而拓扑信息则用于表达各个组成部分之间的相互关系。几何建模的基础知识包括形体的定义、形体的正则运算和欧拉公式等。

9.1.1　几何元素的定义

在几何造型中，任何复杂形体都是由基本几何元素构造而成的。几何造型通过对几何元素的各种变换处理和集合运算而产生。因此，了解空间几何元素的定义将有助于掌握几何建模技术，进而熟练应用不同软件所提供的各种造型功能。

任何一个三维形体都可以由空间中的封闭曲面构成，而每一个面则由一个或多个封闭环确定，每一个环由一组相邻的边组成，边由两个端点确定。可见，点、边、环、面和体是构成几何模型的基本元素。

1. 点(vertex)

点是几何建模中最基本的几何元素，任何几何形体都可以用有序的点集来表示。用计算机存储、管理、输出形体的实质就是对点集及其相互连接关系的处理。点分为端点、交点、切点、孤立点等。一维空间中点的坐标用一元组$\{t\}$表示；二维空间中点的坐标用二元组$\{x,y\}$或$\{x(t),y(t)\}$表示；三维空间中点的坐标用三元组$\{x,y,z\}$或$\{x(t),y(t),z(t)\}$表示。一般来说，n维空间中的点在齐次坐标下用$n+1$维表示。在正则形体定义中，不允许孤立点存在。在自由曲线和曲面的描述中常用到三种类型的点，即控制点、型值点和插值点。

(1) 控制点又称为特征点，用于确定曲线和曲面的形状与位置，但相应曲线或曲面不一定经过控制点。

(2) 型值点用于确定曲线和曲面的位置与形状，且相应曲线或曲面一定经过型值点。

(3) 插值点是为提高曲线和曲面的输出精度，或为修改曲线或曲面的形状，在型值点或控制点之间插入的一系列点。

在图 9-1 所示的贝塞尔曲线中，$\boldsymbol{V}_1$ 和 $\boldsymbol{V}_4$ 是两个端点，而 $\boldsymbol{V}_2$ 和 $\boldsymbol{V}_3$ 是两个控制点，可以用于控制该曲线的曲率和形状。

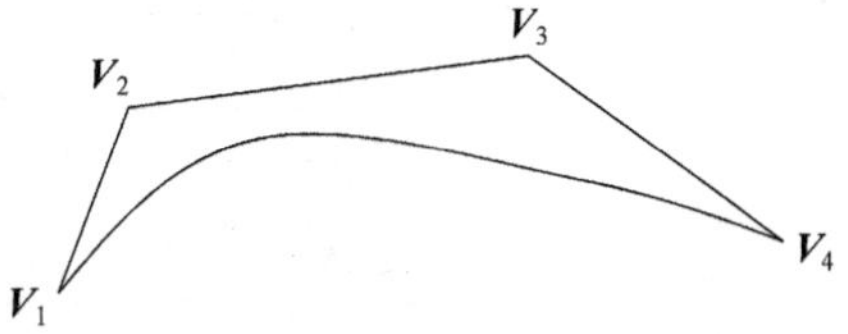

图 9-1　贝塞尔曲线中的顶点与控制点

2. 边(edge)

边是两个邻面或多个邻面的交集。对于正则形体，一条边只能有两个相邻面；而对于非正则形体，一条边则可以有多个相邻面。边的形状(curve)由边的几何信息来表示，可以是直线或曲线。曲线边可用一系列控制点或型值点来描述，也可用显式、隐式或参数方程来描述。直线边或曲线边都由其端点定界。边有方向性，其方向由起点沿边指向终点。

3. 环(loop)

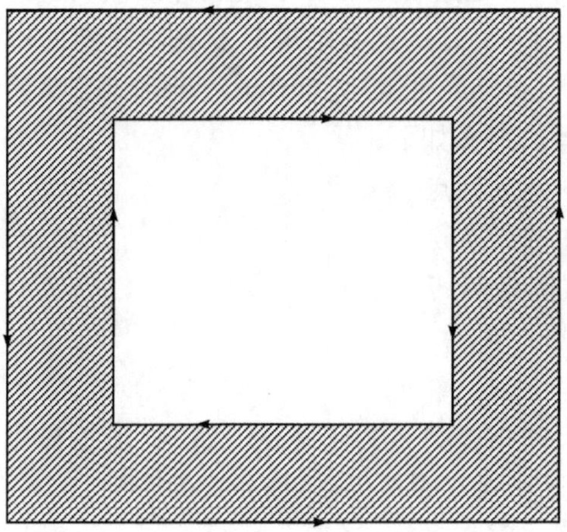
图 9-2　外环和内环

环是有序、有向边组成的面的封闭边界。环中的边不能相交，相邻两条边共享一个端点。环有内外、方向之分，确定面的最大外边界的环称为外环，确定面中内孔或凸台边界的环称为内环，外环各边按逆时针方向排列，内环各边按顺时针排列。因此，在面上沿一个环前进时，其左侧总是在面内，而右侧总是在面外。如图 9-2 所示的面中，外环是面的外边界，内环是面的内边界。

4. 面(face)

面是形体表面的一部分，由一个外环和若干个内环(可以没有内环)界定其范围，内环完全在外环之内。面具有方向性，一般用外法矢方向作为面的正向；反之，称为反向。该外法矢方向通常由组成面的外环的有向棱边按右手法则定义。在几何造型系统中，面通常分为平面、二次曲面、柱面、双三次参数曲面等形式。面的形状由面的几何信息来表示。平面可用平面方程来描述，曲面可用控制多边形或型值点来描述，也可用曲面方程(隐式、显式或参数形式)来描述。对于参数曲面，通常在其二维参数域上定义环，这样就可由一些二维的有向边来表示环，集合运算中对面的分割也可在二维参数域上进行。

5. 体(object)

体是面的并集，是由有限个封闭的边界面围成的非零空间区域。为了保证几何造型的可靠性和可加工性，要求形体上任何一点的足够小的邻域在拓扑上应是一个等价的封闭圈，即围绕该点的形体邻域在二维空间中可构成一个单连通域，满足这个条件的形体称为正则形体，否则为非正则形体。图 9-3 是几个非正则形体的例子，其中，图 9-3(a)所示的形体存在悬面

(dangling face)，图 9-3(b)所示的形体存在悬边(dangling edge)，图 9-3(c)所示形体的一条边同时属于四个面。

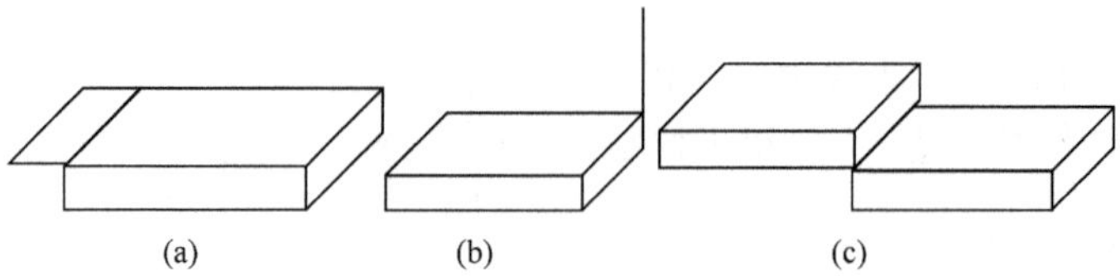

图 9-3 非正则形体

9.1.2 形体的正则集合运算

无论用哪种方法表示形体，人们都希望能通过一些简单形体的组合形成复杂形体。这可以通过形体的布尔集合运算，即并、交、差运算来实现。

集合运算是实体造型系统中非常重要的模块，也是一种非常有效的构造形体的方法。从一维几何元素到三维几何元素，人们针对不同的情况和应用要求，提出了不少集合运算算法。对于正则形体集合，可以定义正则集合算子。如果<OP>是集合运算算子(交、并或差)，A、B是欧氏空间中任意两个正则形体，则集合运算：$R=A$<OP>B 的运算结果 R 仍是欧氏空间中的正则形体。<OP>称为正则集合算子，正则并(union)、正则交(intersection)、正则差(difference)分别记为∪、∩、－。这三种基本集合运算的定义如下。

交：$C=A\cap B=B\cap A$，即形体 C 包含所有 A 和 B 的共同点。

并：$C=A\cup B=B\cup A$，即形体 C 包含所有 A 与 B 的所有点。

差：$C=A-B$，形体 C 包含从 A 中减去 A 和 B 共同点的其余点。

9.1.3 欧拉运算

为了在几何建模过程中保证每一步所产生中间形体拓扑关系的正确性，欧拉提出了描述集合分量与拓扑关系的检验公式，可作为检验形体描述正确与否的依据，该公式为

$$F+V-E=2+R-2H \tag{9-1}$$

式中，F 为形体的面数；V 为形体的顶点数；E 为形体的边数；R 为面中的孔洞数；H 为体中的空穴数。凡满足该式的形体称为欧拉形体(euler shape)。在几何建模中通过增加或删除点、边、面而产生新形体的操作称为欧拉运算(euler operations)。欧拉公式给出了形体的点、边、面、体、孔洞数目之间的关系，在对形体的结构进行修改时，必须要保证这个公式成立，才能够保证形体的有效性。

9.2 几何建模的计算机模型

几何建模是将形体各部分的几何形状、空间位置、各部分的连接关系、颜色及纹理等信息存储在计算机内，进而形成该形体三维几何模型的理论、方法和技术。通过几何建模所形成的模型是对原形体及其状态的计算机化表达与模拟，其信息能够为后续设计提供帮助，如产生有限元网格、编制数控加工刀具轨迹、进行干涉检查和物性计算等。根据模型表达方式的不同，几何建模所产生的计算机模型可分为线框模型(wire frame model)、表面模型(surface model)和实体模型(solid model)三种。

9.2.1 线框模型

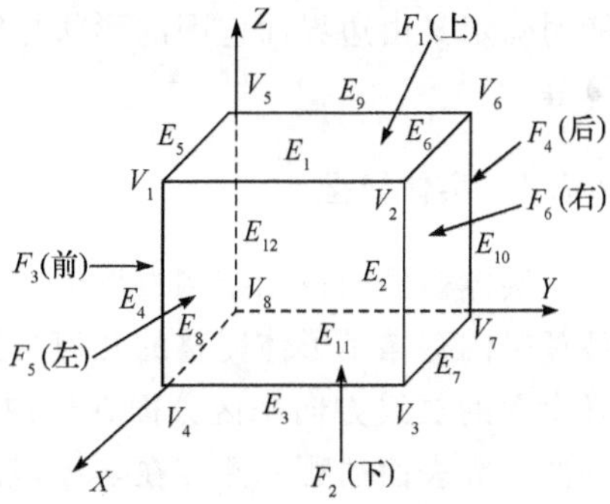

图 9-4 单位立方体

线框模型是最早应用的三维模型，是二维工程图的延伸。它在二维图形绘制的基础上增加了用于表示深度的 Z 坐标，即把原来的平面直线和圆弧扩展为空间直线和圆弧，并采用它们表示形体的边界和外部轮廓。线框模型用一系列点和线构成的线框来描述三维形体。以图 9-4 的单位立方体为例，其线框模型由立方体的八个顶点与 12 条棱边构成。

在计算机中用两个表存储该立方体的数据，一个是立方体的顶点表，依次记录了八个顶点的 x、y、z 坐标值；另一个是棱线（边）表，记录了每条棱线对应的两个顶点号。

线框模型的优点是结构简单、容易处理、数据量小，能产生任意二维工程视图、任意视点或视向的轴测图与透视图。其缺点是不包含形体的表面信息、不能区别形体表面的里边或外边、对形体描述不完整、易出现二义性理解、不能描述曲面轮廓线，也不能得到剖面图、消除隐藏线、求两个形体间的交线、无法进行物性计算和编制数控加工指令等。例如，对图 9-5(a)的理解可以是图 9-5(b)，也可以是图 9-5(c)。

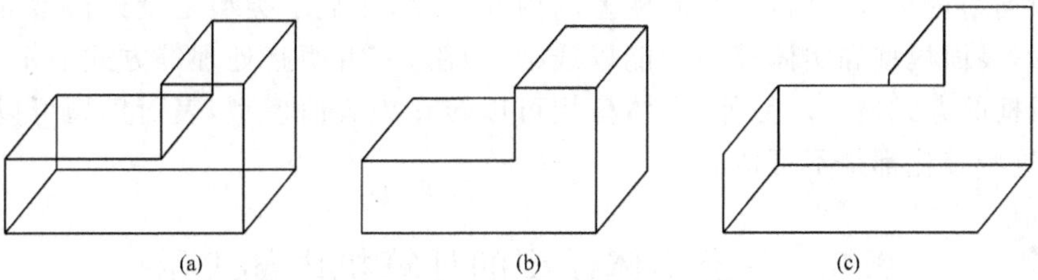

图 9-5 线框模型的二义性示例

9.2.2 表面模型

表面模型是通过对形体各表面或曲面进行描述的一种三维形体构造模型。表面模型有两种构造方法。一种是把线框模型中某些棱边包围的部分定义为面，形成表面模型；另一种是直接用系统提供的许多平面或曲面元素构成。当采用基于线框模型的方法构造表面模型时，其模型在计算机中的存储结构仅仅是在原线框模型由顶点表和边表组成的数据结构的基础上，再增加一个面表，以记录边与面间的拓扑关系。

根据曲面特征的不同，表面模型中的曲面主要包括两种类型，一种是几何图形曲面，另一种是自由曲面。其中，几何图形曲面指那些具有固定几何形状的曲面，如球面、圆锥面等。而自由曲面则包括扫描曲面、贝塞尔曲面、B 样条曲面等。

根据曲面造型方法的不同，曲面又可以分为扫描曲面、直纹面和复杂曲面三种。其中，扫描曲面可以分为旋转扫描曲面和轨迹扫描曲面两种；直纹面包括圆柱面、圆锥面等；复杂曲面包括贝塞尔曲面、孔斯曲面和 B 样条曲面等。

表面模型的优点是能处理较复杂曲面的设计与加工，如模具、汽车、飞机等；还具有消隐、着色、表面积计算、生成数控刀具轨迹、划分有限元网格等。其缺点是每个面都是单独存储的，并未记录面与面之间的邻接拓扑关系；由于缺乏面、体间的拓扑关系的描述，形体的实心部分在边界的哪一侧也是不明确的，因此不能区分面的哪一侧在形体的体内或体外。也就是说，不能明确定义由边界面包围的形状是实心体还是空心体，无法作出形体的断面图和进行物性计算等。

9.2.3 实体模型

实体模型的数据结构由形体的全部几何信息与全部点、线、面、体的拓扑信息组成。由于计算机内存储了形体完整的几何与拓扑信息，所以它比线框模型、表面模型更优越，它能通过确定面的法线方向来区分面在体内或体外的哪一侧。如图 9-5 所示，在实体模型中为了确定形体轮廓表面的哪一侧存在实体，常用有向的棱边的右手法则来确定所在面的法向，并且规定其正向指向体外。

与表面模型相比，实体模型规定了表面完整的拓扑关系，从形体的任一个面都可以遍历它所有的面、边和点，并规定面的哪一侧是实体。实体模型消除隐藏线，产生有明暗效应的立体图像，能进行面积、体积、重心、惯性矩等物性的计算，也能支持有限元网格的自动划分、干涉检查、动画模拟、多至五轴的数控编程等。实体模型的缺点是缺乏加工信息，如材料、加工特征信息、公差、表面粗糙度等。

以上介绍了几何建模中的线框模型、表面模型和实体模型。这和模型的显示类型不可混淆。模型的显示通常包括线框、消隐、平滑明暗处理等几种类型。三维几何模型是从模型内部的数据结构来区分的，是产品模型的内在属性，而显示类型是设计模型的外在表现形式。例如，表面模型和实体模型均能以线框、消隐、平滑明暗处理等方式显示，而线框模型只能以线框的方式显示。另外，实体模型可以转化为表面模型，表面模型可以转化为线框模型，但这些转化都是不可逆的。

9.3 三维实体模型的计算机内部表示

实体造型的本质是要解决如何在计算机内部表示一个实体模型的问题。以产品实体造型所建立的三维几何模型为基础，可以进一步进行运动力学分析、模拟装配、运动仿真、干涉检查、数控编程以及加工模拟等。常见的实体造型方法有：实体几何构造法（constructive solid geometry，CSG）、边界表示法（boundary representation，B-Rep）、混合表示法、扫描表示法、空间分割表示法。本节将对这些主要的实体造型方法进行简要的介绍。

9.3.1 实体几何构造法

实体几何构造法是由 Rochester 大学的 Voelcker 和 Bequicha 于 1977 年首先提出来的，其基本思想是：任意复杂的形体都可以由基本体素之间的布尔（交、并、差）运算得到。CSG 法用二叉树来构造一个形体，即通过对二叉树节点的交、并、差操作以及定义几何元素的尺寸、位置（坐标）和方向来表示一个形体。如图 9-6(a)所示的形体可采用$(A \cup B)-C$的二叉树形式表示。二叉树上的节点可以是体素，也可以是布尔运算算子，而根表示最终的实体。其中集合的交、并、差运算并非是普通集合的交、并、差运算，是适用于形状运算的正则化集合运算。除了正则化集合运算，CSG 法还可以采用另一类算子，如平移、旋转等。二叉树可以通过遍历的算法进行运算。

用 CSG 二叉树表示形体是没有二义性的，即一棵 CSG 二叉树能够完整地确定一个形体。

但是一个形体可以用不同的 CSG 二叉树来描述。如图 9-6(b)所示,图 9-6(a)所示的形体也可以用 $E-D-C$ 的二叉树形式表示。可见,CSG 法具有一定的灵活性。此外,CSG 的数据结构可以转化成其他的数据结构,而其他的数据结构转换成 CSG 数据结构却非常困难。

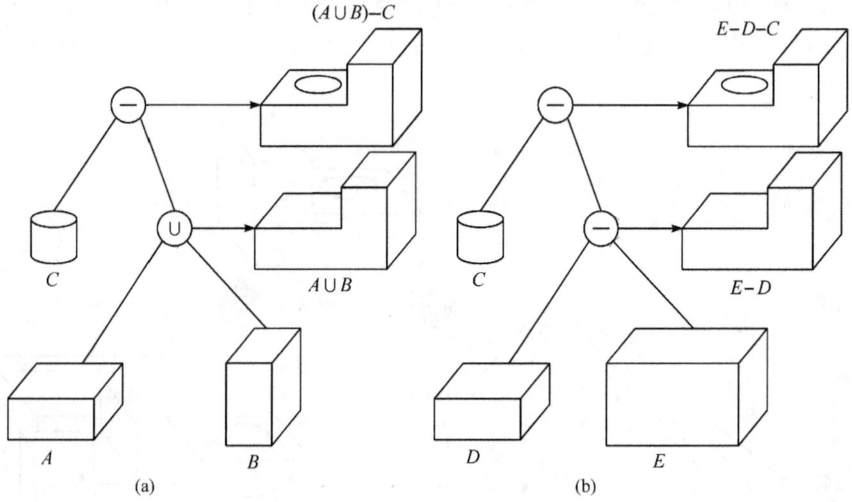

图 9-6　同一形体的两种 CSG 结构

CSG 法的优点主要有以下几点。

(1)用 CSG 法表示复杂实体非常简明,可唯一地定义形体。

(2)CSG 法所表示的实体的有效性由体素的有效性和集合运算的正则性自动得到保证。

(3)数据结构比较简单,数据量比较小,内部数据的管理比较容易。

(4)CSG 法表示可方便地转换成边界(B-Rep)表示。

(5)CSG 法表示的形体的形状,比较容易修改。

CSG 法的缺点主要有以下几点。

(1)对形体的表示受体素的种类和对体素操作的种类的限制,也就是说,CSG 法表示形体的覆盖域有较大的局限性。

(2)对形体的局部操作不易实现,如不能对基本体素的交线倒圆角。

(3)由于形体的边界几何元素(点、边、面)隐含地表示在 CSG 中,故显示与绘制 CSG 法表示的形体时,需要较长的时间。

因此,大多数实体造型系统都将 CSG 法作为主要的用户输入手段,而在进行形体的拼合运算并最终显示形体时,需要将 CSG 树数据结构转换为边界表示的数据结构。

9.3.2　边界表示法

边界表示法是用形体的边界来描述形体的一种方法。B-Rep 法认为形体是由有限数量的边界表面(平面或曲面)构成的,而每个表面又由若干边界边与顶点构成,所有的单元面构成了形体的边界,形体的边界将形体和周围的环境分隔开。

边界表示法不仅详细地记录了构成形体的面、边方程的系数和顶点坐标值的几何信息,而且描述了这些几何元素之间的拓扑信息,即体、面、顶点的组成关系等。在保证对形体面的定义并且无二义性的前提下,它允许根据形体的拓扑结构、面表示的方便性等因素确定一个面是以一个整体表示，还是以几个部分之和表示。

如图 9-7 所示，形体可以通过面来确定其边界，即形体是由面构成的，而面是由边来定义的，边则由点来定义，点通过三个坐标值来定义。图9-7示意了该形体的数据组织方式。可以看出，它将按照面、边、点的方式存储，形成一个网状的数据结构。在这个结构中，可以从体找到面，从面找到边，从边找到点。此外，由于边是两个相邻面的交集，由此边构成了平面之间的关联。

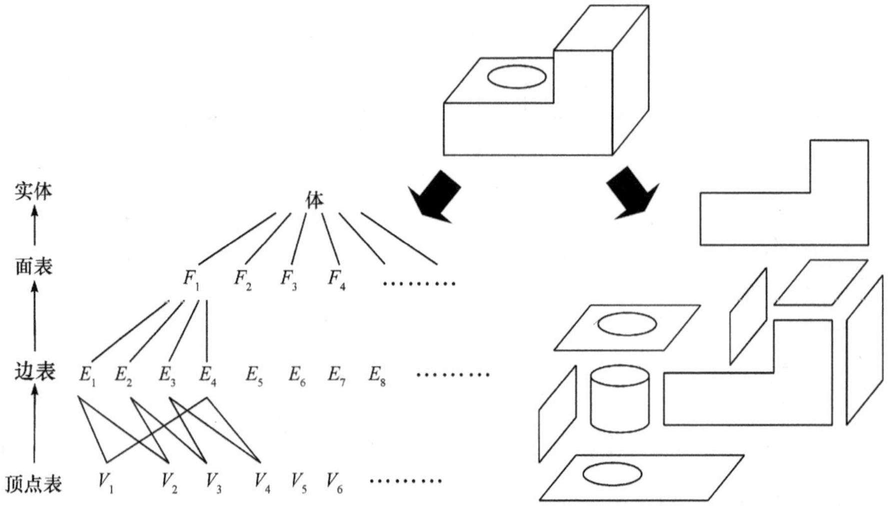

图 9-7　边界表示法原理

在实体造型技术的研究中，有不少边界表示的数据结构相继提出，比较著名的有半边数据结构、翼边数据结构、辐射边数据结构等。其中，翼边数据结构(winged edge data structure，WEDS)是在 1972 年由美国斯坦福大学的 Baumgart 作为多面体的表示模式而提出来的，它以边为核心组织数据。如图 9-8 所示，翼边数据结构用指针记录了每一边的两个邻面(左外环和右外环)、两个顶点、两侧各自相邻的两个邻边(左上边、左下边、右上边和右下边)。其中，右下边表示该棱边在右侧环中沿逆时针方向所连接的下一边棱边，而左上边表示该棱边在左侧环中沿逆时针方向所连接的下一边棱边，其余类推。翼边数据结构表示拓扑信息完整，查询和修改方便，可很好地应用于正则布尔运算。

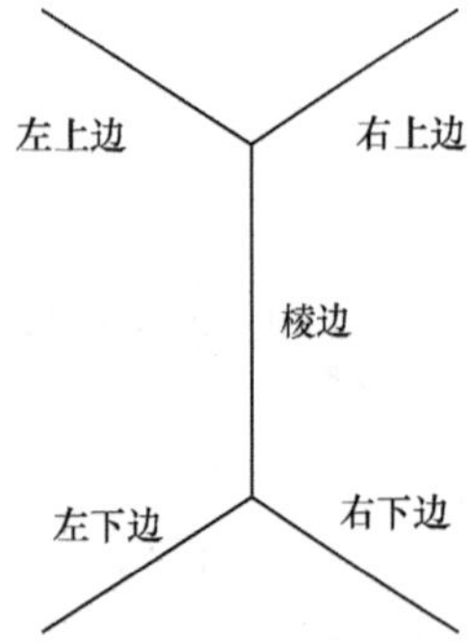

图 9-8　翼边结构

B-Rep 法的优点主要有以下几点。

(1)表示形体的点、边、面等几何元素是显式表示的，使得绘制 B-Rep 表示的形体的速度较快，而且比较容易确定几何元素间的连接关系。

(2)容易支持对形体的各种局部操作，如进行倒角，运用时不必修改形体的整体数据结构，而只须提取被倒角的边和与它相邻两面的有关信息，然后，施加倒角运算就可以了。

(3)便于在数据结构上附加各种非几何信息，如精度、表面粗糙度等。

B-Rep 法的缺点主要有以下几点。

(1)数据结构复杂，需要大量的存储空间，维护内部数据结构的程序比较复杂。

(2)B-Rep 法不一定对应一个有效形体，通常运用欧拉操作来保证 B-Rep 表示形体的有效性、正则性等。

由于 B-Rep 法覆盖域大,原则上能表示所有的形体,而且易于支持形体的特征表示等,B-Rep 法已成为当前 CAD/CAM 系统的主要表示方法。

9.3.3 混合表示法

从以上论述可以看出,CSG 法和 B-Rep 法各有所长,因此,许多三维实体建模的系统中,通常采用 CSG 法和 B-Rep 法相结合的混合表示法,即在用户界面上采用 CSG 法建立形体的外部模型,以便充分发挥其直观、简单、方便的特点,而在计算机内部则采用 B-Rep 法来建立形体的内部模型,以便完整地记录三维形体的几何信息和拓扑信息。

混合表示法由两种不同的数据结构组成,以便互相补充或满足不同的应用需求。较常见的是在原来 CSG 二叉树的节点上再扩充一级边界数据结构,以便实现图形快速显示的目的。

该数据结构模型如图 9-9 所示。在这种模式中,起主导作用的是 CSG 结构。

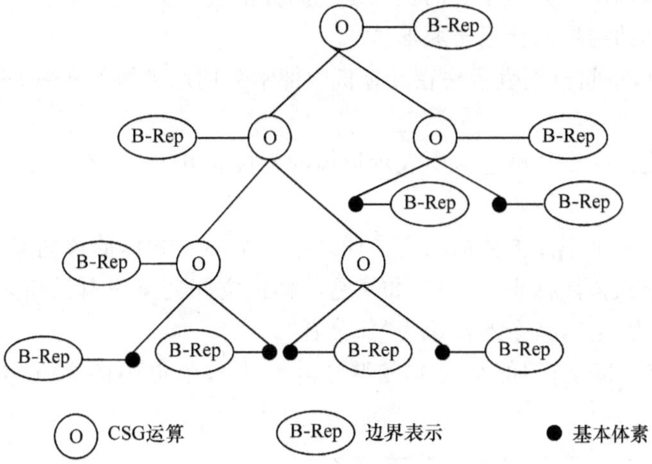

图 9-9 混合表示法原理

9.3.4 扫描表示法

扫描表示法(sweep representation)的基本思想是用曲线、曲面或形体沿某一运动轨迹运动后生成形体的一种方法。二维图形可以采用两种方式生成三维形体,一种是平移,另一种是旋转。因此,扫描表示法也分为平移扫描和旋转扫描。

平移扫描将一个扁平的二维形体沿着某个指定方向平移一段距离后得到所需的三维形体。因此,这种方法只需要定义形体的二维剖面、平移方向和平移距离。图 9-10 定义了一个二维剖面、平移方向、平移距离,经平移后得到的三维形体。平移扫描适用于具有平移对称性的三维形体。

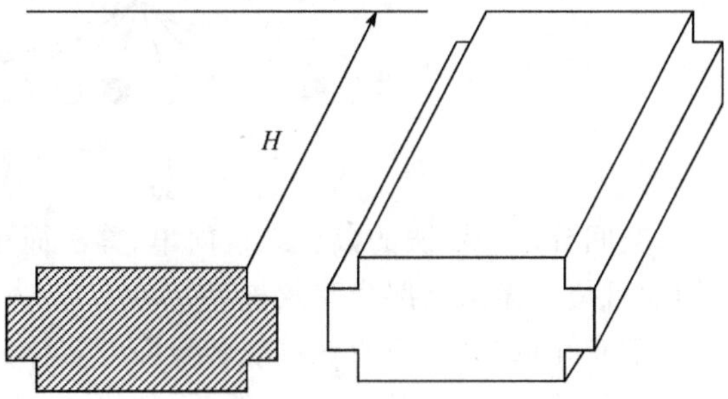

图 9-10 平移扫描

旋转扫描将一个二维形体围绕某个旋转轴旋转一周(或某个角度)后得到所需的三维形体。因此,这种方法需要定义形体的二维剖面、旋转轴、旋转方向和旋转角度。图 9-11 定

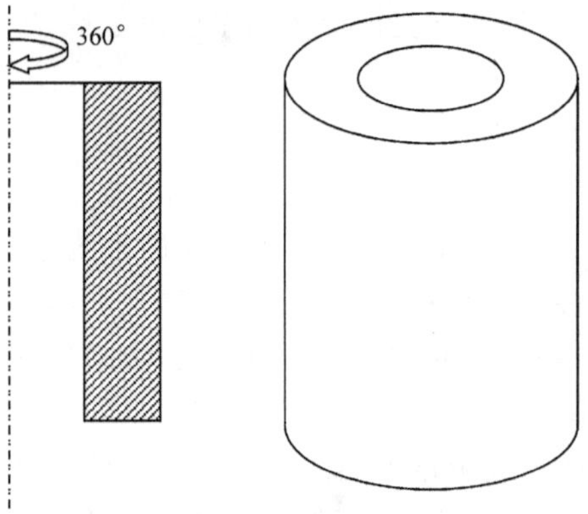

图 9-11　旋转扫描

义了一个二维剖面、旋转轴和旋转方向，定义旋转角度为一周，以及经旋转后得到的三维形体。旋转扫描适用于具有旋转对称性的三维形体。

在 CAD/CAM 系统中，广泛地采用这两种方式来构造形体。例如，主流的三维实体造型软件都具有拉伸成型(extrude)和旋转成型(revolve)功能。

9.3.5　空间分割表示法

空间分割表示法将空间形体划分成若干个大小相等的立方体，然后用这些立方体近似地表示该形体。在计算机内部主要定义各个立方体中心的坐标是否存在来描述空间形体，因此立方体中心的坐标是空间分割法的主要参数。显然，分割形体的立方体的数量越多，得到的结果越接近于原形体。

如图 9-12 所示，空间分割表示法在计算机内部常采用八叉树(octree)进行空间分割计算。其主要步骤如下。

首先，在空间定义一个能够包含所表示形体的外接立方体，并将该立方体等分为八个小立方体。

其次，依次判断每个小立方体的状态。如果某一个小立方体的体内空间全部被所表示的形体占据，则将此小立方体标识为“满”；如果它的体内空间完全没有被所表示的形体占据，则将此小立方体标识为“空”；其余的标识为“部分有”。

最后，对标识为“部分有”的小立方体继续等分为八个更小的立方体，直到达到所需的精度。

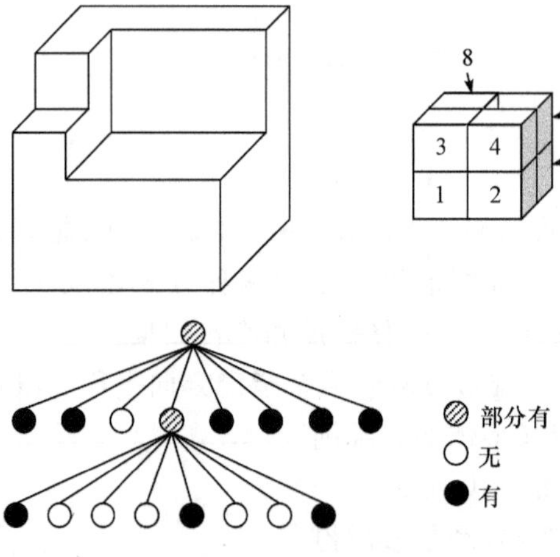

图 9-12　空间分割表示法

空间分割表示法的数据结构简单、算法简单，可作为物理特性计算和有限元网格划分的基础，而且便于做出局部修改及进行几何运算，大大简化了消隐算法，适合于描述比较复杂，尤其是内部有孔，或具有凸凹等不规则表面的实体。但是，空间分割表示法不能表达一个形体两部分之间的关系，也没有关于点、线、面的概念；当分割数量很多时，需要较大的存储开销。

9.4 特征建模

通过几何建模技术可以建立产品的几何模型，但这种模型存在着以下不足。

(1)几何建模是一种较低层次的建模方法，主要通过用点、线、面、体的操作来构成实体，难以在模型中表达特征，不符合设计者进行产品构形时以产品特征为主的习惯。

(2)几何建模所产生的几何模型零件信息不完整，仅有零件的几何数据，缺少表达工程语义的材料、公差、粗糙度等信息，不能提供支持产品全生命周期的所有信息。

因此，20 世纪 80 年代出现了一种新型的实体造型技术——特征造型技术。特征建模技术能有效地解决 CAD/CAM 集成系统的产品表达问题，支持从产品生命周期中各阶段的不同需求来描述产品，能够完整地、全面地描述产品的信息，进行零件模型重构，使得各应用系统可以直接从该零件模型中抽取所需的信息。

9.4.1 特征建模的概念

特征是指与设计、制造活动有关，并含有工程语义的基本几何实体和信息的集合。这个定义包含以下几点含义。

(1) 特征包括几何形状、精度、材料、技术特征和管理等属性。

(2) 特征是与设计活动和制造有关的几何实体，是面向设计和制造的。

(3) 特征含有工程语义信息，可反映设计者和制造者的意图。

特征建模将工程图纸所表达的产品信息抽象为特征的有机集合，它不仅构造由一定拓扑关系组成的几何形状，而且反映了特定的工程语义，支持零件从设计到制造整个生命周期内各种应用所需的几乎全部信息。特征建模所产生的模型称为特征模型。可见，特征模型为进行产品设计提供了一个设计和制造之间相互通信和理解的基础，让设计和制造工程师以相同的方式考虑问题。特征建模技术使几何设计数据与制造数据相关联，并且允许用一个数据结构同时满足设计和制造的需要，从而可以容易地提供计算机辅助编制工艺规程和数控机床加工指令所需要的信息，真正地实现 CAD/CAM 一体化。

9.4.2 特征的表示及数据结构

从不同的应用角度，可产生不同的特征分类标准。例如，从产品的整个生命周期来看，特征可分为设计特征、分析特征、加工特征、装配特征等；根据所描述信息的不同，特征可分为形状特征、精度特征、材料特征等。

一般来说，特征模型所包含的信息可以分为管理信息、几何信息和工艺信息三部分。其中，管理信息主要指零件的宏观描述信息，包括零件号、零件类型、GT 码等。几何信息定义了零件的几何形状和拓扑关系。工艺信息主要包括以下几类。

(1) 形状特征：用于描述有一定工程意义的几何形状信息，如孔特征、槽特征等，形状特征是精度特征和材料特征的载体。

(2) 精度特征：用于描述几何形状和尺寸的许可变动量或误差，如尺寸公差、几何公差(形位公差)、表面粗糙度等。

(3) 装配特征：用于表达零件在装配过程中应该具备的信息。

(4) 材料特征：用于描述材料的类型与性能以及热处理等信息。

(5) 性能分析特征:用于表达零件在性能分析时所使用的信息,如有限元网格划分等。

(6)附加特征:根据需要,用于表达一些与上述特征无关的其他信息。

形状特征是所有特征类中最重要、最基础的特征,通常是其他特征的载体。形状特征在不同的应用领域有不同的理解和分类方法。在面向设计的形状特征定义中,一般从零件的功能要求出发,定义能够满足一定功能要求的设计特征。而在面向加工的特征定义中,确定特征的原则是一个特征对应一个或几个加工工序,这样就可以与计算机辅助工艺规划(CAPP)共享特征信息。按照设计特征构造出来的零件模型在与 CAPP 集成时,还需要将设计特征映射成加工特征。所以,为了减少特征在映射过程中的困难和保证信息的完整性,一般采用按加工要求对特征进行分类,通常分为主特征和辅助特征。主特征用来构造零件的基本形体,辅助特征附着在主特征上,也可以附在另一个辅助特征上。主、辅特征分类如图 9-13 所示。

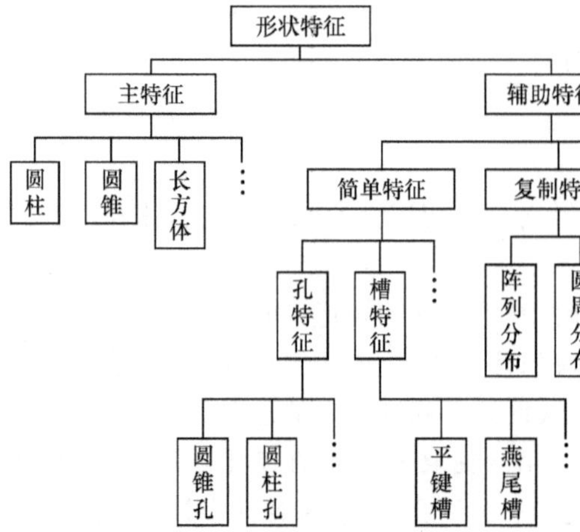

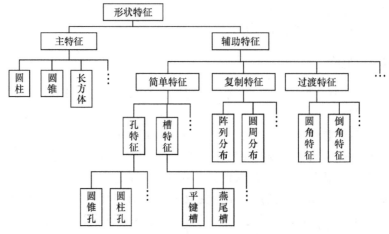

图 9-13 形状特征分类示意

如图 9-14 所示,STEP 标准中的应用协议 AP214 将形状特征划分为:过渡特征类、组合筋板类、组合实体类、加工板筋类、加工实体类、分布特征类。

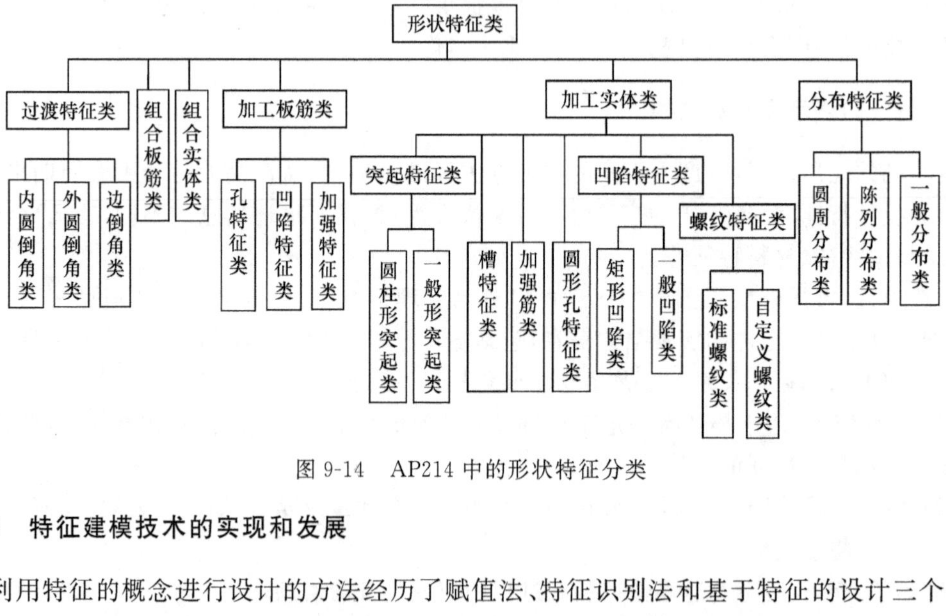

图 9-14 AP214 中的形状特征分类

9.4.3 特征建模技术的实现和发展

利用特征的概念进行设计的方法经历了赋值法、特征识别法和基于特征的设计三个阶段。

(1) 赋值法首先建立产品的几何实体模型,然后由用户直接拾取图形来定义形状特征所需要的几何元素，并将特征参数、精度特征和材料特征等信息作为属性赋值到特征模型中。这种建模方法自动化程度低，信息处理过程中容易产生人为的错误，与后续系统的集成较困难，程序的开发工作量大。

(2) 特征识别法通过搜索产品几何数据库，提取出产品的几何模型，然后将几何模型与预先定义的特征进行比较，再匹配特征的拓扑几何模型，继而通过从数据库中提取已识别的特征信息来确定特征参数，最后完成特征几何模型。这一方法也可以将简单特征组合起来以获得高级特征。这种方法仅对简单形状有效，它仅仅能识别加工特征，缺乏公差、材料等信息，而且提取产品的特征信息非常困难，需要研究专门的算法，曾经有人提出特征匹配法、CSG树识别法、体积积分法、实体生成法等来进行特征识别。

(3) 基于特征的设计直接采用特征建立产品模型，将特征库中预定义的特征实例化后，以实例特征为基本单元建立特征模型，从而完成产品的定义。而不是事后去识别特征来定义零件几何体。由于特征库中的特征覆盖了产品生命周期中各应用系统所需要的信息，因此这一方法被广泛采纳。

另外，通过参数化方法与特征技术结合，可形成参数化特征造型系统，可以大大增强三维零件造型的能力。这种方法利用参数化生成一维初始草图，并对草图进行修改。利用特征方法快速建立三维模型，在模型的修改过程中始终贯穿着参数化，使零件的设计效率大为提高。

9.5 参数化与变量化造型技术

早期的CAD系统都用固定的尺寸值定义几何元素。这样，模型中的每一个几何元素都有确定的位置和形状。当需要进行修改时，必须先删除原有几何元素，然后进行重新建模。但是，在实际的产品设计过程中，为了进行形状和尺寸的综合协调、优化，对产品模型的修改会反复出现。而在产品定型后，还要根据用户提出的要求，形成系列产品。这些需求都要求产品的设计模型可以随着某些结构尺寸的修改或规格系统的变化而自动生成。在这种情况下，参数化造型技术和变量化造型技术便应运而生了。

9.5.1 参数化造型与变量化造型的基本概念

1. 参数化造型的概念

参数化造型技术用约束来表达产品几何模型，通过定义一组参数来控制设计结果，从而通过调整参数来修改设计模型。与传统方法相比，参数化造型技术最大的不同在于它存储了设计的整个过程，能支持对产品族的设计。它通过定义产品模型的尺寸与参数的关系，而不用确定的数值来建立产品的参数化模型，并通过调整参数来修改和控制几何形状，实现产品的自动精确造型。这种造型方法使得工程设计人员不需考虑细节就能尽快草拟零件图，当发现设计有问题时，只须变动某些约束参数而不必重新进行产品造型就能达到更新设计的目的。由于具有这些优点，参数化造型不仅可广泛用于产品的概念设计阶段以形成初始产品模型，而且还便于快速地形成多种设计方案。

参数化造型系统的主要功能如下。

(1)从参数化模型自动导出精确的几何模型，即不需要输入精确图形，只要输入一个草图，标注一些几何元素的约束,然后通过改变约束条件来自动地导出精确的几何模型。

(2)通过修改局部参数实现自动修改几何模型,即只须修改参数,即可生成形状相似的一系列新零件,这对变异设计具有重要的意义。

约束是参数化造型表达产品几何模型的手段,而参数化设计中的约束可分为尺寸约束和几何约束两种。

(1) 尺寸约束,也称为显式约束,指规定线性尺寸和角度尺寸的约束。

(2) 几何约束,也称为隐式约束,指规定几何对象之间的相互位置关系的约束,如水平、铅垂、垂直、相切、同心、共线、平行、重合、对称、固定等约束形式。

在参数化造型技术中,几何约束关系主要通过算术运算符、逻辑比较运算符和标准数学函数组成的等式或不等式关系、曲线关系,以及面向人工智能的知识等方式表达。

2. 变量化造型的基本概念

参数化设计的成功应用,使它在 20 世纪 90 年代前后几乎成为 CAD 业内的标准。但是,在应用过程中,参数化造型技术也暴露出以下一些不足。

(1)当所设计的零件形状过于复杂时,尺寸会变得非常多,如何迅速地找到需要改变的尺寸以达到所需要的形状变得很困难。

(2)在设计中,如果关键形体的拓扑关系发生改变,或一个几何特征失去了某些约束将造成系统数据的混乱。

为此,在参数化造型技术的基础上,人们提出了变量化造型技术。所谓变量化造型是指给予设计对象的修改更大的自由度,通过求解一组约束方程来确定产品的尺寸和形状。其约束方程可以是几何关系,也可以是工程计算条件,设计结果的修改受到约束方程驱动。变量化造型的指导思想是:设计者可以采用先形状后尺寸的设计方式,允许采用不完全尺寸约束,而只需给出必要的设计条件,这种情况下仍能保证设计的正确性及效率性。产品造型过程是一个类似工程师在脑海里思考设计方案的过程。几何形状是否满足设计要求是首先必须考虑的问题,尺寸细节可以后来逐步精确完善。这样的设计过程相对自由宽松,设计者可以有更多的时间和精力考虑设计方案,而无须过多关心软件的内在机制和设计规则限制,符合工程师的创造性思维规律。可以看出,变量化造型技术既保持了参数化技术的原有的优点,同时又克服了它的许多不足之处。它的成功应用,为 CAD 技术的发展提供了更大的空间和机遇。

3. 两种造型技术的异同

参数化造型和变量化造型技术的相同点在于:两种技术都属于基于约束的实体造型系统,都强调基于特征的设计、全数据相关,并可实现尺寸驱动设计修改,也都提供相应的方法与手段来解决设计时所必须考虑的几何约束和工程关系等问题。

这些表面上的共同点使得这两种技术看起来很类似,这也就导致了这两种技术极难区分,并经常被混为一谈。事实上,两者之间存在明显的差异,而这些差异对今后 CAD 技术的发展以及用户的选型应用至关重要。这些差异主要体现在以下几个方面。

(1)在设计全过程中,参数化造型技术将形状和尺寸联合起来一并考虑,通过尺寸约束来实现对几何形状的控制;而变量化造型技术则将形状约束和尺寸约束分开处理。

(2)当有非全约束存在时,参数化造型技术不允许后续操作的进行;而变量化造型技术可适应各种约束状况，操作者可以先决定所感兴趣的形状，然后再给一些必要的尺寸，尺寸是否齐备并不影响后续的操作。

(3)参数化造型技术的工程关系不直接参与约束管理，而是另由单独的处理器处理；在变量化造型技术中，工程关系可以作为约束直接与几何方程耦合，最后再通过约束解算器统一解算。

(4)参数化造型技术苛求全约束，每一个方程式必须是显函数，即所使用的变量必须在前面的方程内已经定义过并赋值于某尺寸参数，其几何方程的求解只能是顺序求解；而变量化造型技术为适应各种约束条件，采用联立求解的数学手段，方程求解无先后顺序要求。

(5)参数化造型技术解决的是特定情况(全约束)下的几何图形问题，表现形式是尺寸驱动几何形状修改；而变量化造型技术解决的是任意约束情况下的产品设计问题，不仅可以做到尺寸驱动(dimension-driven)，也可以实现约束驱动(constrain-driven)，即由工程关系来驱动几何形状的改变，这对产品结构优化是十分有意义的。

9.5.2 参数化造型方法

20 世纪 70 年代末至 20 世纪 80 年代初，英国剑桥大学的 R. C. Hillyard 和美国 MIT 的 D. C. Gossard 等率先将参数化造型技术应用于 CAD 系统中。1985 年，美国 PTC 公司推出参数化 CAD 系统 Pro/Engineer。目前，二维参数化造型技术已发展得较为成熟，并在参数化绘图方面已得到了广泛应用。三维参数化造型技术能处理的问题还比较简单，能处理的约束类型也比较有限。

进行参数化造型时，首先必须建立产品的参数化模型。产品的几何模型由几何元素和拓扑关系构成。根据几何信息和拓扑信息之间的依存关系，参数化模型可以分为以下两类。

(1)具有固定拓扑关系的参数模型。这种模型中几何约束值的变化不会使拓扑关系发生改变。例如，对于系列化产品而言，不同型号的产品往往只是尺寸不同而结构相同，即几何信息不同而拓扑信息相同。因此，参数化模型需要保留零件的拓扑信息，从而保证设计过程中几何拓扑关系的一致性，而零件的拓扑关系主要来自于用户输入的草图。

(2)具有变化拓扑结构的参数模型。这种模型先定义几何构成要素之间的约束关系，而模型的拓扑关系则由约束关系决定。例如，在法兰盘设计时，根据法兰盘的直径以及其他约束关系，自动设计出盘缘螺栓孔的个数。

几何信息的修改需要根据用户输入的约束参数来确定，因此还需要在参数化模型中建立几何信息和参数的对应机制。例如，一种基于尺寸的参数化模型的生成机制是将图形上的每个尺寸都看成是参数，设计时先画出草图，只要表明零件的拓扑关系即可，而不指定尺寸参数的具体数值。拓扑关系确定后再给定尺寸参数的具体数值，并根据给定的参数数值生成图形。另一方面，建立参数化模型时，也可以将部分尺寸指定为尺寸参数，而将部分尺寸视为约束条件。当指定尺寸参数的具体数值时，需要检查尺寸约束是否满足，如果不满足，则对尺寸参数的数值进行调整，直到满足。如图 9-15 所示，如果仅仅改变 H 的值，不改变 h 的值，中间的两个圆形就会偏离对称中心线。因此，必须定义约束条件 $h=H/2$，使得这两个圆形的圆心一直处于对称中心。

对于拓扑关系改变的情况，可以通过尺寸参数变量来建立起参数化模型。如图 9-16 所示，假设 N 为圆形单元的数目，T 为边厚，D 为圆形的直径，L、H 为总长和总宽。圆形单元数 N 的变化将会引起尺寸的变化，但它们之间必须满足如下约束条件。

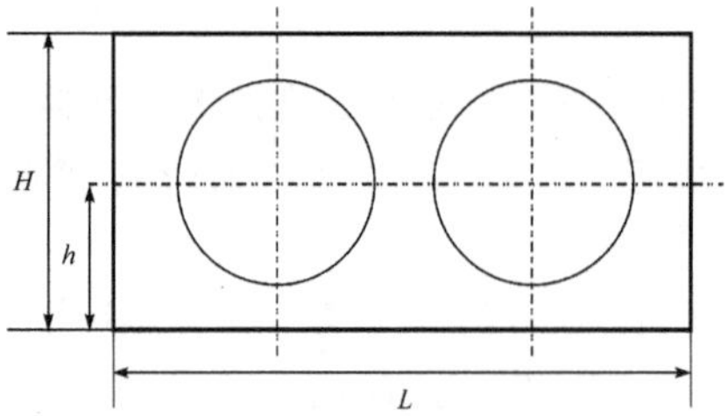

图 9-15　图形的参数化模型

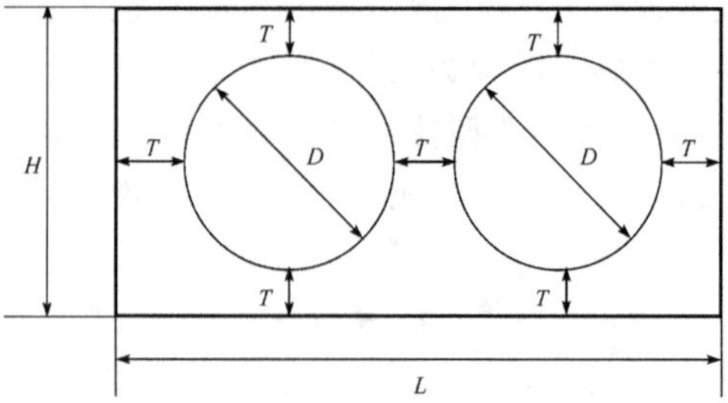

图 9-16　图形的参数化模型

$$L = N \cdot D + (N+1)T \tag{9-2}$$

$$H = D + 2T \tag{9-3}$$

最常见的参数化造型方法是参数驱动法，也称尺寸驱动法。它基于对图形数据的操作和对几何结束的处理，利用驱动树分析几何约束，实现对图形的参数化控制。

参数驱动法的驱动机制是基于对图形数据的操作。当一个图形绘制完成后，图形中的各个实体(如点、线、圆、圆弧等)都全部映射到图形数据库中。虽然不同的实体类型有不同的数据形式，但总的来说，其内容可分两类：一类是实体属性数据，如颜色、线型、类型名和所在图层名等；另一类是实体的几何特征数据，如圆形的圆心、半径，圆弧的圆心、半径、起始角、终止角等。由于在参数化造型时，不增加、删除实体，也不修改实体的属性数据，因此，可以通过修改原图形的几何数据来达到对图形进行参数化造型的目的。

通过参数驱动机制，可以对图形中所有的几何数据进行参数化修改。但是，仅仅依靠尺寸线终点来标识所要修改的数据是远远不够的，还需要通过约束之间关联性的驱动手段实现约束联动。一般来说，一个图形所具有的约束可能十分复杂、数量极大。而实际能由用户控制的，即能够独立变化的参数一般只有几个，称为主参数或主约束；其他可由图形结构特征确定或与主约束有确定关系的约束称为次约束。主约束是不能简化的，而次约束的简化可以用图形特征联动和相关参数联动两种方式来实现。

所谓图形特征联动就是保证在图形拓扑关系(连续、相切、垂直、平行等)不变的情况下，对次约束进行驱动。也就是说，根据各种几何相关性准则去判识与被动点存在拓扑关系的实体及其几何数据，在保证原拓扑关系不变的前提下，求出新的几何数据(称为从动点)。如图9-17所示，图 9-17(a)中 AB 与 BC 垂直，驱动点与被动点重合于 B。如果没有约束联动，当 s 改变时，AB 与 BC 的垂直关系就被破坏了，如图 9-17(b)所示。因此，在进行尺寸驱动时，必须保证 AB 与 BC 之间的垂直关系，才能得到正确的图形。

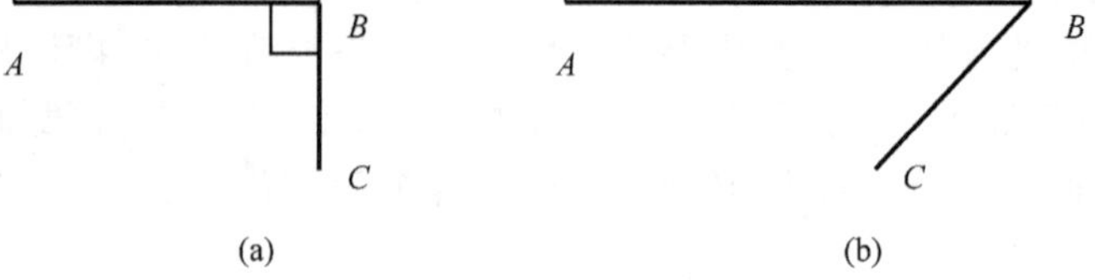

图 9-17　图形特征联动

所谓相关参数联动就是建立次约束与主约束在数值上和逻辑上的关系。图 9-18(a)所示

图形的主参数是 s 和 t。如果要使 s 变长，根据参数驱动及图形特征联动，图形元素的连接关系(即拓扑关系)没有变，但图形已经不正确了，变成了如图 9-18(b)所示的样子。为了保证图形的正确性，应确定 s 与 t 之间的数值关系，如令 $t=s+5$，并用这个关系式替换原来的 t，如图 9-18(c)所示。

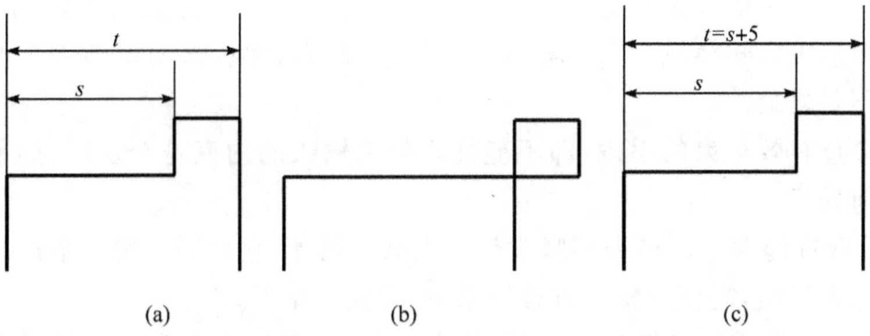

图 9-18　相关参数联动

可以看出，参数驱动法的基本特征是直接对数据库进行操作。因此它具有很好的交互性，用户可以利用绘图系统全部的交互功能修改图形及其属性，进而控制参数化的过程。参数驱动法具有简单、方便、容易开发和使用的特点，能够在现有绘图系统基础上进行二次开发，而且对三维问题也同样适用。

9.5.3　变量化造型方法

目前，最常见的变量化造型方法是变量几何法。该方法将一系列几何约束转变为一系列关于特征点的非线性方程组，然后通过数值方法求解此非线性方程组。例如，一系列几何约束可转变为如下所示的一系列关于特征点的非线性方程组。

$$F(D,X)=0 \tag{9-4}$$

其中，F：$(f_1,f_2,\cdots,f_n)$是一系列函数；D：$(d_1,d_2,\cdots,d_n)$是 F 函数的变量，表示尺寸约束；X：$(x_1,x_2,\cdots,x_n)$是 F 函数的变量，表示最后获取的几何特征点的坐标，包括结果值。

如图 9-19 所示的三角形中，设点(x_1,y_1)在坐标原点处，点(x_2,y_2)在 X 轴上，三条边的长度分别为 d_1、d_2 和 d_3。当需要确定这个三角形时，必须根据待定参数的值把三个顶点的精确的几何坐标求出。而这三个点称为特征点。对于上述三角形，在变动几何法中，其做法是整体上列出一个方程组，即

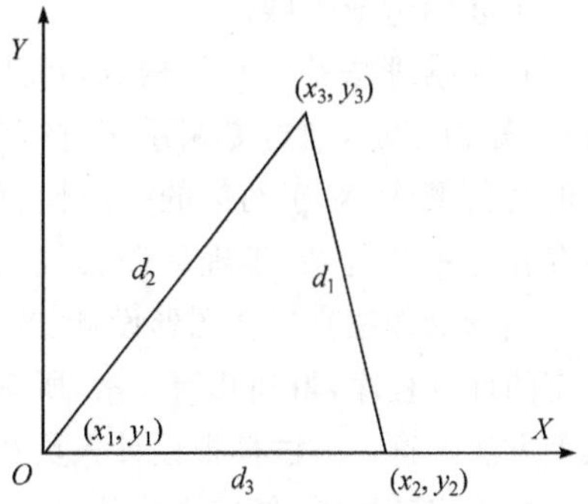

图 9-19　变动几何法示例

$$\begin{cases}(x_2-x_3)^2+(y_2-y_3)^2=d_1^2\\(x_1-x_3)^2+(y_1-y_3)^2=d_2^2\\(x_1-x_2)^2+(y_1-y_2)^2=d_3^2\\x_1=0\\y_1=0\\y_1-y_2=0\end{cases} \tag{9-5}$$

对于 x_1、y_1、x_2、y_2、x_3、y_3 这六个未知数需要六个方程联立求解。很明显，其尺寸约束有

三个,即 d_1、d_2、d_3,可得前三个方程。而点(x_1,y_1)作为坐标原点,则得到第四个和第五个方程。由于点(x_2,y_2)在 X 轴上,故可列出第六个方程。通过解方程组求得精确的 x_1、y_1、x_2、y_2、x_3、y_3。当需要修改图形时,若 d_1 拉长,系统自动地把(x_2,y_2)定位到了一个新的位置。可见,变量几何法是一种整体求解方法。

变量几何法是最早的变量化造型方法,目前基本成熟。这种方法的主要优点是通用性好。对任何几何图形总可以转换成一个方程组,进而求解此方程组,得出精确解。但是,变量几何法也有明显的不足之处。

(1) 缺乏检查有效约束的手段,即不能确定外部输入的约束是否合适,如果不合适,则更不能确定错在何处。

(2) 局部修改性能差。所谓局部修改是给出某一尺寸,它只需影响一个点,但由于变动几何法是一个整体方程组,需要对整个方程组求解,因此效率低。

(3) 难以求解复杂模型。模型越复杂,约束就越多,非线性方程组的规模也就越大,求解时就变得非常困难。

(4) 所得几何形状不唯一。由于一个方程组可能有多个解,因此可能得出多个满足约束的几何图形,需要人工交互选择。

变量几何法的早期工作主要是解代数方程组的数值计算,后来发展到用几何推理的方法来进行几何变动。由于前者需要尺寸无约束过度和约束不足才能解方程组,而后者需要大量的时间进行知识推理,这对于微机来说是难以进行的。

除了变量几何法以外,常见的变量化造型方法还有局部求解法、几何推理法和图形操作法。

局部求解法是在作图过程中同步建立结构图形约束的方法。该方法随着交互式作图的进行,自动记录对应元素之间的显式约束语义。所记录的约束种类和项目可通过预先选择菜单项进行设置。局部求解法能够及时确定每个新增加的几何元素的约束,可以及早发现几何元素和尺寸之间的欠约束或过约束,提高求解的效率和可靠性。该方法简单、实用,但对于复杂图形的几何约束难以表示与处理,在某些需要人为施加约束的地方,可能会与自动记录的约束发生干涉而造成失败。

几何推理法基于几何构成,将几何约束(必要时引入辅助线)转化为一阶谓词,并进行符号处理、知识表示,通过专家系统进行几何推理,逐步确定出未知的几何元素。该方法强调了作图的几何概念,对于约束的一致性、稳定性、有效性方面有较强处理能力,具有较强的智能性,但存在着系统复杂、推理繁琐、无法解决循环约束等问题。

图形操作法直接在图形设计、绘制的交互过程中表示几何约束,对于每一步图形操作,通过一定的计算程序,得到几何元素,所有的计算都是局部的。辅助线作图法是图形操作法中的一种典型方法。这一方法模拟设计人员在设计图纸过程中打样的习惯,类似手工绘图的过程。该方法首先确定辅助线,然后连接几何元素的轮廓线。在作图过程中每一步都是确定的,每一条辅助线都只依赖于至多一个变量。当需要修改某一尺寸值时,只需检索与其相关的辅助元素,作相应的修改即可。当线条太多、太密时,辅助线之间存在相互干扰,造成一些不便。

9.6 数据交换接口

由于各种 CAD/CAM 软件的内部数据记录方式和处理方式不尽相同,开发软件的语言也不完全一致,因此,CAD/CAM 的数据交换与共享是目前面临的重要课题。20 世纪 80 年代以来，国外对数据交换标准做了大量的研究、制定工作，也产生了许多标准。如美国的DXF、IGES、ESP、PDES，法国的SET，德国的VDAIS、VDAFS，ISO的STEP等。这些标准都为CAD及CAM技术在各国的推广应用起到了极大的促进作用。以下介绍两种常见的产品数据交换接口：IGES和STEP。

9.6.1 IGES

IGES(initial graphics exchange specification)文件由美国国家标准协会(ANSI)组织波音公司、通用电气公司等共同商议制定，由一系列产品的几何、绘图、结构和其他信息组成，可以处理CAD/CAM系统中的大部分信息，受到了绝大多数CAD/CAM系统的支持。

标准的IGES文件包括固定长ASCII码、压缩的ASCII及二进制三种格式。固定长ASCII码格式的IGES文件每行为80个字符，整个文件分为五段。段标识符位于每行的第73列，第74～80列指定为用于每行的段的序号。序号都以1开始，且连续不间断，其值对应于该段的行数。IGES数据文件在逻辑上划分为五个区段。

(1) 开始段(start section)，代码(段标识符)为S，提供了一个可读文件的序言，主要记录图形文件的最初来源及生成该IGES文件的系统名称。

(2) 全局段(global section)，代码为G，主要包含前处理器的描述信息以及为处理该文件的后处理器提供所需要的信息。参数以自由格式输入，用逗号分隔，用分号结束。主要的参数有文件名、前处理器版本、单位、文件生成日期、作者姓名及单位、IGES的版本、绘图标准代码等。

(3) 目录条目段(directory entry section)，代码为D，该段主要为文件提供一个索引，并含有每个实体的属性信息。文件中的每个实体都有一个目录条目，大小一样，由八个字符组成一域，共20个域，每个条目占用两行。

(4) 参数数据段(parameter data section)，代码为P，该段主要以自由格式记录与每个实体相关的参数数据。第一个域是实体类型号。参数行结束于第64列，第65列为空格，第66～72列为含有本参数数据所属实体的目录条目第一行的序号。

(5) 结束段(terminate section)，代码为T，该段只有一个记录，并且是文件的最后一行，它被分成10个域，每域8列，第1～4域及第10域为上述各段所使用的表示段类型的代码及最后的序号(总行数)。

在IGES文件中，信息的基本单位是实体，通过实体描述产品的形状、尺寸以及产品的特性。实体的表示方法对所有当前的CAD/CAM系统都是通用的。实体可分为几何实体、注释实体和结构实体。每一类型实体都有相应的实体类型号，几何实体为100～199，如圆弧为100，直线为110等；注释实体的类型号为200～299，如直径尺寸标注实体(206)、线性尺寸标注实体(216)等；结构实体的类型号为300～499，如颜色定义(324)、字形定义(310)、线型定义(304)等。

IGES格式已在国际上获得了广泛的应用，其成功应用于不同CAD系统之间工程图样信息的转换、通过传递的几何数据实现运动模拟和动态试验、CAD与CAM系统之间的集成等。但是，在实际应用中，IGES文件格式还存在以下一些问题。

(1)元素范围有限。IGES文件格式主要定义了几何方面的信息，因此不能保证一个CAD/CAM系统输出的所有数据能与另一个系统进行交换，可能发生数据丢失问题。

(2)占用的存储空间较大。由于选择了固定的数据格式和存储长度，IGES数据文件是稀疏的,浪费了大量存储空间。

(3)容易发生传递错误,即因语法上的二义性造成解释上的错误,如造成某几个小曲面丢失等情况。

此外,IGES 文件格式不允许把两个零部件的信息放在一个文件中,不能转换属性信息。这些问题有待于在实践中继续完善。

9.6.2 STEP 标准

产品模型数据是指为在覆盖产品整个生命周期中的应用而全面定义的产品所有数据元素,它包括为进行设计、分析、制造、测试、检验和产品支持而全面定义的零部件或构件所需的几何、拓扑、公差、关系、属性和性能等数据,另外,还可能包含一些和处理有关的数据。产品模型对于下达生产任务、直接质量控制、测试和进行产品支持功能可以提供全面的信息。通常,产品模型数据应包括以下内容。

(1)产品控制信息,如零件的标识、批准发布状态、材料清单(BOM)等。

(2)产品几何描述,如线框表示、几何表示、实体表示等,以及拓扑、成形及展开等。

(3)产品特性,如长、宽等体特征;孔、槽等面特征;旋转体等车削件特征。

(4)公差,如尺寸公差与几何公差。

(5)材料,如类型、品种、金相、强度、硬度等。

(6)表面处理,如喷涂、喷丸等。

(7)有关说明,如总图说明等。

(8)其他,如工艺、质量控制、加工、装配等。

所有这些,以前都是由工程技术人员在技术图纸和技术文件上完成并用这种纸面的形式进行企业中的信息传递。而在计算机环境下,需要采用全球统一的方法支持这些产品数据在产品全生命周期内的传递和共享。

为此,国际标准化组织 ISO/TC184/SC4 (以下简称 SC4)工业数据标准化分技术委员会从 1983 年开始着手组织制定一个统一的数据交换标准 STEP(Standard for the Exchange of Product Model Data)。STEP 标准采用全局数据模型的方法,模型所包含的信息不仅有几何信息,还有特征信息,因而能从根本上解决 CAD/CAM 信息集成问题,使企业在计算机环境下共享产品数据,加快制造业的发展。

STEP 标准把对产品信息的描述从数据交换实现方法中分离出来。这种描述是无二义性的,而且是可由计算机解释的,其本质是使其不仅适用于中性文件交换,而且也是实现数据库共享和存档的基础。因此,STEP 的中性机制不同于以往的中性文件交换格式。STEP 更强调形式化描述,这种描述可映射到中性文件但不等于中性文件。这种形式独立于任何特定的计算机系统,并能保证在多种应用和不同系统中的一致性。STEP 标准还允许采用不同的实现技术,以便于产品数据的存取、传输和归档。在产品数据共享方面,STEP 标准提供四个层次的实现方法:ASCII 码中性文件,访问内存结构数据的应用程序界面,共享数据库以及共享知识库。

STEP 标准包括描述方法(description methods)、集成资源(integrated resources)、应用协议(application protocols)、实现方法(implementation methods)、一致性测试(conformance testing)和抽象测试集(abstract test suites)等方面的内容。这些内容分成七个文件,即 0、10、20、30、40、100、200 系列。其中,200 系列被称为应用协议,它是 STEP 支持广泛应用领域的基础。

它以文件方式说明如何用STEP的集成资源解释不同应用系统的信息需求，即根据不同应用领域的实际需求，对集成资源进行选取、修改、补充特殊的约束、关系、属性，形成应用解释模型。因此，STEP标准对于某一具体的应用领域的子集就被称为应用协议。这样，如果两个系统符合同一个应用协议，则两者的产品数据就应该可交换。常见的应用协议有：AP201为二维图协议，主要是二维图的数据交换协议，它包括的数据模型主要有关于二维几何、尺寸标注、标题栏、材料表等内容；AP202是三维几何图协议；AP203是三维设计数据的配置控制协议；AP204是边界表示实体模型协议；AP205是曲面表示实体模型；AP206是线框模型；AP214是汽车核心数据协议。目前，CAD软件能够提供的STEP数据交换接口主要支持AP203和AP214协议。

如今，STEP标准已经成为国际公认的CAD数据文件交换全球统一标准，许多国家都依据STEP标准制定了相应的国家标准。我国STEP标准的制定工作由CSBTSTC159/SC4完成，STEP标准在我国的对应标准号为GB16656。

STEP主要应用在数据交换和长期档案管理方面，至今STEP已在不少大型项目中应用。如美国的CSATR项目，即麦道飞机制造公司用STEP进行C-17机型零部件的数据交换。美国的波音公司和英国的罗尔斯-罗伊斯公司用STEP标准支持数字化预装配。欧洲和美国以通用公司、福特公司、宝马公司为代表的九家汽车制造公司也共同开展了采用STEP标准交换数据的项目。欧盟支持在造船、建筑等行业广泛开展STEP应用的开发与研究。

STEP标准的优势在于：经济效益显著；数据范围广、精度高，通过应用协议消除产品数据的二义性；易于集成，便于扩充；技术先进、层次清楚。STEP标准存在的问题是整个体系极其庞大，标准的制定过程进展缓慢，数据文件比IGES更大。

9.7 商品化的几何造型和参数化核心

几何引擎是三维数字化设计系统的算法核心。它直接影响整个数字化设计系统的运行效率、稳定性和健壮性。在几何造型方面的研究，国外起步较早，商品化程度较高，目前流行的几何造型核心有ACIS和Parasolid等。ACIS是美国Spatial公司推出的几何造型器是具有实体拓扑运算管理、数据管理和基本造型功能的几何造型引擎，以其为底层的商品化三维软件包括Autodesk Inventor、IronCAD、Cimtron和MDT等。Parasolid是美国UG公司推出的几何造型器，以其为底层的商品化三维软件有UG、Solid Edge和Solidworks等。

9.7.1 ACIS

ACIS集线框、曲面和实体造型于一体，并允许这三种表示共存于统一的数据结构中。ACIS产品采用了组件技术，包括几何造型器(geometric modeler)核心和其他组件，即外壳(husk)。几何造型器核心只提供一些基本的几何造型功能，其他高级功能如高级渲染(advanced rendering)、三维工具箱(3D toolkit)等在外壳中提供。外壳可以由Spatial Technology公司提供，也可以由用户自主开发。ACIS核心结构与外壳的关系如图9-20所示。

ACIS模型表示由各种属性(attributes)、几何体(geometries)和拓扑(topologies)组成。其中，几何体是指组成模型的纯粹的几何元素，如点、曲线和曲面等。这些元素之间不存在空间和拓扑关系。ACIS中几何体的实现方式有两种，即构造几何体和模型几何体。构造几何体是一些小型的类，它们不能被直接作为用户模型的一部分保存在模型中，而是主要用于数学计算。模型

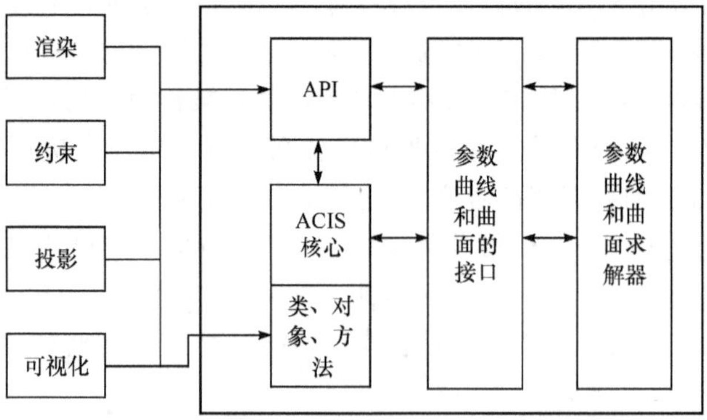

图 9-20　ACIS 核心结构与外壳的关系

几何体(model geometry)在几何体定义的基础上提供了模型操作功能,它把构造几何体类作为其数据结构的一部分。

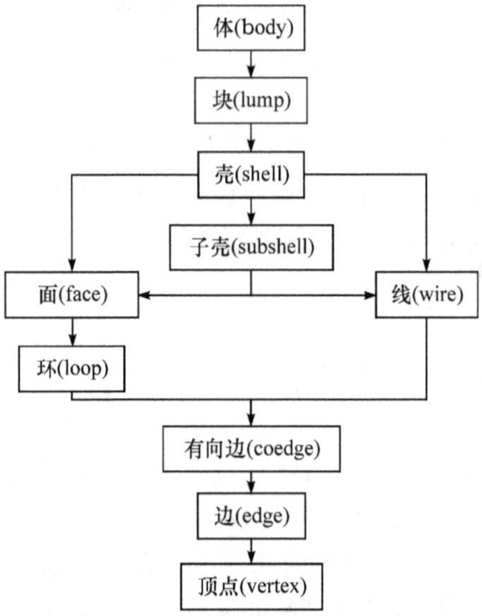

图 9-21　ACIS 中拓扑实体之间的关系

拓扑是指一个模型中的不同实体之间的关系,它描述了几何实体之间的连接方式。拓扑定义了一个空间位置不固定的浮动模型,只有一个模型的拓扑实体和几何实体关联在一起时该模型的空间位置才能确定。ACIS 模型的边界表示法(B-Rep)将模型的拓扑结构按层次分解成体(body)、块(lump)、壳(shell),子壳(subshell)、面(face)、环(loop)、线(wire)、有向边(coedge)、边(edge)和顶点(vertex)。ACIS 中拓扑实体之间的关系如图 9-21 所示,由图中可以看出拓扑实体从上到下构成了一棵拓扑树。此外,ACIS 中几何与拓扑之间具有关联关系,拓扑类中含有指向对应几何体类的指针。

9.7.2　Parasolid

Parasolid 采用 B-Rep 方式表达实体对象,即采用边界表示法来进行实体造型,是一个严格的边界表示的实体建模模块,支持实体建模、通用的单元建模和集成的自由形状曲面/片体建模。Parasolid 能够支持多种操作系统平台,具有良好的开放性和可移植性,同时可以供 C 和 C++等语言调用。其独特的容差建模技术可以识别数据的异常,并通过对它们的补偿实现可靠的工作。

Parasolid 在正则实体造型方面具有较强的造型功能,主要功能如下。

(1) 采用自由曲面和解析曲面的混合表示。Parasolid 共提供了十种标准的曲面类型和七种标准的曲线类型,这十种曲面类型分别是:平面、圆柱、圆锥、圆环、球、精确过渡面、扫描面、旋转面、NURBS 面;七种曲线类型分别是:直线、圆、椭圆、曲面与曲面的交线、NURBS 曲线、曲面的裁剪线、等参数线。

(2) 用简单的方法生成复杂的实体,实体之间有多种方式的操作。Parasolid 实体创建方法包括:块创建、圆柱创建、球创建、圆环创建、棱柱创建、扫描轮廓创建、旋转轮廓创建、缝合裁剪曲面创建及 B-Rep 模型创建。

(3) 可用自己工程特征进行设计,即实体模型根据工程特征建立。Parasolid 提供了特征的创建和编辑功能,特征可以是一组拓扑面、边、顶点,或几何曲面、曲线、点,或它们的组合。

(4) 支持产品定义模型。Parasolid 提供了非拓扑和非几何数据,称为属性(attributes),如加工容差、表面粗糙度、表面反射率、实体透明度和实体密度等。属性包括系统定义的属性和用户定义的属性两种,且依附于模型实体(entities)。

(5) 支持局部操作。由于完全集成了几何实体(entities),Parasolid 可以对任何模型进行局部操作,无须关心模型的几何结构。Parasolid 的局部操作包括:改变面几何、变换面几何、使面成锥形、摆动面、扫描面及删除面,提供了多半径、变半径的过渡功能。

Parasolid 创建的模型实体(entities)包括三种:拓扑、几何和相关数据,它们之间的关系如图 9-22 所示。

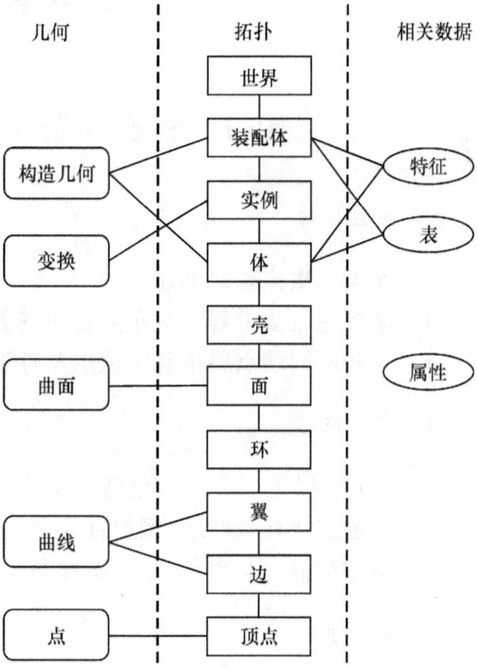

图 9-22　Parasolid 中的模型实体

可以看出,ACIS 和 Parasolid 的拓扑实体类型基本相同,但各系统中拓扑实体的定义及拓扑实体的构成规则不完全相同,而且不同的系统对同一模型的表达也大不相同,如对于圆锥面,ACIS 中圆锥面只有一个环,这个环有一条有向边;Parasolid中圆锥面有两个环,一个环有一条有向边,另一个环只有一个顶点。

习　　题

1. 什么是几何建模技术?几何建模中为何必须同时给出几何信息和拓扑信息?
2. 试分析各种几何模型的特点及应用范围。
3. 分析三维实体建模中常用的边界表示法(B-Rep)和实体几何构造法(CSG)的原理,比较其优缺点。
4. 什么是特征?说明特征建模的基本思路,以及特征的分类方法。
5. 试述 IGES 文件格式的结构及含义。
6. 试述 STEP 的框架结构及产品信息的描述方法。
7. 什么是参数化建模?什么是变量化建模?二者有何区别?
8. 试比较 ACIS 与 Parasolid 之间的异同。

第 10 章　课 程 实 验

10.1　三次样条曲线的绘制与特性验证实验

1. 实验目的

(1)掌握三次样条的创建方法。

(2)掌握追赶法求解三对角方程组的方法。

(3)比较不同端点斜率和型值点条件下三次样条曲线。

2. 实验内容

(1)使用 MATLAB 编制创建三次样条曲线的程序,程序样本参见附录 1。

(2)创建三次样条曲线,调整首末端点处的斜率,观察三次样条曲线变化。

(3)调整型值点位置,观察三次样条曲线变化。

3. 实验步骤

(1)在 splinevertex. dat 文件的第一行输入三次样条曲线的型值点,每个型值点的 x、y 坐标值之间采用空格分隔,每个型值点之间同样采用空格分隔。

(2)在 splinevertex. dat 文件的第二行输入首末端点的斜率值,并用空格分隔。

(3)运行 cubicspline. m 程序,调用“追赶法”函数求解三对角方程组,得到每个型值点处的斜率。观察所创建的三次样条曲线。

(4)修改 splinevertex. dat 文件中首末端点的斜率值,观察三次样条曲线变化的规律。

(5)调整某个插值点位置,检验三次样条是否具有局部可修改性。调整插值点位置,但保持插值点之间相对位置不变,检验三次样条是否具有几何不变性。

(6)调整首末端点的斜率,观察曲线的变化趋势。

4. 实验结果

(1)调整某个型值点位置,检验是否有局部可修改性。

(2)在保持相对位置不变的条件下,调整所有型值点位置,检验是否具有几何不变性。

(3)调整首末端点的斜率,观察随着斜率改变,曲线的变化趋势。

10.2　贝塞尔曲线与 B 样条曲线特性比较实验

1. 实验目的

(1)掌握贝塞尔曲线的创建方法。

(2)掌握 B 样条曲线的创建方法。

(3)比较验证两种曲线的区别,验证曲线的各个特性。

2. 实验内容

(1)使用 MATLAB 编制创建贝塞尔曲线的程序,程序样本参见附录 2。
(2)使用 MATLAB 编制创建 B 样条曲线的程序,程序样本参见附录 2。
(3)根据同一组控制点创建贝塞尔曲线,创建均匀三次 B 样条曲线。
(4)验证贝塞尔曲线和均匀 B 样条曲线的特性。
(5)比较贝塞尔曲线和均匀 B 样条曲线之间的区别。

3. 实验步骤

(1)在 vertex.dat 文件的第一行输入贝塞尔曲线与 B 样条曲线所需的控制顶点,每个控制顶点的 x、y 坐标值之间采用空格分隔,每个控制顶点之间同样采用空格分隔。
(2)在 vertex.dat 文件的第二行输入首末端点的斜率值,并用空格分隔。
(3)编制名称为 spline.m 的程序,创建贝塞尔曲线和 B 样条曲线。
(4)运行 spline.m 程序。
(5)修改 vertex.dat 文件中控制点的位置,观察贝塞尔曲线与 B 样条曲线在端点处的特性。
(6)调整某个控制点坐标,检验两种样条是否具有局部可修改性。调整控制点位置,但保持控制点之间相对位置不变,检验两类样条是否具有几何不变性。
(7)调整一系列控制点的坐标,观察所生成样条曲线是否具有凸包特性。

4. 实验结果

(1)贝塞尔曲线、均匀 B 样条曲线在端点处与控制点的关系有何不同?
(2)在保持控制顶点相对位置不变的情况下修改控制顶点坐标,得到的曲线是否相同?
(3)观察贝塞尔曲线与均匀 B 样条曲线是否具有凸包特性。

附　录　1

以下程序用于求解三次样条曲线。

```
% Cubicspline.m
%--------获得型值点和首末端点斜率-----------------
fid=fopen('splinevertex.dat','r');                  % 打开数据点文件
line=fgetl(fid);                                     % 读取第一行插值数据点
vv=sscanf(line,'%f');                                % 将型值点存储到一个数组中
num=numel(vv)/2;                                     % 得到型值点的数目
CP=flipud(rot90(reshape(vv,2,num)));                 % 用 CP 矩阵存储所有的型值点
m=zeros(num,1);                                      % 创建斜率的数组
line=fgetl(fid);
m0=sscanf(line,'%f');                                % 得到首端点的斜率
line=fgetl(fid);
mn=sscanf(line,'%f');                                % 得到末端点的斜率
fclose(fid);                                         % 关闭数据点文件
%--------计算 b-----------------
h=zeros(1,num-1);                                    % 创建存储 h 的数组
lbd=zeros(1,num-1);                                  % 创建存储 lbd 的数组
for i=1:num-1
    h(1,i)=CP(i+1,1)-CP(i,1);                        % 获得区间步进值
end
for j=1:num-2
    lbd(1,j)=h(1,j+1)/(h(1,j)+h(1,j+1));             % 获得 lbd 的值
end
lbd(1,num-1)=0;                                      % 设置最后一个 lbd 为 0
%--------计算 u-----------------
u=zeros(1,num-1);                                    % 创建存储 u 的数组
for k=2:num-1
    u(1,k)=1-lbd(1,k-1);                             % 获得 u 的值
end
u(1,1)=0;
%--------计算 c-----------------

c=zeros(num,1);                                      % 创建存储 c 的数组
for s=2:num-1
    c(s,1)=3*(lbd(1,s-1)*(CP(s,2)-CP(s-1,2))/h(1,s-1)+u(1,s)*(CP(s+1,2)
            -CP(s,2))/h(1,s));
                                                     % 获得 c 的值
end
%--------得到三对角线性方程组-----------------
```

```
TL=2*eye(num);                                      % 创建三对角线性方程组
for p=2:num-1
   TL(p,p-1)=lbd(1,p-1);                            % 为三对角线性方程组赋值
end
for q=2:num
   TL(q-1,q)=u(1,q-1);                              % 为三对角线性方程组赋值
end
m=chase(TL,c);                                      % 利用追赶法求解每个型值点处的斜率
m(1,1)=m0;                                          % 将首端点的斜率赋予斜率数组
m(num,1)=mn;                                        % 将末端点的斜率赋予斜率数组

scatter(CP(:,1), CP(:,2));                          % 显示所有型值点
hold on;
basis=[1,0,0,0;0,0,1,0;-3,3,-2,-1;2,-2,1,1];       % 三次样条的基函数
N=50;
ru= zeros(2,N);                                     % 创建每两个型值点之间的样条
knot=linspace(0,1,N);                               % 创建 0-1 的分割区间
for t= 1:(num-1)
      for k=1:N
         u=knot(k);
         ru(1,k)=CP(t,1)+u*(CP(t+1,1)-CP(t,1));
         ru(2,k)=[1,u,u^2,u^3]*basis*[CP(t,2);CP(t+1,2);h(1,t)*m(t,1);
                  h(1,t)*m(t+1,1)];
      end
   plot(ru(1,:), ru(2,:),'-r');                     % 显示曲线
   hold on;
end
% chase.m
%--------求解三对角线性方程组的追赶法-----------------
function GK=chase(A,d)
   num=length(d);
   L=zeros(num);
   U=eye(num);
   L(1,1)=A(1,1)/U(1,1);
   for r=1:num-1
      b=A(r,r+1)/L(r,r);                            % 1 行乘 2 列
      U(r,r+1)=b;
      c=A(r+1,r)/U(r,r);                            % 2 行乘 1 列
      L(r+1,r)=c;
      a=(A(r+1,r+1)-L(r+1,r)* U(r,r+1))/U(r+1,r+1);% 2 行乘 2 列
      L(r+1,r+1)=a;
   end
   %--------实现追过程-----------------
   y=zeros(num,1);
```

```
y(1,1)=d(1,1)/L(1,1);
for i= 1:num-1
    temp=(d(i+1,1)-L(i+1,i)* y(i,1))/L(i+1,i+1);
    y(i+1,1)=temp;
end
%--------实现赶过程-----------------
x=zeros(num,1);
x(num,1)=y(num,1);
for j= num:-1:2
      temp=y(j-1,1)-U(j-1,j)*x(j,1);
      x(j-1,1)=temp;
end
GK=x;
```

```
Splinevertex.dat
1 3 4 6 7 10 9 15 14 5
0.1
-0.2
```

附　录　2

该程序用来比较三次贝塞尔曲线和三次 B 样条曲线，内容如下。

```
% spline.m
fid=fopen('vertex.dat','r');                    % 打开控制点文件
line=fgetl(fid);                                % 读入所有控制点
vv=sscanf(line,'%f');                           % 将控制点存储在数组中
num=numel(vv)/2;                                % 得到控制点的数量
CP=flipud(rot90(reshape(vv,2,num)));            % 将控制点存储在矩阵 CP 中
m=zeros(num,1);                                 % 创建存储曲线次数的数组
line=fgetl(fid);
m0=sscanf(line,'%f');                           % 得到曲线的次数
fclose(fid);                                    % 关闭控制点文件
%---------创建控制顶点-----------------
N= 50;                                          % 给出参数域的间隔数量
knot=linspace(0,1,N);                           % 创建参数域的节点
ru= zeros(2,N);                                 % 创建均匀 B 样条曲线采样点的矩阵

scatter(CP(:,1), CP(:,2));                      % 显示控制点
hold on;
for j= 1:(num-1)
  plot(CP(:,1),CP(:,2),'- y');                  % 在用黄色连折线连接控制点间
end
hold on;
%--------创建三次 B 样条曲线-----------------
Cubic_B_basis=[1,4,1,0;-3,0,3,0;3,-6,3,0;-1,3,-3,1]/6;  % 三次 B 样条的基函数
for i= 1:(num-3)
      for k=1:N
            u=knot(k);
            ru(:,k)=[1,u,u^2,u^3]*Cubic_B_basis*[CP(i,:);CP(i+1,:);CP(i+
                  2,:);CP(i+3,:)];
                                                % 计算均匀 B 样条
      end
      plot(ru(1,:), ru(2,:),'-r');              % 用红色显示 B 样条
      hold on;
end
%--------创建贝塞尔曲线-----------------
bu= zeros(2,N);
Cubic_Bezier_basis=[1,0,0,0;-3,3,0,0;3,-6,3,0;-1,3,-3,1];  % 三次贝塞尔基函数
for p=1:3:(num-3)
    for q=1:N
```

```
        v=knot(q);
        bu(:,q)=[1,v,v^2,v^3]* Cubic_Bezier_basis* [CP(p,:);CP(p+1,:);
                CP(p+2,:);CP(p+3,:)];
                                                  % 计算贝塞尔曲线
    end
    plot(bu(1,:), bu(2,:),'- b');                 % 用蓝色显示贝塞尔曲线
    hold on;
end

vertex.dat
2 5 3 8 5 6 7 9
3
```

参 考 文 献

阿洛诺夫,1980. 航空燃气涡轮叶片建模[M]. 北京:国防工业出版社.

白瑀,2003. 叶片高质量建模方法研究[J]. 机械科学与技术,22(3):447-449.

江平宇,2204. 网络化计算机辅助设计与制造技术[M]. 北京:机械工业出版社.

康宝生,1991. 有理 Bezier 曲线的可控修形[J]. 工程图学学报,(1):23-29.

李海滨,魏生民,陈岩,1998. 叶身型面拼接处理的理论及方法的研究[J]. 机械科学与技术,17(4):594-595.

马利庄,石教英,1996. 曲线曲面的几何光顺算法[J]. 计算机学报,19:210-216.

莫蓉,常智勇,刘红军,等,2008. 图表详解 UG NX 二次开发[M]. 北京:电子工业出版社.

穆国旺,1998. 参数三次 B 样条曲线的一种整体光顺方法[J]. 工程图学学报,(1):28-34.

穆国旺,1999. 曲面光顺的分片能量法[J]. 工程图学学报,(1):29-34.

宁汝新,赵汝嘉,2002. CAD/CAM 技术[M]. 北京:机械工业出版社.

任仲贵,1991. CAD/CAM 原理[M]. 北京:清华大学出版社.

施法中,1985. 均匀 B 样条曲线的几何意义[J]. 数值计算与计算机应用,1:49-56.

施法中,2001. 计算机辅助几何设计与非均匀有理 B 样条[M]. 北京:高等教育出版社.

施法中,韩道康,1980. Bezier 基函数的导出[J]. 航空学报,3:92-98.

施法中,吴骏恒,1982. Bezier 作图定理与三次 Bezier 曲线的几何特征[J]. 航空学报,1:97-104.

苏步青,刘鼎元,1981. 计算几何[M]. 上海:上海科学技术出版社.

孙家广,2001. 计算机辅助技术基础[M]. 北京:清华大学出版社.

孙家广,陈玉健,辜凯宁,1990. 计算机辅助几何造型技术[M]. 北京:清华大学出版社.

孙文焕,1994. 计算机辅助设计和制造技术[M]. 西安:西北工业大学出版社.

唐荣锡,1985. 计算机辅助飞机制造[M]. 北京:国防工业出版社.

唐泽圣,1988. 计算机辅助设计技术基础[M]. 北京:中国科学技术出版社.

王学福,孙家广,秦开怀,1992. 结点插值新算法[J]. 计算机辅助设计与图形学学报,2:30-36.

熊振祥,1979. 曲线、曲面、光顺[M]. 北京:国防工业出版社.

袁红兵,2007. 计算机辅助设计与制造教程[M]. 北京:国防工业出版社.

袁奇荪,1987. 计算机几何造型学基础[M]. 北京:航空工业出版社.

张华,1994. 基于网格划分的曲面求交算法[J]. 计算机应用,(6):54.

张琴,2002. UG 相关参数化设计培训教程[M]. 北京:清华大学出版社.

张申生,1989. 用二次非均匀有理 B 样条表示圆锥曲线和二次曲面[J]. 计算机辅助设计与图形学学报,2:28-35.

张永曙,1986. 计算机辅助几何设计的数学方法[M]. 西安:西北工业大学出版社.

仲梁维,张国全,2006. 计算机辅助设计与制造[M]. 北京:中国林业出版社.

CHOI B K,YOO W S,LEE C S,1990. Matrix representation for NURB curves and surfaces[J]. CAD,22(4):235-240.

FARIN G,1986. Piecewise triangular C^1 surface strips [J]. CAD,18(1):45-47.

HAGEN H,SCHULZE G,1987. Automatic smoothing with geometric surface patches[J]. CAGD,4:231-235.

JÖRG P,1990. Local cubic and bicubic C^1 surface interpolation with linearly varying boundary normal[J]. CAGD,7:499-516.

TILLER W,1992. Knot-removal algorithms for NURBS curves and surfaces[J]. CAD,24(8):445-453.